"十二五"国家重点图书

合成树脂及应用丛书

聚甲醛树脂及其应用

■ 胡企中 编著

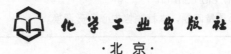

化学工业出版社

·北京·

本书较为系统、全面地介绍了聚甲醛树脂各方面的内容，主要包括：聚甲醛树脂的发展历史及现状；聚甲醛树脂的制造、性能、后加工、应用领域的要求及发展展望。重点介绍了聚甲醛树脂的性能及后加工工艺。

　　本书内容丰富，以大量图表反映了聚甲醛树脂相关的性能及应用方面的要求，对于从事聚甲醛树脂应用的技术人员有很好的参考价值。

图书在版编目（CIP）数据

聚甲醛树脂及其应用/胡企中编著 . —北京：化学
工业出版社，2012.9（2022.1重印）
（合成树脂及应用丛书）
ISBN 978-7-122-14752-3

Ⅰ.①聚…　Ⅱ.①胡…　Ⅲ.①聚氧化甲烯-聚合树脂
Ⅳ.①TQ325

中国版本图书馆 CIP 数据核字（2012）第 147280 号

责任编辑：仇志刚　　　　　　　　装帧设计：尹琳琳
责任校对：洪雅姝

出版发行：化学工业出版社（北京市东城区青年湖南街 13 号　邮政编码 100011）
印　　装：北京建宏印刷有限公司
710mm×1000mm　1/16　印张 17½　字数 337 千字　　2022 年 1 月北京第 1 版第 2 次印刷

购书咨询：010-64518888　　　　　　　　售后服务：010-64518899
网　　址：http://www.cip.com.cn
凡购买本书，如有缺损质量问题，本社销售中心负责调换。

定　　价：58.00 元

合成树脂作为塑料、合成纤维、涂料、胶黏剂等行业的基础原料，不仅在建筑业、农业、制造业（汽车、铁路、船舶）、包装业有广泛应用，在国防建设、尖端技术、电子信息等领域也有很大需求，已成为继金属、木材、水泥之后的第四大类材料。2010年我国合成树脂产量达4361万吨，产量以每年两位数的速度增长，消费量也逐年提高，我国已成为仅次于美国的世界第二大合成树脂消费国。

近年来，我国合成树脂在产品质量、生产技术和装备、科研开发等方面均取得了长足的进步，在某些领域已达到或接近世界先进水平，但整体水平与发达国家相比尚存在明显差距。随着生产技术和加工应用技术的发展，合成树脂生产行业和塑料加工行业的研发人员、管理人员、技术工人都迫切希望提高自己的专业技术水平，掌握先进技术的发展现状及趋势，对高质量的合成树脂及应用方面的丛书有迫切需求。

化学工业出版社急行业之所需，组织编写《合成树脂及应用丛书》（共17个分册），开创性地打破合成树脂生产行业和加工应用行业之间的藩篱，架起了一座横跨合成树脂研究开发、生产制备、加工应用等领域的沟通桥梁。使得合成树脂上游（研发、生产、销售）人员了解下游（加工应用）的需求，下游人员了解生产过程对加工应用的影响，从而达到互相沟通，进一步提高合成树脂及加工应用产业的生产和技术水平。

该套丛书反映了我国"十五"、"十一五"期间合成树脂生产及加工应用方面的研发进展，包括"973"、"863"、"自然科学基金"等国家级课题的相关研究成果和各大公司、科研机构攻关项目的相关研究成果，突出了产、研、销、用一体化的理念。丛书涵盖了树脂产品的发展趋势及其合成新工艺、树脂牌号、加工性能、测试表征等技术，内容全面、实用。丛书的出版为提高从业人员的业务水准和提升行业竞争力做出贡献。

该套丛书的策划得到了国内生产树脂的三大集团公司（中国石化、中国石油、中国化工集团），以及管理树脂加工应用的中国塑料加工工业协会的支持。聘请国内20多家科研院所、高等院校和生产企业的骨干技术专家、教授组成了强大的编写队伍。各分册的稿件都经丛书编委会和编著者认真的讨论，反复修改和审查，有力地保证了该套图书内容的实用性、先进性，相信丛书的出版一定会赢得行业读者的喜爱，并对行业的结构调整、产业升级与持续发展起到重要的指导作用。

袁晴棠

2011 年 8 月

Foreword
前言

　　聚甲醛是没有分支的高密度、高结晶性的线型聚合物。聚甲醛具有良好的力学性能、耐磨性、耐有机溶剂性等突出优点，可部分替代铜、锌、铝、钢等金属广泛用于汽车、机械制造、精密仪器、办公家用电器、军工等行业。

　　聚甲醛与通用工程塑料及通用塑料主要不同之处在于它是泛用的结构性材料。之所以能如此广泛地使用是由于加工工艺、配方和改性方面的许多新技术，以此产生许多设计加工方面的个性要求。本书是一本关于聚甲醛基本知识的读本，编者在长期技术积累的基础上，整理了已经发表的资料和文章，参考国内外关于聚甲醛及其应用技术的专著及论文编写而成，总结了聚甲醛树脂的合成及应用技术。考虑到本书主要的读者对象是下游从事聚甲醛加工与应用的技术人员，书中收集了大量聚甲醛力学、热学等方面性能数据，便于读者在实际应用中参考。

　　随着国内煤化工产业的发展，人们对于聚甲醛树脂的关注也越来越多，希望作者对于聚甲醛行业的认识能供他们参考。由于水平有限，书中难免不当之处，请读者批评指正。

　　谨以此书献给我的父亲、著作等身的地理教育家和地理学家胡焕庸先生。

编者
2012 年 5 月

Contents
目录

第1章 绪言

聚甲醛是五大工程塑料之一，是主链具有—CH_2O—结构的均聚物和共聚物的总称，这个总称的对应英文是 Acetal resins（直译"缩醛树脂"）。习惯简称 POM，出自 Polyoxymethylene，此学名对应的中文名称，仅聚氧化甲烯或聚氧亚甲基属规范学名，但亦仅见于有限场合。"聚甲醛"字面上的直译 Polyformaldehyde，美国《化学文摘》以之涵盖分子量范围不同的、该类结构的物质。当为检索或类似目的力求不致发生遗漏时还会使用。而在高分子的一端即工程塑料聚甲醛被规范于 Acetal resins 一词、低端的同系物固体甲醛低聚甲醛规范于 Paraformaldehyde 以后，一般场合已经废弃。与此相同，中文共聚甲醛和均聚甲醛两个词也没有直接对应的英语词。只有 Acetal homopolymers（缩醛均聚物）和 Acetal copolymers（缩醛共聚物）两种说法。

德国的塑料杂志每年都有各大品种塑料的趋势性综述文章，在 2008 年综述中是这样谈到聚甲醛的，即："无论是金属和任何其它聚合物都不可能提供这样一种机械性能的组合"。以往的文字材料中经常使用"综合性能"优越、"具有均衡的性能"之类说法。即它的强度指标都比较高，而这一点又与以下几项性能有着极其有利的配合：刚性、耐疲劳、低摩擦系数、高的抗磨耗特性、优良的介电性能、低的蠕变倾向以及和钢相仿的弹性行为。因此，近几年来聚甲醛开始取代其它通用工程塑料品种在一些场合得到应用。

此外，聚甲醛还可以用玻纤、矿物材料及导电纤维、润滑剂与其它材料进行改性，例如，20 世纪 60 年代聚甲醛就开始用于小模数齿轮，而为了节约空间和重量，齿轮和其他驱动件正在变得越来越小。当塑料齿轮直径变小的时候，负荷、磨耗和摩擦就会有所上升。为此科研人员研制出带有复合润滑剂的专用聚甲醛，它除能够改善滑动行为、抗磨耗性外，还减低了释放噪声的水平。所以也适合制造传送带，例如灌瓶厂的传送带，使得运行消耗较少的功率，同时可少用或不用外加的润滑剂。

聚甲醛是一种对于许多新兴产业十分重要的材料，在问世 50 年后的今天，它的应用，还在走上坡路（而价格还在下行），而且可以预料会在相当长的时间内继续看好。因此应该在较长的时间尺度上看待它的重要性及其发展问题。在 21 世纪，它的应用领域将开始超出目前所理解的工程塑料的概念，作为碳一化学的代表性聚合物，被当成大宗的通用型的材料来使用，这个状况是在近十年中不知不觉中发生的。这是由它实际的相对价格定位所决定的。在中国经济的长远发展中，它作为合成工程材料中的大路货，会在工业和民用领域更广泛地应用。

1.1 聚甲醛树脂的发展历史

关于聚甲醛树脂结构的一些概念的形成，以及相关化学知识的积累，实际上是有机化学特别是高分子化学的学科早期历史中的重要内容。

1859 年俄国化学家布特列洛夫在发现甲醛的同时得到了它的聚合物。1920 年高分子学科奠基人、德国科学家斯道丁格尔开始了高分子科学的早期工作。他是把甲醛的聚合体的研究当成重要标本之一，来建构这个学术领域最早的一些基础性认识的。比如 1926 年他在大分子学说方面的工作，就是把 1920 年后对甲醛聚合物的研究的所得作为基础的。

与产业化相关的历史进程始于稳定化的均聚物的研制，发端于美国杜邦公司的活动。

1.1.1 欧美国家

1948 年杜邦公司的研究者发现了甲醛聚合物具有优良的耐溶剂性，在聚甲醛已经成为一个成熟的工程塑料品种的今天，其出色的耐溶剂性仍然是在许多应用场合选择它的重要理由。

1956 年杜邦公司研发的均聚甲醛产品被命名为"Delrin"，制备均聚甲醛的聚合过程专利被确认，并宣布了西弗吉尼亚州的装置投入建设，次年建成。这个产品的销售实现于 1960 年。也是在这一年，塞勒尼斯公司宣称将它的共聚甲醛产品"Celcon"产业化。

杜邦均聚甲醛树脂的制造除美国本土以外，建于荷兰的装置也占重要比重。

1962 年塞勒尼斯在德克萨斯州比肖普（Bishop）的共聚甲醛工厂开始生产"Celcon"树脂。这一年美国塞勒尼斯公司还与日本大赛璐公司宣布建立合资企业 Polyplastic。开始输入美国树脂，使用合资企业的商品名 Duracon 出售（实际公司法律上成立的日期是 1964 年）。这个局面一直延续到 1968 年 9 月日本本土装置产出产品。在中国一直按字面含义把这家公司称为聚合塑料公司。"宝理公司"的中文名称则是其经营活动大举进入大中国地区、在日本境外建立相应地区机构时，由公司自己宣布使用的中文公司名称，其首次出现应是 1994 年宝理塑料（中国）有限公司（香港）的成立。

1963 年，德国的赫斯特公司（Hoechst）与塞勒尼斯在法兰克福建立的合资企业开始出售其产品"Hostaform-C"。C 的含义是用以表明它是共聚物。前面的 Hosta 则是赫斯特公司按惯例使用的合成树脂产品系列的前缀。在赫斯特的公司概念已经不再存在的今天，该商品现在的名称 Hostaform® 成为这个曾经的化工巨子留下的仅有一点印记。

1987 年，德国赫斯特公司收购了美国塞勒尼斯公司，自此 Ticona 成为赫斯特集团的工程塑料部门的名字。塞勒尼斯公司的进入在化纤、有机化学品和特殊化学产品方面大大加强了赫斯特的实力。20 世纪最后几年中，在赫斯特产业调整的整合过程中，全部工程塑料业务又回到了美国塞勒尼斯公司。而 Ticona 这个名称成为塞勒尼斯公司下专注于高性能树脂的子公司的名称，其中文名字为泰科纳。

至此，欧美两个主要聚甲醛制造商变成一家。

Celanese AG1999 年成为在纽约及法兰克福上市的独立的有限公司。从 2004 年开始，美国规模最大的上市投资管理公司黑石集团收购了塞勒尼斯公司。两年里以此为题进行了新一轮的财务运作，2005 年最近一代的塞勒尼斯公司再次成为纽约上市的公司。

杜邦和塞勒尼斯之后，一系列其它公司推出了自己的聚甲醛产品。除了各自的开发之外，这些产品的推出是以下多种因素的结果：许可证协议的签订、或者是合资、或者是由于保护基本组成与工艺技术的专利到期。德国德固赛（DEGUSSA）与 BASF 创立的品牌 Ultraform 是它们中的第一个。德国德固赛公司独立开发了制造技术，并与 BASF 合资建成了 Ultraform 公司，以此为商品名生产共聚甲醛。仅由 BASF 公司方面负责制造和营销。由于与较早的制造商发生专利诉讼，被判在专利时限之前不得扩产。在对该产品销售地域严格规定之余，直到 1971 年有关时效结束后，才立即开始扩产。除了路德维希港的一万吨规模装置运行多年后的扩建之外，Ultraform 于 1988 年在美国建厂，但是 1999 年德固赛退出了合资。于是 Ultraform 成为 BASF 一家公司拥有的产品和公司，其在美国的装置大致在同时停产（经过扩建，此时其能力已与建于德国的装置相同）。

杜邦与日本的昭和电工 1962 年发表了日本合资制造均聚甲醛的计划，1965 年该计划终止。法国和意大利都由国有公司完成初步的开发之后放弃了向产业化继续努力。英国通过英美合作进入发展的早期计划，但最终也放弃了这个品种制造方面的合作举措。

1963 年塞勒尼斯与英国帝国化学公司 ICI 宣布合作以 Kematal 商品名在欧洲出售共聚甲醛，此项合作下文如何，没像宣布开始时那样多地见于报道。

日本是目前世界上唯一有多家大公司生产聚甲醛的国家。1968 年宝理公司的 7500 吨/年装置投产，日本产的 Duracon 开始销售，次年便发表产能倍增计划。通过此后若干年内的扩能，它成为当时世界上在一个工厂里聚甲醛制造规模最大（达到十万吨/年）的公司。最后一次的扩能于 1995 年进行。

1969 年旭化成的均聚甲醛计划发布，1972 年投入生产，该公司是世界上唯一既生产均聚甲醛又生产共聚甲醛的公司。其研发团队完成了共聚树脂的量产准备后，于 1985 年推出规模装置的产品。在 20 世纪 80～90 年代，旭化成在公开文献上发表了其独特技术的开发概况，它是世界上唯一采用甲缩醛氧化制浓醛用于聚甲醛生产的公司；也是所有公司里面唯一在专利公告以外的公开出版物里面由公司的研发团队成员系统披露研发成果的共聚甲醛制造商。

日本业界把 1987 年旭化成推出 Tenac-LA 嵌段聚合物也当成发展史中一件值得记录的事件。这是基于均聚物结构改性所得的产物，可看成是拓展均聚基本树脂应用的一个举措。

三菱瓦斯公司是世界上唯一拥有所有五个工程塑料品种的大公司，它的共聚甲醛投产于 1981 年，在泰国和韩国的独资或合资公司也已运行多年，并参与了中国南通的项目。

甲醛与固体甲醛（Paraformaldehyde）的制造大国西班牙，在主要的生产企业（Derivados Forestales）中，也开展过共聚甲醛的研制，但未走上量产的轨道就搁置了，该公司已于 2006 年易主，成为另一家西班牙公司 Ercros SA 的下属公司。

BASF 在美国的聚甲醛停产之后第二个停产案例则是韩国的 LG 公司，其根源在日本。

日本的宇部兴产开发了独特的以甲醛为聚合单体制造共聚甲醛的技术。在中国化工部的考察团前往了解该技术之前，研发团队放弃了溶剂体系中的共聚合工艺，采取了以粉体为循环载体的双螺杆设备中进行的气相聚合工艺，并以该技术向中国推销。在中国考察团否定此案以后，该技术被韩国 LG 公司买去。建设过程完成以后，试车一年多，才使装置投入运行，建设单位从专利商购买技术建设的聚甲醛规模装置建成后不能顺利投产，这是第一家。在作出较大投入改进技术之后，LG 公司 2003 年还是放弃了这个产品。其间曾试图将其转让中国未果。之后这套装置（现称 15000t/a）出手到了卡塔尔。而改进成果实际上是三聚甲醛路线技术。现已流入中国的所谓 PI&D 技术即出自这项工作。

宝理经过多年扩能，在本土的富士工厂实现了十万吨规模。继而在塞勒尼斯与中国就合资建厂进行的第一轮接触搁浅后，参与了外方（此时是赫斯特拥有塞勒尼斯）与中国台湾的长春集团合资所建高雄两万吨装置的合作。1988 年建立合资企业台湾工程塑胶股份有限公司（现在变成了台湾宝理塑胶股份有限公司），这个建于高雄的两万吨装置在 1992 年投入生产。

亚洲金融危机之前，日本已经投产的三家公司都宣布了在东南亚建厂的计划。三菱在泰国率先建成投产；宝理三万吨装置随后在马来西亚建成。其间虽略有延搁，装置还是于 2000 年投用了。旭化成在新加坡建成了两万吨装置之后，随即宣称不能赢利，并宣布了放弃该套装置的决定；有关媒体作了报道，设备拟进入旧设备市场的安排也已经在业界传开。这套硬件后来被拿到张家港，为杜邦与旭化成在华的合资项目所用，2002 年成立合资公司，2004 年建成投产。名为"杜邦-旭化成聚甲醛（张家港）有限公司"。其产品商品名是"特塑强™"（TYSTRON ®）。

东丽共聚甲醛技术未在本土建厂，20 世纪末与韩国 Kolon 公司合资建厂，此后曾有国内销售商称，在亚洲金融危机之中，韩方退出了合资。此说法未经其他来源的证实，只见到日韩两个商品名的产品继续存在（商品名分别为 Amilus 和 Kocetal）。这家名为 KTP 的日韩合资公司，是 Kolon 与 Toray 的合资企业。产品出来之前，其公布的售价具有冲击性。当时（1997 年）还在赫斯特与中方（上海华谊集团）第三轮合作之议进行之中，外方举出这个市场上未来的竞争者的价格数字是 1.5 美元/公斤时，甚为忧虑。合资公司采用边缘的价格作为进入市场的策略，在危机背景下，遇到较大的财务问题完全可能。相比之下 BASF 关掉美国装置，LG 断臂式的退出，都是相当极端的终局。据了解 2009 年 KTP 企业已更名，技术也已被韩方买断，不再是合资企业，规模 2011 年底将达 5.4 万吨/年。

1.1.2 东欧各国

前苏联和经互会国家曾有聚甲醛开发方面的合作。涉及的国家至少包括捷克斯洛伐克、波兰和前苏联。到前苏联解体为止，未有建成规模装置的成果发表。中国化工部曾有波兰聚甲醛的考察之行，带回的资料表明当时还没有完成现在规模装置所用技术（特别是聚合后处理）的开发。早期波兰技术曾有过两个向中国台湾和韩国输出的协议，均在执行前期（基本上应属于软件包阶段）就搁置了。

此后，波兰在华沙和布瓦威两个研究所实施的研发工作得到产业化的机遇。这种机遇表现在：从企业成事的能力上讲，研发成果恰能够在塔尔诺夫氮肥厂（ZAT）的工程部设计团队实现工程化。从财力条件上讲，氮肥厂的产品当时赢利不错，恰有足够资金能够启动建设项目。从体制上讲，作为国企的内部，当时的领导和决策核心团队恰已有权力决策及领导实施这样规模的项目。而前苏联和俄罗斯迄今始终都没有建成自己的规模装置。

建成万吨框架之下的 5000t 装置能力之后，ZAT 还得到向中国转让的机会。目前已经在云天化集团实现了总量 9 万吨/年的装置建成的结果。自身的制造规模也达到了当前的 12000t/a（一说 15000t）。

只是在其后体制上的某种变化之后，仍为国企的 ZAT，已无权继续独立按企业自己的意志，做出向国外转让技术的决定。这曾影响到了一些中国企业发展聚甲醛设想的实施进程。对老客户继续扩产的许可证发放也不是十分顺畅。但该技术转让到阿克苏地区库车县新疆联合化工厂的协议合同有了后续的进展。这个 4 万吨共聚甲醛项目 2010 年已重新启动。

1.1.3 前苏联

前苏联的化学理论水准及化工技术研发能力都是颇受学术界和业界重视的。早在 20 世纪 70 年代就有《聚甲醛化学及工艺学》一书的出版，但却不见产业化成果问世。就多组中国技术人员出访所见，PPO 是如此，POM 也是如此。前苏联的化工部曾有代表团来访，也有过对华输出聚甲醛技术的初步步骤，但是出访与来访的结果表明，作为工业技术的开发，当时其总体水准尚未达到产业化的地步。主要工序聚合的开发，还止于溶剂法工艺（3000t/a）以及静态本体聚合（每年数百吨），这些只能算是早期用过的一种中试阶段的实践类型。就各步工艺选择而言，除在三聚甲醛合成方面，合成釜气相进料算是在节能方面略有些特点的思路之外，整体上尚未达到国际上一般产业化技术开发成功阶段的应有水准。

综合出访及来访所得，俄罗斯从前苏联继承下来的科研综合体，20 世纪末在莫斯科曾保有均聚甲醛的百吨级开发装置，大一些的共聚中试装置则在东部。一处在伊尔库茨克，有静态本体连续化聚合的实践，数百吨的规模。在乌拉尔地区的下塔基尔（Нижнийдогил）石化综合体里面有产量 3000t 的工厂，采用溶剂聚合工艺。

1.1.4 国内情况

国内聚甲醛工艺主要基于中科院长春应化所聚甲醛课题组的系统成果，前化工部系统在吉林与上海两个单位都有后续开发工作，研发持续到 20 世纪 90 年代末或 21 世纪初。此外尚有沈阳化工研究院，晨光化工研究院，浙江、安徽的化工研究所等一批院校和工厂（约二十多家）做过过程的初步研发。它们中针对全流程开展工作的，基本上止于 50t/a 规模的中试。还有些单位如原华东化工学院针对技术的一些部分开展过工作，有的也得到过相对完整的局部研发成果。但仅有吉林、上海两个地方的全流程中试工作规模有过不同程度的提升。在开发进程中向国内市场最终提供了约 20000t 商品树脂（其中 15000t 树脂来自上海）和一定的单体，甚至成集装箱的出口到中国台湾和欧洲。

所以说我国已经形成运转规模足够大的、持续改进中的中试装置，但部分因缺乏对于工程化过程的协调、指导及全部资源的统筹利用，尽管中试平台的规模不比波兰小，但还没能整合出技术开发的完整成果，继而形成基础设计，也没形成软件包阶段的成果。加上其它一些因素，失去了产业化的机会，国内规模装置的建设于是只能基于其他技术来源。

沙斯基打公司（Salzgitter）系统的化学工程公司，曾想基于乌拉尔千吨级装置的技术，将俄罗斯工艺形成一个基础设计，与中国山东一家企业

（当时的德州化肥厂）签约，建设万吨级共聚甲醛生产线。在杜邦与原化工部新材料公司、上海焦化厂等单位草签合资协议后，该企业放弃了这个合同。但后来上海的杜邦合资项目没有通过国家计委的评审，也随即终止。云天化引进国外技术的工作最终导致使用波兰技术的10000t装置在水富建成，其总能力继水富建成3万吨能力、长寿建成6万吨能力之后达到了9万吨/年。

中国化工集团蓝星总公司下属上海蓝星化工新材料厂（建于奉贤星火工业区）、渤海化工有限责任公司天津碱厂（建于塘沽滨海工业区）和河南永煤集团开封龙宇化工有限公司（建于开封杞县葛岗镇楚中村）采用五环科技公司的设计各建设了一套4万吨/年装置。技术来源相同的宁夏神华宁煤集团聚甲醛厂（建于宁东能源化工基地）规模是6万吨/年，进度略迟。其中"蓝星钢"共聚甲醛已投产两年，并开始拓宽瓶颈；另外三家在2010年底前进入试车或基本建成，永煤集团还开始了二期工程。

中海油由成达公司以EP方式实施的海油呼和浩特天野化工厂的6万吨/年共聚甲醛项目已于2010年底前投料试车。

山西阳煤丰喜肥业（集团）有限责任公司（建于运城市临猗县），兖矿集团鲁南化肥厂和唐山开滦集团年产4万吨聚甲醛项目已列入计划建设。最终建成时加上境内外资企业的8万吨/年能力，加上上海蓝星的四改六，今后2～3年内国内产能有可能接近55万吨/年。

1.2 聚甲醛树脂的性能

聚甲醛的性能主要与几个因素有关：结构类型、分子量、结晶度、添加剂类型与浓度。

聚甲醛能够在许多应用里面替代金属，正是由于其出色的综合性能、比较低的体积成本、较轻的重量、加工工艺简单、获得附加的必要性能的可能性和相当好的利润成本比例。

聚甲醛作为一种工程热塑性树脂，能够在各种条件下提供可以预见到的性能，这已经有近50年的记录。聚甲醛不但能长时期工作于要求低摩擦和耐磨耗的环境，其自润滑特性更为无油环境或容易发生早期断油的工作环境下摩擦副材料的选择提供了独特的价值。它不仅作为传统材料的一般替代材料，而且特别作为摩擦副材料的一种较新的选择进入了各个领域。由于聚甲醛是一种高结晶性的聚合物，具有较高的弹性模量、硬度与刚度；可以在－40～100℃环境下长期使用；而且耐多次重复冲击，强度变化很小；不但能在反复的冲击负荷下保持较高的冲击强度，同时强度值（在一个有意义的温度范围之内）不受温度变化的影响。聚甲醛是热塑性材料中耐疲劳性最为优越的品种，其抗疲劳性主要取决于温度、负荷改变的频率和加工制品中的应变点。因此特别适合受外力反复作用的齿轮类制品和持续振动下工作的部件。蠕变是塑料的普遍现象，聚甲醛的蠕变性特别小，在较宽的温度范围内，它能在负荷下长时间保持重要的力学强度指标，从而在有色金属的传统应用领域广泛应用。抗蠕变和抗疲劳同时都比较好，这是聚甲醛十分宝贵的特点，这在同档次工程塑料中间，没有能替代者。与此同时，回弹性和弹性模量也又同时都比较好。同时具有这两方面的特性，在所有工程塑料的范围之内，又唯独是聚甲醛一个品种如此。这使它可作为各种结构的弹簧类部件或工作中需要有弹性形变的材料使用。由于它是高结晶性的、因此能够抵御多种溶剂。它们有锐利的结晶熔点，其熔体的黏度很低，易于以注塑成型工艺来加工，这也是这种树脂的主要加工方法。在冷却时树脂会迅速地回到结晶状态，此时就能被从模具中拿出，这样就得到了比较短的模塑周期。发生结晶时，伴随着收缩现象，共聚物收缩率达到 2%，这在模具设计中必须予以注意。最具有商业上的重要性的一点是，聚甲醛是按体积计算成本最低的热塑性工程树脂。这在许多塑料品种的单价都上升不少的今天，尤其突出。

1.3 聚甲醛树脂的品种与牌号

不同背景的大公司有不同的品牌体系，但基本树脂的系统框架则是相近的，此处只对品牌体系的主干做概括的说明。

通用型聚甲醛树脂性能与牌号见表 1-1，技术另有专章说明。但下面叙述各公司品牌时，将顺便交代各家一些情况。

■表 1-1　通用型聚甲醛树脂性能与牌号

树脂类型	熔融指数 /(g/10min)	共聚树脂					均聚树脂
		Celcon	Ultraform	Jupital	Tenac-C	Solvopom①	Delrin
高黏度挤出级树脂	2.5	M25	H23××	F10-01	3510	M250	150
注射级通用树脂	9.0	M90	N2320	F20-02	4510	M900	500
低黏度注射级树脂	27	M270	W23××	F30-02	7510	M270	900
超高流动性注射级	≥45	M450	Z23××	F40-02	85××	—	1700
吹塑挤出级树脂	1.0	U10	E23××	—	35××	—	100

① Solvopom® 是上海溶剂厂共聚甲醛干吨规模中试生产时注册的商品名。国外塑料杂志首次出现中国的统计数字之时，国产树脂使用商品名称的，就是这个名称。

不同公司的共聚树脂主要品级的流动性（熔融指数值）是完全对应的。均聚甲醛的熔融指数划分则和共聚物相近而不完全对应。比如 900 树脂的熔融指数大约为 18 g/10min，本节对品级问题试做一概貌的梳理。聚甲醛有不同的熔体黏度等级，按熔体流动指数（即 MFI 或 MI 值）来设置；数据越高，分子量和熔体黏度就越低。管、棒、厚板这样的挤出应用一般需要有较低的熔融流动指数（也就是说与注塑加工相比需要较高的分子量）。

各家公司共聚甲醛树脂的黏度序列，都类似于最早产业化的赛勒尼斯-赫司特的做法：基本树脂中首先分别对应于挤出、一般注塑和要求高流动性的注射成型三种用途，有三个最基本的品种：熔融指数 2.5g/10min，9 g/10min 和 25～30g/10min。此外，各公司基本的做法是，在 25 g/10min 以上有一个或更多规格；在 2.5 g/10min 以下，还有一个熔融指数为 1 g/10min 的吹塑品级（它和其他基本树脂不同，通常引入第三组分实现部分的交联，以提高熔体强度）；各公司做法不尽相同的是，在 2.5 g/10min 和 9 g/10min 之间插入（或不插入）一个或两个规格，在 9 g/10min 和 25 g/10min 之间插入（或不插入）一个或两个规格。以此构成不同分子量水平的基本树脂谱系。除极少例外之外，此格局没有变化。

1.3.1 早期的次级分类

早期的（基本上是 20 年前或更早）次级分类基本原则今天仍然有效，这能提供一个了解的基础。对于基本的各黏度等级的树脂，通常分为无润滑剂和加润滑剂（有的公司还细分为加内润滑剂和外润滑剂）两大类，构成在黏度序列基础上次一级分类中的主要品种。比如 Duracon 树脂，除了按黏度形成系列外，按添加常规内外润滑剂与否，构成基本树脂的最基础的类别：加内、外润滑剂和不加润滑剂的分别使用后缀 04、02 和 01。聚甲醛不同程度的分解会造成模具表面模垢积累，严重时可影响制品外观和精密制品的尺寸。所以抗模垢手段逐步成为和内润滑一样的常规手段。比如，常规黏度（即熔融指数 9 g/10min）、加常规内润滑剂的 M9004，曾是中国市场上共聚树脂中最著名也是最通用的品牌。但 04 后缀的树脂作为大宗品牌，若干年前已经被 44 后缀的品级替代，它是抗模垢内润滑的品牌。在注重常规品级提高的趋势之下，近年更有新的演化。

与此相近，三菱工程塑料的"Jupital"树脂以第三、第四位数字表示的基本品级，包括基本的（01）、润滑的（02）和抗模垢的（03）三个类别。并且 03 也正取代 02 成为中国市场的大宗品种。其他特殊功能的树脂带来品牌的下一级的细分，中国经销商所说的"韩三菱"和"泰三菱"大致也是与此相同的体系。但有的公司如 BASF 则把它们和润滑及抗模垢放在同一级分类中。

成型的高效化要求，除了引出流动性方面的特殊品级外（如高熔融指数值的高流动性树脂品级，和以硅化合物之类手段改善流变性能及制品表面性能的品级），对熔融树脂固化期的行为改善，在规格设置方面也有所反映。在 BASF 树脂的做法中，引进了强调快速固化的品种划分，BASF 树脂的第三、第四位为 00 和 20 的含义就分别是常规固化速率和迅速固化。

多数公司在前两级分类之外，即在基本树脂基础上，再按添加剂的调整组合形成一批衍生品级，如耐候，润滑，耐磨耗，更高的高流动性等。还有具有其他更复杂功能特征的品牌，如玻纤增强，不同电阻水平的抗静电树脂、屏蔽、矿物填料改性、增韧等，曾有五六十种。BASF 公司则是把润滑与否和固化过程强化与否和抗静电、改善冲击、可电镀、耐磨等改性共八种类型加以并列，全放在同一级分类里面。用第三第四位数字来表示。总之各公司用不同的命名原则以不同的后缀（或其他方式）表示自己的产品系列。

现把不同公司品牌的商品名称罗列于表 1-2。

■表 1-2　世界各大聚甲醛制造商的商品名称

类别	制造商	商品名称
均聚树脂	美国杜邦公司	Delrin
	日本旭化成工业	Tenac
共聚树脂	泰科纳（Ticona） （对应于以往的塞勒尼斯和赫斯特）	Celcon Hostaform
	巴斯夫（BASF）	Ultraform
	宝理（Polyplastics）	Duracon
	三菱瓦斯化学（包括泰国三菱）	Jupital
	日本旭化成工业	Tenac-C
	韩国 LG（树脂合成已转让到卡塔尔）	Lucel
	韩国工程塑料公司	Kepital
	Kolon/Toray	Kocetal/Amilus
	中国台湾宝理塑胶股份有限公司	Tepcon
	宝泰菱工程塑料（南通）有限公司	使用各家各自原有名称
	杜邦-旭化成聚甲醛张家港有限公司	（强耐特）TYSTRON
	台塑	Formosancon 台丽钢
	ZAT	Tamoform
	云天化	云天化®
	中国化工集团蓝星总公司	蓝星钢

韩国 LG 共聚甲醛的分类和命名体系比较清晰明了，而 BASF 的分类与多数公司有所不同，对这两个公司的品牌分类原则作一了解，有助于理清各公司不同树脂型号即品牌体系的脉络。

1.3.2 主要生产厂家的技术及品级

此处是笔者认为需要给出的、各章均未涉及的各公司的某些情况。

（1）塞勒尼斯-赫司特系统、宝理公司和 Ticona 公司　最先制造共聚甲醛的美国塞勒尼斯塑料公司及其合资企业，20 世纪 60 年代在美国、德国和日本三地采用不同的共聚甲醛商品名进行销售。合资方是德国赫司特公司和日本大赛璐公司。以后与中国台湾长春集团合作在中国台湾建立的第四个生产点，也有自己的商品名，同时也能提供各家的牌号。

20世纪80年代塞勒尼斯塑料公司进入赫司特集团，改称Hoechst-Celanese。1997年7月开始的不长时间内，"塞勒尼斯（Celanese）"是重组后的赫司特下属九个独立公司中的经营基本化学品的专业公司的名字，而经营聚甲醛和所有其它工程塑料品种业务的工程塑料专业公司，则以当初美国塞勒尼斯与德国赫司特的合资企业的名字"Ticona"命名。此后，赫司特的工程塑料集团（TICONA）成为独立的原化学品集团（CELANESE）的下属单位。又经过不长的过渡，母公司与罗纳·普朗克组成新公司，最终这家新公司（安万提）也合并掉了。

其日本合资公司宝理公司（Polyplastcs Co.）的富士工厂作为长时间内世界上单厂能力最大的聚甲醛生产设施。1962年从美国进口树脂以日本品名销售，1964年建合资企业，1968年本地树脂开始出品，规模7500t/a。20世纪70年代能力翻到15000t/a。1971年技术服务中心开始工作，其后又有七次扩产。发展过程见表1-3。

■表1-3 宝理公司聚甲醛制造能力演变过程 单位：t

年代	1962	1964	1968	1970	1975	1981	1984	1985	1987	1990	1992	1995
进程	树脂进口	建厂	7500	15000	27000	建单体工厂	53000	65000	70000	80000	85000	100000

继中国台湾之后，TICONA在马来西亚建立的3万吨新装置也是由宝理进行经营。台湾长春集团自己有在均聚领域开发技术的多年历史，和杜邦也展开了接触，但最后于1988年和赫司特、赫司特-塞勒尼斯和宝理公司合资建立了台湾工程塑料公司，由于环保等因素，直至1992年，才建成高雄的聚甲醛厂。

在持续地改进工艺，特别是装置规模的不断更新扩大方面，世界上的聚甲醛制造商，没有可与TICONA系统相提并论者，所以至少在装置大型化方面，它无疑是处于前列的。从消息来源得知20世纪末、21世纪初，它最大的聚合单线已经达到约5万吨/年的程度。美国本土的Bishop工厂，20世纪60年代采用烃类氧化所得甲醛制造聚甲醛，今日恐怕很少有人知道甲醛还有这样的制造方案，这之后都是以甲醇为原料制甲醛，银法和氧化物催化剂工艺都有采用。马来西亚项目之前应该说是前者为主。得到高于50%浓度的甲醛后还有浓缩工序。降膜蒸发器过程是此类过程所习用的。立足于加压蒸馏的稀醛的再利用环节也省略不掉。硫酸法还是使用中的方法，所以用于强腐蚀条件的锆设备也还在使用。

三聚甲醛的精制已有众多的实践者，技术富于变化。尽管赫斯特没有采用旭化成那样的经甲缩醛循环使用甲醛的新流程，但在共聚甲醛制造技术的整体来说的领先地位，还是无可争议的。共聚产品的制造技术一直在演进，陆续建成的新生产线随时引入新的开发成果，所以在较长时期里面，各地的工艺都是不一样的。作为这条路线的开拓者，能耗和物耗早已接近极限。赛勒尼斯-赫司特-泰科纳系统的聚甲醛树脂共有四个商品名称，包括不太为人所知的 Amcel ®，最终性能和品牌的划分细节也有所不同。

(2) Ultraform 公司 采用 Degussa 开发的技术，BASF 公司和 Degussa 合资建立的这家公司，以和公司名称相同的商品名，在德国、美国两地制造和销售共聚甲醛。它的共聚单元是—C—C—C—C—O—结构，从专利上看是由二氧七环（Dioxepane）作为这个结构的提供者。该公司的产品早期在中国市场短暂地出现过，由于投产后的专利纠纷，长期内产量较小，很迟才得以扩产。据了解 2011 年 BASF 与中国的潜在客户又开始有新的接触。

根据早期的测试，它的树脂热色变行为是进口树脂中最好的。但赫斯特系统的产品后来也有改进，自此之后这项差别就不再明显了。

BASF 共聚甲醛的品牌表述方式：

第一位字母，从 A 到 Z，表示流动性从低到高。N 表示一般流动性。

第一位数字表示化学结构，2 为共聚物，3 为三元聚合物。

第二位数字表示韧性，数字越高韧性越高。

第三四位数字表示成型特性和添加剂：

    00   一般固化速率

    11   含有特殊润滑剂

    20   快速固化

    30   加抗静电添加剂

    40   改进了抗冲击性

    50   优异的热水稳定性

    60   耐磨

    70   可电镀

第二位字母的范围

    G   玻璃纤维

    M   矿物

    K   白垩粉末

第二位字母后的数字，即第五位数字是补强物含量被 5 除。

    4   20%

    5   25%

    6   30%

在两位字母和 5 位数字之后还可以表示颜色。颜色说明为文字加 3 到 5 位数。此后还可有附加的字母后缀。如 UV，表示户外用，含有抗紫外光稳定剂。MO 表示含有二硫化钼，用于摩擦轴承。PV 表示摩擦学特性有所改良的。

以实例说明其命名原则：

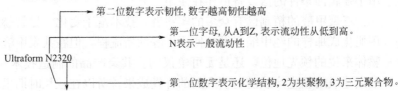

第二位数字表示韧性，数字越高韧性越高

第一位字母，从 A 到 Z，表示流动性从低到高。N 表示一般流动性

Ultraform N2320

第一位数字表示化学结构，2 为共聚物，3 为三元聚合物。

第三和第四数字表示成型特性和添加剂代码，20 是快速固化。

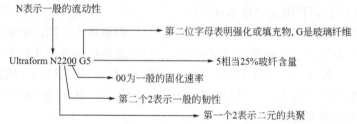

（3）**旭化成公司** 旭化成公司 1971 年开始生产其均聚甲醛 TENAC 树脂，单体制备和杜邦技术没有重大差别。

1985 年以其比较有新意的共聚流程，推出了共聚产品 TENAC-C。制备三聚甲醛过程产生出来的中等浓度甲醛以反应精馏技术制得甲缩醛，后者氧化得到高浓度甲醛。三聚甲醛合成则使用非硫酸固体催化剂。据了解现在单体制备阶段本需回收的含醛物料，由于都能经由甲缩醛转化为浓醛，聚合单体的杂质积累问题便有了一个独特的解决方式。聚合采用多级短双螺杆反应机组。

对均聚树脂，后来以嵌段方式推出一种改性物，称为 TENAC ® LA SERIES，具有较好的滑动和润滑性能，被说成是其特有的第三种树脂。在日本市场，无论杜邦还是旭化成均聚，当年比共聚树脂价格低出的幅度都比世界上其他地方更大。三家在东南亚发表建厂计划的日本聚甲醛制造商中，旭化成在新加坡的建厂计划先是在东南亚金融危机时搁置，后来又在硬件开始到达现场以后在 2001 年宣称因难以盈利撤销了该计划，最后转移到中国成为与杜邦合资的合资企业。

从全流程的新意来看，说旭化成共聚甲醛技术曾是聚甲醛当时技术新面貌的集中体现，并不为过。

（4）**三菱及其在韩国、泰国的全资及合资企业** 1981 年开始生产共聚甲醛的三菱瓦斯公司，是世界上唯一拥有所有工程塑料品种的公司。它是 1973 年开始开发共聚甲醛技术的。除了在本土保持上马时的 2 万吨能力的运转外，1987 年和韩国晓星（株）合资建立韩国工程塑料公司（KEP），生产能力为 1 万吨/年，这是除塞勒尼斯外，世界上第一个独立开发技术的公司，20 世纪 90 年代扩产到 2 万吨/年，1995 年再次扩产 10000 吨/年。它还是首个以反倾销诉讼和外国聚甲醛供应商抗争、并获胜的聚甲醛生产企业。1998 年第三次扩产达到 55000 吨/年。经过拓宽瓶颈，它的四条生产线不久就具有 6 万吨/年的能力。韩国金融危机时，TICONA 取得了韩国股东的那部分股份，1999 年底 KEP 成为三菱瓦斯（MGC）、三菱商事与 TICONA 的合资企业。三个在东南亚计划新一轮建厂活动的日本企业中，三菱第一个在泰国建成 15000 吨/年合资企业（1997 年），后来产能又扩大到 2 万吨/年，并计划在 2003 年具有 4.5 万吨/年的产能，现在的数字已经是 6 万吨/年。

（5）**宇部兴产、乐喜金星（LG）（卡塔尔）** 宇部兴产是中国化工部专门派团考察过的技术开发单位。我国引进聚甲醛项目的这一方案被否定后，LG公司利用这项技术在韩国建厂，实际规模是12000吨/年。由于技术遗留问题较多，试车就花了两年，此后树脂也进入了国际市场上销售。但投产后问题还是比较多，以至在中国寻找对象整厂硬件出让机会的说法，亦有所闻。现在已经尘埃落定，在卡塔尔找到归宿，笔者以为它的品级系统看起来脉络最为清晰。一段时间内两地均有销售量，韩国的产品是来自其它公司的基本树脂改性。

宇部技术初有报道时，曾被认为是很好的。首先是有了据说比传统均聚技术的前部更好的甲醛精制技术；其次提出了以甲醛进行共聚的方案，使得可以利用比较现成的共聚树脂后段稳定化技术。在共聚物组成的表征方面，宇部也发表了一些以前报道甚少的基本的工作。对整个聚甲醛的结构研究有一定意义。但是对于所开发的聚合方案，在开发后期工艺作了大的改动，否定了有较长中试历史的溶液聚合体系，而改用了使用双螺杆设备、以气相甲醛进料、在固体产物循环条件下进行聚合的方案。循环比很大，所以效率不高。在我们与日本同行的接触中得到的信息是，单凭这一个问题，宇部工艺就不可能构成对原有共聚技术的威胁。该公司有2001年扩产一倍的计划发表，意味着技术上有所突破。笔者认为从其潜能来看，这个技术进入卡塔尔以后的轨迹仍值得关注。

(6) 杜邦公司的DELRIN树脂品级　按1992年定型的新一轮技术改进得到的树脂，一律加上后缀P，表明是加工性能有所改进的树脂。

(7) 东丽和KOLON的共聚甲醛　以日本东丽开发的技术在韩国合资建厂生产共聚甲醛的装置，各步工艺与早先的技术相差不多。特点是主品级之中引入了通常当作抗UV助剂使用的化学品。韩国KOLON公司负责销售商品名称为Kocetal的一般树脂产品，东丽销售的商品名称是AMILUS。两家的常规树脂见表1-4。KOLON还提供了另外四组15个改性品种的牌号。

■表1-4　东丽和KOLON的共聚甲醛

公司	商品名称	牌号				
		熔融指数/(g/10min)				
		45	27.0	14.0	9.0	2.5
东丽	AMILUS		S731		S761	S781
KOLON	KOCETAL	K900	K700	K500	K300	K100

(8) 早期的国产共聚甲醛树脂（Solvopom是上溶厂聚甲醛的注册商标）　上海溶剂厂20世纪80年代形成了千吨能力，产品规格覆盖基本树脂的范围。20世纪90年代中期，与吉林石井沟联合化工厂相继停产。

这一时期最后一版常规树脂的品质规格体现于企标Q/GHPB 1—2001（表1-5）。实际上是基于美国标准ASTM D 4181—92对于范围划分方面的

■表1-5 企标 Q/GHPB 1—2001 规定的 Solvopom 聚甲醛的规格

指标项目 \ 型号	M25	M60	M90	M120	M160	M200	M270
熔融指数/（g/10min）	2.1～4.0	4.1～7.5	7.6～10.5	10.6～14.0	14.1～18.0	18.1～23.0	23.1～32.0

建议，之前形成的特殊牌号仍可以按用户需要提供。

企标 Q/GHPB 1—2001 在个别品级的范围上有别于美国标准 ASTM D 4181—92 对于范围划分方面的建议。作为参考，表1-6 为该 ASTM 标准对于本色非增强、通用型及高流动型聚甲醛树脂规格的要求及测试方法。这其实是一个相当基础的标准，黏度范围采用连续方式。

■表1-6 美国标准 ASTM D 4181—92 中规定的通用型及高流动型聚甲醛树脂规格

项目	测试方法 ISO	均聚物				共聚物						
		1	2	3	4	1	2	3	4	5	6	7
熔融指数/（g/10min）	1133	＜8	8～16	16～28	28～55	＜4	4～7	7～11	11～16	16～35	35～60	＞60
熔点/℃ ≥	3146	170				160						
密度/（g/cm²）	1183	1.39～1.44				1.38～1.43						
拉伸强度/MPa ≥	527	65				58						
弯曲模量/MPa ≥	178	2400	2700	2700	2700	2300						
冲击强度（Izod）/（kJ/m²） ≥	180/1a	8.5	5.0	4.5	4.0	5.5	4.5	4.0	4.0	3.5	3.0	2.5
热变形温度（1.82MPa）/℃ ≥	75	100	100	105	105	90	90	95	95	95	95	95

同期，吉林石井沟联合化工厂也为国产树脂总量提供了累积 5000t 的树脂，占到那个时期历年总量的 25%。

在粒料匀化系统引进之前，作为那个时期国产树脂的做法，没有采用以中值正负一个偏差的原则来规定各品级熔融指数范围，而到引进匀化设备投用后，继续如此沿用。

"连续谱"式的熔融指数范围首见于美国的标准。是初期所用的一种原则见表1-6。

（9）云天化　云天化股份有限公司引进波兰技术建成 1 万吨/年聚甲醛装置，现在能力已经扩大到了 9 万吨/年，基本产品牌号见表1-7。该企业近年做了巨大的投入，开发品级和市场。

■表1-7 云天化聚甲醛产品牌号

性能	测试条件	ISO 测试方法	单位	云天化			
				M25	M90	M120	M270
熔融指数	190 ℃ 2.16kg	1133	g/10min	2.5	9	13	27

(10) **蓝星** 蓝星生产的蓝星钢系列共聚甲醛牌号见表1-8。蓝星在2011 年初开始了 4 万吨/年扩到 6 万吨/年的改造。据悉工程完成后,将能实现赢利。

■表1-8 蓝星钢系列共聚甲醛牌号

试验项目	单位	测试方法	BS025	BS090	BS130	BS270	BS350	BS450	BS550
密度	g/cm³	ISO1183	1.41	1.41	1.41	1.41	1.41	1.41	1.41
拉伸强度	MPa	ISO527-1.2	59	62	62	63	63	63	63
断裂应变①	%	ISO527-1.2	39	34	33	30	28	27	25
弯曲强度	MPa	ISO178	80	87	87	88	88	89	89
弯曲模量	MPa	ISO178	2350	2450	2500	2550	2550	2550	2550
简支梁冲击强度 (有缺口)	kJ/m²	ISO179/ leA	8.0	6.0	5.5	5.3	5.1	5.0	4.9
负荷变形温度 (1.8MPa)	℃	ISO75-1,2	90	95	100	100	100	100	100
成型收缩率	%		1.8~2.2	1.8~2.2	1.8~2.2	1.8~2.2	1.8~2.2	1.8~2.2	1.8~2.2

① 断裂公称应变。

1.4 聚甲醛树脂的产量及应用

1.4.1 产能与产量

历年世界聚甲醛产能见表 1-9。泰科纳(20%～21%)杜邦(15%～16%)和宝理(17%～18%)三家公司占了世界总制造能力的一半多;此外,KEP 占了 7%～9%,杜邦旭化成合资企业占了 6%～8%,其他的公司占了 25%～27%,见图 1-1。最早问世三家欧美公司:杜邦、赛勒尼斯-赫斯特和合资的 Ultraform。它们仍占世界总能力的 43%。而全球最新的扩产举措会带来总量 20 万～30 万吨的上升。其中 5 万吨/年的装置建于沙特阿拉伯的 Jubail,属于沙特基础工业公司 Sabic 和赛勒尼斯的合资公司 IbnSina。世界最大的 14 万吨工厂 2011 年中在法兰克福开车,属于泰科纳。2009年的不景气状态中全世界售出的聚甲醛估计在 66 万～69 万吨,其中16 万～18 万吨在欧洲。

■表1-9 历年世界聚甲醛产能的文献数据及预测

单位：kt/a

地区	公司	商品名称	2005年③	2006年①	2007年②	2008年	2009年	2010年③	2013年预计
北美地区	TICONA	Celcon等	88		100	100	100	100（120）	120
	DUPONT	Delrin	65		67	67	67	67（80）	80
	BASF	Ultraform	德国赛99年退出		0				
北美小计				167	167	167	167	167	200
欧洲	TICONA	Hostaform	90		100	100	100	100	140
	DUPONT	Delrin	95		95	95	95	95	95
	BASF	Ultraform	32		41	41	41	55	55
	其它（波兰）	Tarnoform	—	—	30（存疑）	30（存疑）	15	48（存疑）	15
欧洲小计				266	266	266			305
北美欧洲小计				433	433	433			505
中国大陆	宝泰菱	特塑强™ TYSTRON®	60	60	60	60	60	60	60
	杜邦-旭化成		20	20	20	20	20	20	20
	云天化	云天化®	10	20	32	30	30	90	90
	中化蓝星	蓝星钢				40	40	40	60
	其它	天野天碱永煤等							180+120
中国大陆合计					112			210+（120）	510

续表

地区	公司	商品名称	2005年③	2006年①	2007年②	2008年	2009年	2010年③	2013年预计
中国台湾	宝理台湾 TEPCO	Duracon	20		26	26	26	26　25	26
	台塑	Formosacon	20	20	20	20	20	40　20	40
日本	宝理	Duracon	100	100	100	100	100	100	10
	旭化成	Tenac/Tenac-c	44	44	44	44	44	44	44
	MEP 三菱	Jupital	20	20	20	20	20	20	20
	日本小计		164		164	164		164	164
韩国	KEP	Kepital	62		80（90）	80		94　90	94
	LG	Lucel	20		20	20		20	20
	KTP（KOLON）	Kocetal	24		24	24		24	24
泰国	TPAC	Jupital	50		60	60		60	60
马来西亚	宝理	Duracon	30		30	30		30	30
	日本除外的亚洲合计		337		372	412			804
	亚洲合计		501		536	576			968
	其它							>5	
	世界合计		840	934	969	1019		(1223)	1478

① 2008 年日本"化学经济"数据；
② 2009 年日本"塑料"数据；
③ 2010 年日本"塑料"数据，有两个不同数据时将存疑者置于括弧内。2010 年数据中括弧内为来自其它来源的数据，其它是中东，俄罗斯数据不考虑在内。

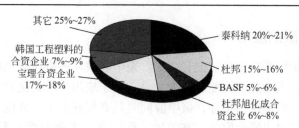

其它 25%~27%
韩国工程塑料的
合资企业 7%~9%
宝理合资企业
17%~18%
泰科纳 20%~21%
杜邦 15%~16%
BASF 5%~6%
杜邦旭化成合
资企业 6%~8%

■图 1-1　聚甲醛主要制造商的产能占比

德国是欧洲最大的销售市场，2010 年销售量比上一年度上升了 20%~25%，而整个欧洲预估的数字还要更高出 5%。全球性的经济危机造成了价格略有下跌，2010 年 6 月的"欧洲塑料情报"称不久就会恢复到不景气之前的水平。

据甲醛行业协会 2010 年整理的资料称：2009 年，在中国境内有 4 家聚甲醛（POM）生产企业，生产总能力 17 万吨/年。其中，宝泰菱工程塑料（南通）有限公司占 35.3%；上海蓝星化工新材料厂占 23.53%。2009 年，在中国境内聚甲醛（POM）产量约 3.6 万吨，开工率 15.65%。2010 年，在中国境内有 5 家聚甲醛（POM）生产企业，生产总能力 23 万吨/年。其中，宝泰菱工程塑料（南通）有限公司占 26.1%；云南云天化股份有限公司占 30.43%。预计，2010 年在中国境内聚甲醛（POM）产量将达到 25 万吨，开工率 21.74%。

2010 年中国境内聚甲醛（POM）生产企业的概况见表 1-10。

■表 1-10　2010 年中国境内聚甲醛（POM）生产企业的概况　　　单位：万吨/年

企业名称	生产能力	生产工艺
宝泰菱工程塑料（南通）有限公司	6	共聚
杜邦-旭化成聚甲醛（张家港）有限公司	2	均聚
上海蓝星化工新材料厂	4	共聚
云南云天化股份有限公司（云南水富）	3	共聚
云南云天化股份有限公司（重庆长寿）	6	共聚
天津渤海化工有限公司天津碱厂[2]	4	共聚

中国聚甲醛（POM）的进出口数字见表 1-11。

■表 1-11　中国聚甲醛（POM）的贸易

年份	出口		进口	
	出口量/(t/a)	出口金额/美元	进口量/(t/a)	进口金额/美元
2005 年	21287.870	35475460	172260.017	277933619
2006 年	32533.252	51805376	172247.943	296111408
2007 年	39031.978	66624665	184860.721	352623179
2008 年	42978.650	80535550	178846.158	369069318
2009 年	31167.375	57741162	165951.308	335684915
2010 年 1~5 月	22868.956	40343982	90666435	183529645

1.4.2 聚甲醛的应用

聚甲醛应用领域极其广泛，聚甲醛成功的应用应该归因于这个材料出色的、均衡的综合性能。其含义是，对于应用来说是比较重要的诸多指标、特别是一些特殊的指标，聚甲醛同时具有较好水平，其他工程塑料正开始大面积地被聚甲醛所取代。在美国，聚甲醛在工业方面、水暖/灌溉、汽车、消费品方面使用了聚甲醛销售总量的 77%，其余的 23%分布在家电/工具、电器/电子、五金及其它，包括挤出产品、医用品、和其它杂项应用。在每一个大类里面都有很大的延伸范围。在世界的不同地区，聚甲醛的应用分布也是不同的。均聚甲醛和共聚甲醛在应用方面各有不同。

要想成功地应用聚甲醛，需要正确地设计及成型加工，对于涉及黏弹性方面如蠕变问题、应力松弛问题和疲劳问题给予应有的注意。而在加工及设计水平方面有了相当基础之后，这个材料功能特性的多样性和不同宏观领域的共性要求就会使它能够在不同的领域增强渗透的力度和进入的程度。

（1）**工业应用**　这是美国国内聚甲醛最大的单项应用领域。对于这个领域中的成功应用贡献最为重要的关键性质是尺寸稳定性、优良的机械性能、耐疲劳及耐蠕变、自润滑性、韧性、抗磨耗、硬度和对化学品的耐受性。

工业应用之中典型的应用有钟表齿轮、蜗轮和其它齿轮、滑动轴承、滚动轴承、凸轮、支架类、轴销、泵叶轮、风扇及鼓风机叶片、手柄、各种箱体类结构、滑轮、链论、外壳结构、弹簧、各种轮、夹钳具、脚轮、各类玩具部件。

由于聚甲醛的耐水解性，在蒸汽消毒十分重要的乳品工业获得应用；含有聚四氟乙烯、硅油、石墨、或二硫化钼的特殊品级聚甲醛树脂，在要求有极好抗磨耗性和低摩擦性的场合获得了广泛的应用；与此相仿，抗静电和导电的品级被用于某些特殊的工业应用中；玻璃纤维增强聚甲醛对需要高强度与高刚度的工业应用来说是重要的聚甲醛品级。

（2）**汽车方面的应用**　尽管温度的限制使得聚甲醛早期没有能够在发动机室里（引擎盖下面的部分）得到什么应用（这种情况现在已经大为改观），但是在汽车的其它方面还是早就大量应用。极佳的耐汽油性（甚至包括耐受最新的含氧燃油）使它能用于燃料过滤器、油箱盖、燃油泵、填料颈（filler necks）、燃油输油系统里，做成各种性能出色的部件。此外它还用于制造座椅安全带部件、各种壳体、把手、紧固件、车身内衬固定用锚固件、摇窗机手柄部件、雨刮机械部件、扬声器网罩、开关钮、风扇等。除了出色的机械性能之外，其固有的润滑性、易于配色、抗紫外线、长期尺寸稳定性和抗蠕变性是这些方面的应用得以实现的重要原因。通过取代尼龙，近几年来聚甲醛已经成为发动机系统中的重要材料。

(3) **水暖和灌溉器材** 水暖和灌溉器材是美国聚甲醛最大的应用领域之一。首先在美国民居周围随处可见的喷灌系统带来甚大的用量，其次聚甲醛对饮用热水和冷水具有出色耐受性，满足许多法规的要求，比如对于持续应力的承受能力、螺纹强度、扭力保持、抗蠕变以及疲劳。这些方面加上机械强度以及稳定性、本身具有的润滑性、化学抗性、较好的光泽与颜色、易于模塑成型，使聚甲醛成为这些应用的最佳材料。聚甲醛还被用于盥洗室器件、加热设备、水喷嘴、下水管连接件、出水口、落水、便器水箱抽水阀、喷灌洒水头、淋浴器喷头、淋浴镜箱体、水表零件、水龙头、管件、泵、过滤器箱体、球型旋塞、阀门等。

(4) **消费品方面的应用** 消费品方面的广泛应用归因于其很宽的性能范围以及功能的多样性。这方面的应用例有拉链，磁带盒滚轮，化妆品容器及敷料容器，气溶胶喷雾阀，打火机身，眼镜镜框，脚轮，玩具及照相机部件，圆珠笔机构部件，运动器材比如滑雪板捆绑部件、支架类部件、扣类部件等。聚甲醛的低摩擦系数、低磨耗、润滑性、对化学品及水的抗性、尺寸稳定性、韧性和耐疲劳性赋予制品以所需的性能。特别在对有色金属及其他合成材料相对价格优势越来越凸显的近二十年，人们周边可见的用途越来越多。

(5) **电器/电子方面的应用** 这方面的应用曾局限于完全不承载电流的机械部件，如棘轮、齿轮、凸轮、开关扳手柄、按钮、滚动轴承及打印机构。但基于耐电弧性和介电特性等性能，又成为强电范畴的某些器件结构材料。

(6) **小家电、工具及五金件** 针对抗污染、高光泽、符合食品及药品管理法规的有关要求（特别在所谓抗菌品级出现以后）这些另类特点，聚甲醛被用于包括食品加工器叶片、皂液给液器、喷嘴、服装、洗碗机及烘干机的齿轮以及轴承、盛器、混合容器、涂料喷雾器部件、园艺工具、锁具机构、门把手和手柄。

(7) **挤出制品与其他应用** 相对用量较小的部分难免不引人注意。对于制造商来说，在总量大增的时期对这些绝对增长已经较大的方面应该细加研究，从而给以有效的推动。下面两个话题都是如此：众所周知聚甲醛可应用于挤出制品比如管材、型材、元材以及厚板材，然后再被用标准方式机械加工成产品，也有直接使用的方式，但高黏度品级历来在总量中比例较低，近十多年来已呈现绝对量强劲增长的苗头。聚甲醛用作医用产品在过去的介绍中也被划入"其它"之列，绝对量的增长也不易受到重视。在国内，这些新增长点理应受到新制造商的重视。此外在军工行业，国内有作者提到被用于制造迫击炮、枪械扳机锤、子弹带等。坦克装甲车辆中用于制造水散热器、排水管、散热风扇、坦克操纵转动开关、转动轴轴套及往复滑动杆等。

参 考 文 献

［1］　Alex Forschirm and Francis B. McAndrew，Acetal Resins，Joseph C. Salamone，Professor Emeritus，University of Massachusetts，Lowell，Volume 1，Polymeric Materials Encyclo-pedia，CRC Press，1996，6-20.

［2］　陈信忠，胡企中．聚甲醛树脂//《化工百科全书》编辑委员会，化学工业出版社《化工百科全书》编辑部．化工百科全书：第9卷．北京：化学工业出版社，1993.

［3］　姜博文．聚甲醛生产与市场分析．甲醛生产与技术，2010（1），33-41.

［4］　胡企中：聚甲醛．中国石化出版社，2006，780-821.

第2章 聚甲醛树脂的制造

2.1 引言

　　共聚甲醛工业化生产的规模装置，对于主要制造商来说，第一条线往往采用 7500t/年规模（比如在宝理富士工厂和塞勒尼斯的德州比肖普工厂（Bishop）都是如此）。这应该是由于当时（20 世纪 60 年代）可得到的聚合主机的能力是决定总规模最基本的出发点。只有波兰采用总体 1 万吨的框架、而流程的后半部分先上 5000t/年的做法。这也应是基于它当时能得到的聚合主机的能力来确定的。稍后产业化的 BASF/德固赛初始规模是 1 万吨/年，其聚合技术及硬件对规模的制约略小。但专利诉讼的一纸判决，使之初建的这个规模一直维持到专利有效年限结束的时候，才开始扩大规模。塞勒尼斯当年与杜邦的诉讼，以单体三聚甲醛和甲醛是不同的化学品的说辞胜诉。BASF 技术使用了四个碳的共聚单体二氧七环，但却未能彻底取胜。

　　20 世纪 70 年代初已有公开文献表明三聚甲醛连续化本体共聚合技术的核心是自清理型的连续捏和设备。但 20 世纪 70 年代末以前，可见到共存着的许多聚合过程专利（溶液聚合、气相聚合等），国内工作者还不能最终判定共聚甲醛连续本体聚合就是工业化过程中的唯一实用的聚合工艺。1979 年国人从来访华裔技术人员演讲中得以确切了解，在之前已见于报道的、这个树脂产业化时使用的具有自清理特征的设备即一种名为 Ko-Kneader 的往复单螺杆机器之后，双螺杆反应器已被使用。自此给了这一方向上的国内科研以强劲推动。

　　日系与台塑的共聚技术所用聚合设备基于日本栗本铁工所的硬件。虽依据各家技术有各种组合做法，但是聚合阶段的规模制约还是强势的。在原不属于日系技术的宝理，其规模的逐步演进，轨迹清晰。笔者访问该企业时也了解到其聚合硬件的确经历过由往复单螺杆（Ko-Kneader）机器到双螺杆机器的转换。但是在法兰克福的工厂，从可靠来源了解到此处往复单螺杆的使用一直延续到 20 世纪 90 年代初。那时这一方案的优越性至少还有这样一条，就是聚合物壳层存在于金属之间，不断脱落更新，筒体与旋转部分金属件之间永无擦碰剐拭作用。

均聚甲醛的聚合工艺基于使用釜式设备、溶剂的过程。故而不存在明显地由硬件尺寸决定的环节/工序，从而制约到生产线总的单线规模。甲醛共聚路线原也能够如此。

无论甲醛路线还是三聚甲醛路线，单体制备工艺的宗旨和改进方向都是纯醛与水分离代价的降低。

共聚工艺路线以甲醛为单体的，实施条件类似于均聚聚合技术，本来具有不错的发展潜力。但开发单位宇部兴产对聚合工艺的调整，把这条路线的发展引向了死胡同：从使用溶剂的釜式设备工艺变为干粉为气体聚合载体的双螺杆类型，使得设备产能被高循环比所困，自此难以摆脱高成本的窘境。接手的韩国LG寻求解决方案的努力据了解已有进展，但几年之后也将聚甲醛品种的制造从公司的保留产品线中放弃，而在最后的接手者手中，至今尚未见到进一步信息。已经初步确认的事实是在LG手中，工艺路线改成三聚甲醛共聚合的变革并没有实施到大装置上。卡塔尔得到的气体甲醛路线装置已经产出了树脂，并以原来的商品名进入市场。

三聚甲醛共聚路线的主单体及共聚单体制造都是基于常规的基本有机合成及分离过程。反应精馏是其中较为复杂的部分。传质分离设备普遍采用了最基本和较简单的设备形式，理论上单线规模不受制约。但在硫酸催化的单体合成工艺之中，不使用锆制的换热器及合成反应室的技术，就要受制于非金属耐腐蚀列管设备特别是特殊搪瓷釜的制造技术水准及尺寸上限。搪瓷设备尺寸极限，是由金属容器搪瓷的过程所用的电热炉的容积决定的。单体制备的后段精制等流程，与前段相比实际流量不大。若一二万吨级规模的硬件不作总量更大的组合，那么塔器可说都是些中试级尺寸的设备。

分离流程的一个类型是引入溶剂，使之参与初步富集、分离和精制的工艺。其中包括在反应精馏阶段就有溶剂参与和仅仅从萃取分离开始参与两种；20世纪90年代还再次出现了使用三聚甲醛的溶剂和非溶剂两种溶媒的过程。另一个类型则采用包含三聚甲醛浓溶液结晶及液固分离、熔融的过程，随后再进行下一轮塔分离精制过程的工艺。两类工艺的最后纯度的决定环节都是经典的精馏过程。后者原是工艺及工程开发的小试及中型装置阶段都比较易于实施的路线，也是国内外技术演进过程中都存在过的类型。但其中在某种做法之下，与相分离有关的各个步骤的放大不可避免总体过于庞大。为了使硬件更为紧凑，甚至其中也都同样都有过集多过程于单硬件于一身的特殊设备的应用。事实上试图革除溶剂的简化努力，在东西方各自的工艺开发过程中，不仅确实存在过，并且一直延续到了相当的近期。从最终结果来看也相当成功。

实际过程表明，工艺中有特色的、优秀的段落技术往往能够长期存在，从而使得工艺路线不见得都能在制造技术的演进中终至趋同。但是使用溶剂的工艺进化到无溶剂的、含有结晶过程的工艺，却是发生在老资格制造商那里的、聚甲醛技术演化过程中的一个实际的情况。以此来看，不能说无溶剂的、采用结晶过程的工艺就是落后。至少对于以液液萃取类型工艺为特征的技术是如此。

2.2 单体与其制备催化剂

2.2.1 均聚体系

2.2.1.1 过程原理

为了制备高分子量的适合注塑成型和挤出加工的聚甲醛（也就是满足数均分子量 M_n＝20000～50000 的树脂），必须使用纯度特别高的无水单体进行聚合。因为某些杂质和水会限制聚合物链的增长。甲醛聚合通常使用阴离子方式，例如使用胺类。原料甲醛来自银法或铁钼氧化物催化法甲醛制造流程中的吸收系统，其形态多半是 52％～55％或浓度略低的甲醛水溶液。从这样的原料出发制取聚合级纯度的甲醛，有过多种方案。杜邦现行的方案和宇部兴产开发的方案同属一类，即利用大分子量的醇类，和甲醛生成半缩醛。由于醛被醇束缚，在此阶段，水可以简单地被分离掉。然后将精制过的半缩醛热裂解，得到纯度高的甲醛。2-乙基己醇（简称异辛醇）和环己醇都是文献推荐使用的醇，杜邦公司采用前者。

以甲醛为单体的树脂制造技术（包括甲醛均聚和共聚）的发展，虽然最早投入应用，但一直步履艰难。以至在开发初期，就出现了用三聚甲醛代替甲醛进行聚合的方案，并随即成为主流技术。其中原因之一就是因为甲醛的精制非常复杂，而这又是因为甲醛的物化特性特别是甲醛-水体系的气液平衡行为较为特殊。后来在甲醛-水系统气液平衡行为的研究方面出现其它进展，甲醛精制技术也有了不同的方法。

甲醛沸点说法不一，其中一种说法为−19℃，常温能稳定存在的甲醛水溶液是个特殊的物系。其中水醛存在着结合，又都有游离的部分。而且水溶液中水溶性的甲醛聚合同系物间，还存在着化学平衡。水和甲醛的蒸汽压决定于系统中游离水和游离甲醛的浓度。这些因素，在甲醛-水二元系统的蒸馏行为方面起着重要作用，由此造成的共沸现象，决定了甲醛不能用蒸馏来制得纯品（工业上通常使用减压蒸发浓缩工艺，从 37％～55％溶液出发制备 70％左右的浓醛；而用加压蒸馏从稀醛中分离水，获得增浓的甲醛溶液）。

2.2.1.2 工业实践

图 2-1 表示了甲醛精制流程。55％左右的甲醛水溶液与异辛醇在萃取塔发生结合，生成半缩醛，而含甲醛的水相则浓缩出有用成分后送去生化处理。半缩醛在脱水后进行热裂解，热裂解产物以分凝方式截留醇，所得纯净甲醛送出系统，用于聚合。热裂解后重新得到的醇在脱高馏塔里面除去高沸点物后，返回使用。

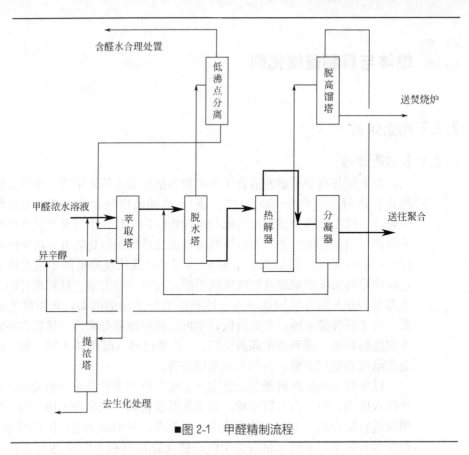

■图 2-1　甲醛精制流程

早期发表的一些文献表明，惰性溶剂存在时，在特殊条件下共沸点可以消失，可以使甲醛的挥发度恒大于水；惰性溶剂增加时，游离甲醛和结合态甲醛的数量比例增大，这一上升将有助于甲醛对水挥发度的提高。聚乙烯醇二甲醚（PEGDME）是合适的惰性溶剂之一，当它与甲醛水溶液的比例增加到 20 时，共沸点就消失了。利用这一发现，使用惰性溶剂进行萃取蒸馏，以蒸馏方式提纯甲醛终于成为可能。这算是半缩醛法实用化以后的比较重要的进展（见图 2-2）。但是笔者不了解是否已经实用化。

2.2.2 共聚体系

2.2.2.1 甲醛共聚体系

在较晚出现的甲醛共聚技术中，与甲醛共聚的共聚单体，向大分子提供的，也是含有两个相连碳的环节。文献表明这种提供—C—C—O—环节的物质，是三氧八环，它是用甲醛和二缩乙二醇缩合来制备的。这种环缩醛每个分子可以提供两个—C—C—O—单元。催化剂是三氟化硼及其乙醚或丁醚络合物，可能还要加上某些金属的络合物。

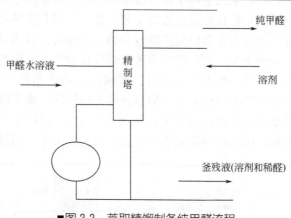

■图 2-2　萃取精馏制备纯甲醛流程

甲醛聚合热是三聚甲醛（以甲醛单位计的）聚合热的 10 倍，对硬件的传热要求更高。但是在开发研究的后期，宇部却放弃了类似杜邦均聚过程的聚合原则，即惰性溶剂里进行的过程，而采用基于双螺杆反应器的气体聚合，以反应产物粉状聚甲醛树脂，作为系统向外换热的载热手段，循环比高达 100 以上。这个致命的错误最终导致这条技术路线至今一蹶不振。较简单的甲醛精制方法和完善的甲醛共聚工艺的结合，有可能导致树脂技术面貌的改观，但实际上一直没有出现这种情况。

2.2.2.2 三聚甲醛共聚体系

(1) 三聚甲醛制备　甲醛生成三聚甲醛的反应如下：

$$3CH_2O \rightleftharpoons$$

实际使用的技术是采用液-液均相催化反应体系和液-固非均相催化体系，一边反应一边蒸出。传统的催化剂是硫酸（浓度为 3%～10%，采用更低浓度的技术也存在），原料甲醛的浓度是 60%～80%。在反应物系沸点下，成品三聚甲醛的平衡浓度为 3% 左右。所以要把成品不断引出，以使过程向希望的方向进行。

专利文献涉及的技术还有以气-固催化从含甲醛的气相获得三聚甲醛等方案，但均未在生产中实际被采用。

连接在反应器后面的三聚甲醛富集系统可以有不同的流程。这些流程的共同点是反应器同时充当富集塔的蒸馏釜（再沸器）。最简单的示例性做法是一塔一釜的流程配置。馏出的中间混合物中三聚甲醛、甲醛和水的比例各有一个较宽的范围。如将原料浓度范围取为 30%～70%，则因塔效、回流比等因素而定，三者依次分别是 20%～55%、10%～35% 和 20%～50%。

固体酸催化在多年之前就被提出。1985 年旭化成共聚树脂产业化时，采用了高选择性的非腐蚀性固体酸反应系统，绕过了源于液相催化过程的一

27

些难题，同时采用了高于以往技术所用水平的原料甲醛浓度。

基于液相催化合成过程的工艺，按从反应蒸出体系获得中间混合物的方式，及相应后步分离的做法进行分类，大体有三种类型。

第一种类型，即经典的做法，是合成加萃取。由与合成反应釜相连的精馏塔系统产出三聚甲醛、甲醛、水和反应副产物组成的混合物，以溶剂萃取。萃取液经碱中和处理后精馏制得聚合级的三聚甲醛。前赫司特集团的主要系统基本上就是这种类型，见图2-3。图2-3中对碱洗及多塔精馏等细节未作表示。国内已经建立的四套装置的工艺类型，当属这种类型。

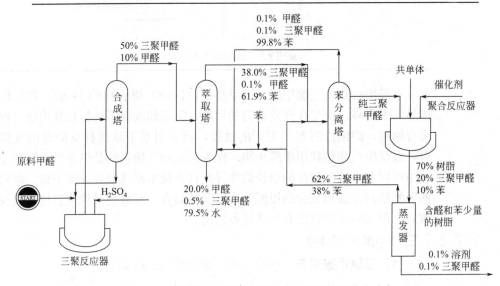

■图2-3 共聚甲醛树脂制造流程（到获得粗聚物为止）

第二种类型，即溶剂存在下的精馏。第一塔塔顶所得的合成混合汽的组分中，多了一种气相形态的溶剂。在多塔的流程中引入溶剂的做法，利用溶剂与水在分馏系统内部（分层器中）的分离，来解决系统中水醛的分离与水平衡问题，但不同于对合成产物的液液萃取。

这种工艺在国内开发的千吨级装置上已经运行多年。三菱工程塑料、旭化成和BASF技术系统的许多专利文献都采用这一原则。其后的精制工艺可以和第一种类型相同，也可以不同。从而形成和第一类和第三类两类做法有别的全流程工艺。塔中分层器之处塔器也可以分开，形成各塔器间对分离任务的较细的划分。

第三种类型不用溶剂，通过冷却合成系统的蒸出物，然后分离出固态三聚甲醛结晶体（粗三聚甲醛）。其后的精制过程是从固态的、含有3%～5%水和甲醛的粗制三聚甲醛出发，通常是先用碱处理然后精馏，制得聚合级的三聚甲醛。在实验室和中试阶段，这是易于实施的过程。这条路线也曾被国内的工作者在开发初期采用，直至在百吨级装置上实施，采用结晶抽滤熔融三合一的设备来实现相分离及提供熔融三聚甲醛，后改为分步的过程，包括带有母液循环的结晶过程和以程序自动控制刮刀式离心机进行的液固分离。这项改进使粗单体的杂质含量有所降低，但在开发连续化聚合工艺过程中，这一方案终被摒弃。因为它的连续化流程的开发，涉及结晶过程、液固分离过程和其后的化学处理及精馏过程的连续化，当时看来显然不及全部采用塔分离过程的工艺来得简单明晰，20 世纪 90 年代波兰建成了万吨级装置（其实当时前后都是五千吨规模），其技术即属这一类型。过程原以简洁见长的该技术，在继续大型化的进程中显出这部分系统也有些硬件过于庞大的问题。对由此结晶步骤开始的精制系统已有较新的方案，实际上走萃取路线的老牌国外公司也有了以此提升技术取得良好效果的实例，是值得国内业界借鉴的方案。

反应器与富集塔组成的合成系统，是所有三聚甲醛制备流程进入精制步骤之前的基本硬件。馏出物中甲醛和三聚甲醛总量与其中水量之比，与原料中醛水之比，往往不尽相同。为维持反应蒸出釜及分馏塔所组成的体系中水含量的稳定，三类工艺的对策不尽相同。

对于由一釜一塔构成的系统来说，如果采用充足的合成塔塔效，可以获得三聚甲醛：甲醛：水大致为 7∶2∶1 的塔顶组成。从而获得较高的单程收率。而使用常规技术，原料的醛水比不可能达到相应的 9∶1。故此时必须采用附加手段解决水平衡问题，比如在塔的某一部位另外排出一路水浓度较高的物料，以实现总体平衡，否则就不能进入稳态。采用较低的塔效和原料甲醛浓度，建立相对于原料浓度值有一定偏离的釜液稳态浓度。以此种方式达到醛水平衡，在分离三聚甲醛的同时能耗较大。含醛气体分凝、全凝所得液相中醛含量会有差别的效应，是曾被利用的一种因素。在离开了第一个塔以后，水平衡不再是个问题，改变物流主线中的甲醛\三聚甲醛比以及水\总醛比，从而进一步提高收率。这些做法在千吨级和万吨级的装置上，都有实际的应用。

另一类技术则是用综合的手段绕过水平衡问题，流程富于变化而有多种不同的可能性。德国一家工程公司（JOSEFF）20 世纪 70 年代提出的一种方案，在当时看来，是以较复杂的方式解决水平衡问题的典型：在合成流程中采用两种溶剂和两条溶剂循环回路，一种用于解决水平衡，另一种用于以溶液形式取出三聚甲醛进而浓缩为纯品。α-氯萘是其中一种较为特殊的溶剂。单体制备工艺发展到上世纪之末时，仍有专利文献围绕这一类型展开。

国内很多单位 20 世纪 70 年代开发的工艺，在以有机相形式取得三聚甲醛的同时，是以高馏份形式排出循环的醛及与之共存的水，习惯称中浓度醛，20 世纪 90 年代开始的新一轮开发，已经来不及从二氯乙烷转向苯，但当时的认识是最终转向苯并不会带来许多难解的新问题。重点目标则是提高反应阶段的时空收率，并在反应产物初分离和进一步分离的阶段，着重降低能耗；在精制阶段，使高低馏分的分离任务分开在不同塔器里进行。原有工艺受制于实施的规模，对"循环醛的处理"问题，采取的是权宜处置，未提出完整妥善方案，需要在最终的循环醛排放方案前提之下，形成优化的方案。

1985 年旭化成共聚甲醛产业化时，在全流程的各个段落都拿出了较有新意的工艺。20 世纪 90 年代中期的专利中新流程方案和我国国内此前溶剂流程的开发思路比较吻合，溶剂体系则采用苯。旭化成工业装置中采用的是固定床合成催化剂，但这些新方案都是在硫酸催化体系下介绍的。

在其它已经产业化的各类技术中，微量溶剂和副产的组分富集后多需要焚烧。旭化成为解决水相的脱溶剂（苯）问题，提出了若干方案，提供了回收利用的可能性。这批文献中有利用分离膜在一侧减压脱除的方案（特开平6-22040）；有在脱苯塔顶将苯相引出，将水相中的甲酸甲酯、三聚甲醛及甲缩醛用酸性固定床转化为酸、醇和醛，而在塔底排出水相的方案（特开平6-228126）；另一种蒸馏过程则是反过来，把混合物中的甲醇催化转化为甲缩醛。对水相中低含量三聚甲醛的处置，方式也不止一种，根据同期的另一文献（特开平 199706），该方案是从测线汽相引出，冷凝后再萃取引出，而将萃余相返回塔内。

在合成系统的冷凝器里，由于没有充足的水来吸收气相甲醛，甲醛容易在设备壁面形成聚合物的沉积。这个问题在塔上部出稀醛的工艺之下，比下部排出"中浓度甲醛"的工艺要有所改善，但仍然威胁装置的长期运行。在冷凝设备的结构设计上，往往会考虑到甲醛是靠吸收而非冷凝来液化。早期出现过的双溶剂体系，在旭化成的新构思中，也再次出现（日本专利编号特开平 6-228127）。所不同的是，早期双溶剂体系解决了排水问题，而旭化成的双溶剂方案仍靠主塔排出一路富水的物流来平衡水量。该方案在克服堵塞问题、降低能耗和保证最终产品的纯度方面，都能有较好的表现。

图 2-4 给出了两种溶剂的三聚甲醛制备系统。第一种溶剂是沸点比三聚甲醛低的烃类溶剂，如正庚烷等，在它与三聚甲醛的共沸物中，三聚甲醛含量多一些；第二种溶剂是苯、二氯乙烷等传统溶剂。管 4 供给第一种溶剂，它和三聚甲醛一起在冷凝器 2 冷凝，去分离器 3，粗三聚甲醛相从管 5 进入混合器 6，第一溶剂经管 4 回塔，管 7 向混合器 6 供给第二溶剂，三聚甲醛被它抽提。在分离器 8 里面与水相分离，经 9 管排出。去进行精制。含三聚甲醛的水相经管 10 回塔。为了保持塔内的水平衡，蒸馏塔 1 的中部要有一路排出。三聚甲醛与第二种溶剂分离，进行精制。第二溶剂在塔顶回流，引出部分在抽提时循环使用。上述的做法的效果如下。

• 由于用了第一种溶剂，得到了三聚甲醛浓度较高的共沸混合物，相分离后，在水相里以较高浓度移出。
• 塔顶的甲醛浓度不高，器壁沉积问题不存在。
• 用第二溶剂进行的抽出，用简单装置即可实现。
• 第一溶剂和液液抽提后的水相返回蒸馏塔，而水相从塔的中部排出，

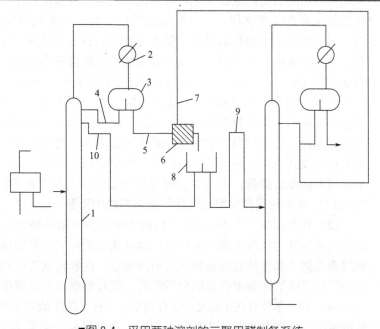

■图 2-4　采用两种溶剂的三聚甲醛制备系统

设备简单且省能。

　　国内已有装置和宝理赛勒尼斯体系中加压塔回收稀醛的工艺段落，至少在国内的实践者那里，曾是一个麻烦很多的段落，材质要求高，投资大，实际建设及运转中也多次出问题。不妨回顾一下国内开发工作在此问题上的历程：国内所用的三聚甲醛合成工艺之得以跳出水平衡导致的高排放困扰，始于 20 世纪 70 年代金山工程上马而列项的配套项目——三聚甲醛联产甲缩醛。阴离子交换树脂制备白球的路线需要经过高致癌的氯甲甲醚，提供甲缩醛和高浓度甲醛源（固体甲醛或三聚甲醛），便可规避致癌的中间体。经过配套项目甲缩醛用量的几度变化，20 世纪 70 年代实施了"800t 三聚甲醛项目"，继而为聚甲醛过程的持续开发创造一个极好的平台。当时最终甲缩醛的联产方案由于这单一的去向终于被用户放弃而打上休止符。如今，在银法甲醛的技术有了长足进步及甲缩醛市场迅速膨胀的环境下，出现了短平快的可能性。直接出售甲缩醛或在铁钼法之下以甲缩醛制浓醛，对于想以简单方式进入聚甲醛制造领域的煤化工业者应有相当吸引力。继甲缩醛快速形成了数十万吨级的国内市场，国内甲醛装置提供商近两年中为用户提供了多套数万吨级甲缩醛成套装置，并成功投产；对于聚甲醛的项目实施者来说出现了采用简单做法的可能性，就是直接把没有转化成三聚甲醛的较稀的甲醛用于甲缩醛合成。考虑到甲缩醛的巨大市场，可以从不同的段落取出浓度不同的稀醛来生产甲缩醛。20 世纪 70～80 年代末，甲缩醛的合成工艺经历了一个由文献报道的经典方法到后来的反应精馏方式的演变，关于其利用的思路也从采用甲缩醛氧化制浓醛工艺，具体化到利用铁钼催化氧化甲醛装置技术提供商的技术直接建成利用（可变组成的）二元原料氧化吸收装置来生产浓醛。后者不需要承担技术风险。随着绿色燃料课题走上前台，近两三年中，在国内离子液体催化剂制备三聚甲醛工艺成功的报导出现之后，从三聚甲醛制备 DMMN（N=3∽8）得到了认真的考虑和关注。该表达式所表达的第一个成员（$CH_3OCH_2OCH_2OCH_2OCH_3$）是三聚甲醛二甲醇缩醛，普遍认为它有可能用来作燃料柴油含氧添加剂。最近公布了相关的国家级项目国家科技支撑计划重点项目"甲醇经三聚甲醛合成多醚类清洁柴油用含氧化合物关键技术及其应用示范"。若要这项技术得到实际应用，三聚甲醛的制造成本必须大幅度地降低。事实上在研究聚合影响因素及三聚甲醛精制问题时，N2 和 N3 两个物质都是曾经关注和尝试获取的对象。

(2) 共聚单体 20 世纪 80 年代前共聚单体开始从环氧乙烷改为二氧五环。二氧五环和三聚甲醛的共聚合，诱导期短于环氧乙烷的场合，和三聚甲醛均聚类似。共单体在反应前期就消耗殆尽，这和环氧乙烷的情况一致。从早期终止反应后所得聚合物的分析来看，此时所形成的共聚单元，是以单个—C—C—O—单位存在于此时的聚合物中，不存在两个或三个—C—C—O—单位的情况。而在共聚单体为环氧乙烷时，在低转化率阶段得到的聚合物中，1～3 个—C—C—O—单元相连的结构单位都能被检测到。但这种差别和两种方法最终所得大分子的稳定性行为又似乎并无关系。

二氧五环制造工艺基于乙二醇和各种形态甲醛源的反应，三聚甲醛、固体甲醛和浓甲醛溶液都可作为甲醛源使用。文献披露可以让二氧五环与络合三氟化硼形成的预聚物体系扮演实际的聚合催化剂的角色，这个思路应已实用化。

环氧乙烷开环曾是向大分子主链提供—C—C—O—环节的唯一途径。而从环氧乙烷过渡到二氧五环的研发中曾经使用环缩醛专业制造商提供的物料。只是因为制造商向早年的赛勒尼斯要价过高，才使后者下了自行制备的决心。此后世界上几乎再没有共聚甲醛制造商以购买方式来解决共聚单体的供应问题。20 世纪 90 年代上海溶剂厂还从这家美国公司（FERO）获取过二氧七环（Dioxepane）样品，它是共聚甲醛的另一种共聚单体，这是国内进行共聚单体横向比较的尝试。当前国内聚甲醛制造商现在同样再次面临如何获得二氧五环的问题，这为共聚单体供应商的出现创造了契机。

提供具有四个连续碳的共聚单体是制造与开发史上曾经有过的做法。用于合成二氧七环的 1，4 丁二醇，在 PBT 已经大行其道的 20 世纪 80～90 年代已经不难得到。三菱瓦斯和 BASF 都使用过这个碳原子更多的环缩醛，前者早已不用，而后者使用至今。它的技术开发者是德固赛，在这项合作中负责制造与销售的 BASF 一开始生产树脂时所宣传的这种新共聚甲醛的特点，部分就在于这个不同共单体所带来的略有不同的树脂结晶行为（其独特的核晶剂也对这个结果有相当影响）。现在二氧五环方案已经是全世界共聚甲醛技术的主流，环氧乙烷要用钢瓶装运，实用不方便。

（3）**关于聚合级原料纯度**　在国内的实验室研究阶段，为着实施溶液聚合对原料的纯度要求如下：含水小于 100×10^{-6}（100ppm），含醛小于 50×10^{-6}（50ppm），甲醇小于 20×10^{-6}（20ppm），甲酸小于 10×10^{-6}（10ppm）。这样的单体在溶剂和共聚单体的相应水平之下，可以得到 80% 以上的聚合转化率和希望的黏度（$\eta_i=1.3\pm0.1$）。在精制工艺之下，达到上述水、醛含量时，其他杂质含量亦可降到较低的水平，这是企业从科研院所得到的工作出发点。精制的思路立足于非连续的过程，此后寻找其它杂质的努力没有得到意外的结果。从今日的认识来说，精制的中心任务还是水和酸。早期对寻找未知杂质及二甲氧基低聚甲醛同系物十分重视。间歇精馏最后的大回流比阶段主要是为了分离二聚甲醛二甲醚。其实，这只是在特定工艺下显得有点难于分离的物质，从危害程度和分离难度来说都不算是最重要的问题。对大回流比的顾虑，在高效塔器尚不普及的时期，干扰了人们直接去考虑连续精馏工艺。于是，在国内多塔连续合成三聚甲醛流程已经打通的七十年代后期，在中试和生产小装置放大时仍设计了重新碱处理再间歇精馏的方案以按原有方式完成精制。此后的精制技术的完善工作贯穿于连续聚合技术的开发全过程。在静态本体聚合到连续动态本体聚合演变中，伴随着测试水平与精制工艺水平的发展，从追求达到得以进行聚合过程的必要纯度水准变成追求达到能自如进行分子量调节。在聚合工艺从静态向动态的过渡的过程中，开始按这种聚合工艺的要求从头来搞精制的连续化。流程一开始定位于单塔流程只是由于熔体输送在中试阶段较难实施。侧线出成品的连续工艺中试一完成即投入了放大运行。尽管在 20 世纪 80 年代初在通盘研究后处理问题时就已经看到，继续提高单体纯度的要求，仅仅由于在聚合和后处理收率方面的好处就显得必要，但全流程多方面的开发需要使注意力放到其他方面。20 世纪 80 年代后期引进的聚合反应器在聚合收率方面继续提高的需要，再次引起争取更高纯度的努力。把高低馏分的切割分开在两个塔器里进行的尝试，在小型中试取得肯定结论后很长时间内，都没有付诸运行。收率方面的这部分损失，对于九十年代中期运行陷于停顿，也有不能忽视的负面影响。

技术发展至今，使聚合得以进行，早已经不再是确定必要纯度水平的判据。国内采用动态聚合工艺以后的单体纯度概念（为了让纯度能为聚合所接受），开始时体现为标准化小聚合实验能在一定的诱导期内引发。后来则确认需要达到大体 30×10^{-6}（30ppm）以下的水含量。水以外，甲酸、甲醛和甲醇，是受到控制的主要有害物质。当前的较好水平是水、酸、醇总和在 10×10^{-6}（10ppm）以下。在不同的工艺里面，诸杂质排出途径的组合情况是不同的。每种可行的精制工艺路线，都应能够达到或接近这样的最终纯度。

国内开发实践中考虑过的、国外在单体精制范畴报道过的可能的做法至少还有这样一些。

① 合成系统得到的有机相以吸附方式精制，有机相组成的典型数据是三聚甲醛 40%～50%，水（1～10）×10^{-6}（1～10ppm），甲醇（1～5）×10^{-6}（1～5ppm），甲醛、甲酸、甲酸甲酯和甲缩醛无法检测，由此再进行精馏精制。

② 基于合成阶段高蒸发比之下杂质生成极少，以高时空收率的合成环节来减少杂质生成。其含量仅取决于原料纯度，这一方案可以是对任一种精制方案的补充。

③ 有机相精制前的水洗及碱洗是最为经典的方案，在装置的改进中都考虑过，在数百吨装置上的试用也确有抑酸、降醛的效果。

④ BASF 以氢氧化钾或氢氧化钡与三聚甲醛共存改变熔点，或者说使系统具有大为降低的熔点（相对纯的碱而言），实现无水状态下的碱处理，是化学处理方案中的新颖做法，也曾引起国内注意和尝试。它使精馏和化学处理有可能结合进行。

⑤ 纯蒸馏方案引起最大的兴趣。值得一提的参考方案在八十年代就受到注意，它利用单塔，从萃取液出发，声称可获得水、酸分别在 3×10^{-6}（3ppm）以下的精单体。它的思路是，将进料板的液相组成维持在按一定原则（下面的不等式）确定的水平上，从而保证水、酸含量的低水平。

$$0 < \frac{x - \left[100 - \dfrac{50}{r - 0.5} - 2(r-1)^{0.2}\right]}{2R^{1/2}} \leq 1$$

该文献中以成品中甲酸含量与不等式中间的表达式数值的关系图，说明为得到高品位产品而进行控制的原则。

参数 r 是以回流比、原料浓度、进料状态按下式来定义：

$$r = \frac{R(1 - C/100) + q}{R(1 - C/100) - C/100 + q}$$

由进料板上三聚甲醛的重量百分率 x，及其应满足的不等式，引出上面的不等式。

多塔流程制备聚合级单体，属于上面罗列的原则中的纯蒸馏方案。采用这一思路的做法，是把在萃取流程和结晶流程中的制备与精制，较紧密地结合起来。在这种类型的国外专利方案中，不论早期还是近期，多聚甲醛二甲醚的系列成员（主要是俗称的 N_2 和 N_3，或称二甲氧基多聚甲醛）在精馏中的脱除，总是被提出来，而在液-液萃取和结晶流程中就不是这样。根据经验，在结晶流程中，它们是从离心母液中离开物流主体的。

目前国内规模装置上所用的精制技术，只能说基本上已经都可以满足树脂生产的需要，但杂质积累的问题在非结晶路线的部分装置上仍时有发生。

2.3 聚合化学反应与工程

2.3.1 相关结构概念的辨析

通用工程塑料中中英名称的含义不对应的，唯有聚甲醛。中文名称聚甲醛表明了此树脂是甲醛的聚合物，是个特指的树脂（而其余四个都是类别名称，比如聚酰胺聚酯等）。英文名称 Acetal Resins 含义则是缩醛树脂，这在"聚醚"概念的基础上加深了一步。既表述了聚合物的结构类型，又表述了该结构基本的生成机制。更重要的是理论上它泛指了以此结构为特征的聚合物家族所有成员，至少是为涵盖范围的界定提供了基础和指向，这和中文名聚甲醛的范围是不同的。

"缩醛的"这个形容词（Acetal），涵盖了甲醛和甲醛以外的所有与缩醛结构有关的概念。而"缩醛"指的是醇与醛的反应产物。该反应包括两个阶段，首先是生成半缩醛（Hemiacetal、Half Acetal）（式 2-1），第二阶段生成完全的缩醛（式 2-2）。下面是甲醇与甲醛反应的例子。

$$H_3C—OH+CH_2=O \longrightarrow H_3C—O—CH_2—OH \tag{2-1}$$

甲醛与一个甲醇生成半缩醛。再加一个甲醇，生成甲缩醛。

$$H_3C—O—CH_2—OH+H_3C—OH \longrightarrow H_3C—O—CH_2—O—CH_3+H_2O \tag{2-2}$$

向同系物推而广之，这两个式子就变成：

$$RCH_2—OH+R'—CH_2=O \longrightarrow RCH_2—OR'—OH \tag{2-3}$$

$$RCH_2—OR'—OH+R'—CH_2=O \longrightarrow RCH_2—OR'—O—CR'—OH+H_2O \tag{2-4}$$

"缩醛"的通式，就是式（2-4）右边第一个结构所描述的。

式（2-1）~式（2-4）的反应都需要酸性催化剂，半缩醛是对热不稳定的，但是缩醛则是对热稳定的。缩醛对于强碱是十分稳定的，但对酸的稳定性差。

这就是为什么甲醛的聚合物在几乎一个世纪之前就为人所知，但是直到 20 世纪 50 年代末期杜邦公司宣布制成了热稳定性的高分子量聚甲醛，也就是甲醛均聚物之前，始终没有成为有用的热塑性塑料的原因；之前的所有甲醛均聚物都是拥有至少一个、可能是两个半缩醛端基的大分子，而它们是对热不稳定的。

但是以甲二醇的存在来解释甲醛水溶液的复杂性和相关体系行为的整个概念体系，在最近的十年内受到了严重的挑战。多年以来被人们深信不疑的不以游离甲醛行为解释一切的理论，已经被研究者推翻。关于甲醛水溶液行为的许多说法需要调整，此处仅指出这一点，以引起注意。

2.3.2 聚合化学要点

商业化的均聚物大分子主链只含有—CH_2O——一种环节，端基则是乙酯基。

式(2-5)说明均聚甲醛生成的基本过程：

$$nCH_2O \xrightarrow{H_2O} HO(CH_2O)_{\overline{n}}H \qquad (2\text{-}5)$$

均聚甲醛的大分子两端均为乙酰基，主链由甲醛单元构成，故可用下式加以确切表达：$CH_3COO(CH_2O)_{\overline{n}}COCH_3$。

而共聚甲醛则难以用一个分子式准确表达关于其结构的信息。最早商业化的共聚甲醛其主链是以(CH_2O)链节为主，其间杂以少量(CH_2CH_2O)或(C_4H_8O)链节，端基为甲氧基醚或羟基乙基醚结构的大分子。

采用下式，可以反映主链上两种链节的存在，但不反映其他结构信息：

$$(CH_2O)_{m}(CH_2CH_2O)_{\overline{n}}$$

以下两种结构式，20 世纪 90 年代旭化成的工作者在其综论文章中采用，反映大分子一侧的端部，从而比较确切地反映了共单体在形成稳定端基方面的作用。

水解稳定化以后得到的端部：

$$\sim(CH_2O)_m\text{—}CH_2CH_2OH$$

聚合结束时未经稳定化，相应的端部结构是：

$$\sim(CH_2O)_m\text{—}CH_2CH_2O\text{—}(CH_2O)_x\text{—}H$$

由分子量调节剂（甲缩醛）封端的端部：

$$\sim(CH_2O)_m\text{—}CH_2CH_2O\text{—}(CH_2O)_x\text{—}CH_3$$

实际上，这部分的比例可以是很高的，早年有专利报道能占到 $60\% \sim 90\%$。

2.3.3 均聚物稳定化过程的化学

式(2-6)、式(2-7)中所示的分子加热时将会解聚回到单体甲醛，R是稳定的端基，比如烷基、芳烷基和羧酸基。式(2-6)会比式(2-7)解聚快得多，原因是它有两个半缩醛端基。

$$HO\text{—}CH_2\text{—}O\text{—}CH_2\text{—}(\text{—}O\text{—}CH_2\text{—})_n\text{—}O\text{—}CH_2\text{—}OH$$

两个不稳定半缩醛端基

$$(2\text{-}6)$$

$$R\text{—}O\text{—}CH_2\text{—}O\text{—}CH_2\text{—}(\text{—}O\text{—}CH_2\text{—})_n\text{—}O$$

$$\text{—}CH_2\text{—}OH \quad \text{一个不稳定半缩醛端基}$$

$$(2\text{-}7)$$

杜邦公司认识到这一点，并且把一个热稳定的端基放到高分子量均聚甲醛 Delrin 的每一个末端去。通过甲醛的碱催化聚合生产出来的不稳定的均聚物，以醋酸酐进行处理，就把乙酰基端基加上去了，从而完成了上述过程。最终结构以式（2-8）表示：

$$H_3C—CO—OCH_2—(—O—CH_2—)_n—O—CH_2—O—CO—CH_3 \quad (2-8)$$

商业化的均聚物大分子主链只含有—CH_2O——一种环节，端基则是乙酰基。

式（2-9）说明均聚甲醛生成的基本过程：

$$n CH_2O \xrightarrow{H_2O} HO\fbox{CH_2O}_n H \quad (2-9)$$

阳离子和阴离子引发剂均可引发甲醛的聚合，产业化时使用的是后者。系统中水是主要的杂质，当主要由水来担当链转移剂的角色时，就生成不稳定的羟基醚端基。

均聚甲醛的经典稳定化方法是醋酐酯化封端。这个过程里的乙酰化反应如下：

$$HO\fbox{CH_2O}_n H + (CH_3CO)_2O \longrightarrow CH_3COO(CH_2O)_m—COCH_3 + xCH_2O \quad (2-10)$$

杜邦公司的均聚甲醛的制造过程基本上就是这样的，在大分子被乙酰化的同时，大分子上会脱落下约 10% 的游离甲醛。由此生成的甲醛还会与醋酐发生副反应，生成甲二醇的二醋酸酯。

20 世纪 90 年代初旭化成的工作者提出使用更高纯度的甲醛及用醋酐作为聚合过程的链转移剂，反应变成如下的方式：

$$n CH_2O \xrightarrow{(CH_3CO)_2O} CH_3COO—(CH_2O)_n COCH_3 \quad (2-11)$$

采用此措施，稳定化过程中的聚合物损失和副反应产物的生成都会有所改善。

2.3.4 共聚物的聚合化学

多聚甲醛是单体甲醛的方便来源，可以用加热或者碱处理（碱性水解）的办法制备甲醛。多聚甲醛是低分子量的聚甲醛。高分子量的链也会有与此相同的不稳定性。赫司特赛勒尼斯的研究者们制备了含有较长的氧亚甲基链段 $\fbox{$\fbox{$CH_2—O$}_n$}$ 的无规共聚物，随机分布着的氧亚乙基单元 $\fbox{$CH_2—CH_2—O$}$ 将聚氧亚甲基链段分割并保护起来。

这个合成过程涉及将甲醛的环状三聚体三聚甲醛与一定量的环醚，如环氧乙烷或 1，3 二氧五环通过开环共聚合结合起来，催化剂可以是大量的强路易斯酸中的任何一种。

为了制备高分子量的适合注塑成型和挤出加工的类型的聚甲醛（也就是满足数均分子量 $M_n = 20000 \sim 50000$ 的树脂），必须使用纯度特别高的无水单体进行聚合，因为某些杂质和水将限制聚合物链的增长。甲醛聚合通常使用阴离子方式，例如使用胺类。而三聚甲醛则可以以阳离子方式进行均聚或共聚。共聚反应时，就有可能采用在共聚单体里面夹杂极少量双环氧化物

(Diepoxide) 的方式向聚合物引入长链型的分支。这样的聚合物结构，由于其较为理想的熔体流变特性，能够制成适合于型材挤出和挤出吹塑成型的树脂。利用特殊的链转移剂，均聚与共聚两种聚合物类型的分子量都能得到很好控制。均聚物 $(175\sim180℃)$ 熔融温度比共聚物 $(163\sim168℃)$ 高，特定的共聚物的熔点在较大程度上依赖于共聚单体的化学结构和浓度，在较小程度上与分子量有关（这是由于分子量对于形态学特性的影响）。虽然共聚单体在聚合物中的存在改进了热的、氧化的和抗水解的稳定性，却在一定程度上降低了结晶度，从而造成了某些机械性能与热性能损失。

除韩国 LG 公司曾采用宇部开发的甲醛共聚技术制造共聚甲醛外所有的共聚甲醛都是利用三聚甲醛共聚的工艺，和上面均聚场合一样，共聚甲醛也有类似的技术演变过程，传统工艺的聚合（共单体以环氧乙烷为例）和稳定化（后处理）反应分别见式 (2-12) 和式 (2-13)。

聚合
$$n(CH_2O)_3+(CH_2)_2O \longrightarrow$$
$$\sim(CH_2O)_m—CH_2CH_2O—(CH_2O)_x—H \quad (2\text{-}12)$$

稳定化
$$\sim(CH_2O)_m—CH_2CH_2O—(CH_2O)_x—H \longrightarrow$$
$$\sim(CH_2O)_m—CH_2CH_2OH+x\,CH_2O \quad (2\text{-}13)$$

高纯度单体聚合的反应可用式 (2-14) 表示：

$$n(CH_2O)_3+(CH_2)_2O \xrightarrow{CH_3OCH_2OCH_3}$$
$$\sim(CH_2O)_m—CH_2CH_2O—(CH_2O)_x—CH_3 \quad (2\text{-}14)$$

在聚合时参与封端过程的链转移剂为甲缩醛，它为大分子提供了一个甲氧基，和均聚场合中的酯端基一样，构成了稳定的大分子端基。和把提供两个相邻碳原子的共单体换成提供四个相邻碳原子的做法相同，如用丁缩醛（丁二醇缩甲醛）替换甲缩醛作为链转移剂，则可以生成带丁氧基端基的大分子。

在杂质含量较高情况下，式中 x 部分所对应的甲醛损失约为原料的 $5\%\sim10\%$。由于原料纯度的提高，聚合过程带有封端的发生。使这部分损失降到了最低。

三聚甲醛阳离子聚合过程的机理和若干基本概念如下。碳鎓离子 (Carbonium ions)、共振稳定化的两性离子 (Resonance Stabilized zwitter ion)、缩醛转移化 (Transacetalization)、和端截缩醛化反应 (Formal back-biting) 是描述聚甲醛聚合机理时要用到的几个概念。20 世纪 60 年代前后接受的有机化学知识，是前苏联批判鲍林共振论学说的一套说法。

但早期在氯甲烷中以三氟化硼引发的三聚甲醛均聚的工作中，提出了引发时生成 "共振稳定化的两性离子" 之说，指的就是下式中双向箭头两边的结构处于共振稳定化之中。

$$BF_3 + O\overbrace{}O \longrightarrow F_3\bar{B}—O^+\overbrace{}O$$

$$F_3\bar{B}OCH_2OCH_2O\overset{+}{C}H_2 \longleftrightarrow F_3\bar{B}OCH_2OCH_2\overset{+}{O}=CH_2$$

以后，在引入其他概念比如氢化物离子（hydride ion）来解释分子重排时，这个"共振稳定"的概念仍是说明聚合机理的重要概念 。人们曾困惑于这样的现象：尽管体系被精心纯化，依然达不到与动力学链长相应的分子量。下式中反映的氢化物迁移反应（hydride shift-reaction）解释了不是由链转移剂造成的分子量变小。

有研究人员用生成和消耗具有结构（a）的活性大分子的过程，解释了被正碳离子攻击的大分子折断、变小以及甲酸基和甲氧基在端部的产生。对此可用下式来加以图解，至此，分子的大小，小于由动力学链所决定的长度的事实，得到了合理的解释。

$$\sim O-CH_2-O-CH_2-O-CH_2\sim \qquad \sim O-CH_2-O-C^+H-O-CH_2\sim$$
$$\underset{\overset{|}{\underset{\overset{|}{O}}{CH_2}}}{\overset{+}{CH_2}} \qquad\qquad \underset{\overset{|}{\underset{\overset{|}{O}}{CH_3}}}{CH_3} \qquad (a)$$

上式中氢化离子迁移产生了结构 a，下式的左右边处于共振稳定之中

$$\sim O-CH_2-O-C^+H-O-CH_2\sim \longleftrightarrow$$
$$(a)$$

$$\sim O-CH_2-O-CH=O^+-CH_2 \longrightarrow$$
$$\sim O-CH_2-O-CH=O+C^+H_2\sim$$
$$(c)$$

人们还发现在三聚甲醛间歇共聚合中，共单体在早期（百分之几的转化率时）就消耗完，后来又像重新洗牌一样，最终形成—C—C—O—在大分子链上的随机分布。反应中的大分子不断重组的机制是：正碳离子攻击另一个分子链上的一个氧，后者被攻击点一侧的链段再断掉，其余部分和正碳离子结合成新的分子链。该过程被称为"缩醛转移化反应"。正碳离子被称为"碳鎓离子"。

国外早有报道，三聚甲醛均聚过程中能够得到一部分稳定的树脂。既然是均聚，所得产物本当是不稳定的。对其稳定性，只能解释为它是无端部的、环状的。这是通过所谓"端截缩醛化"（Formal back-biting）实现的。对于模垢的对策研究里面注意到稳定低分子部分的存在，国内开发者在聚甲醛分子量分布的方法研究中，也曾发现树脂中存在特殊的部分。这是分子量不高但对碱却稳定的部分。

活性大分子内的缩醛转移化的概念，能够解释生成环状分子的机制。还有人分离并表征了自四聚体到包含多达 15 个甲醛环节的环状分子。

$$\sim O-CH_2-O-CH_2-O-CH_2-O-CH_2-O-CH_2-O-CH_2-O-CH_2-O-\overset{.}{C}H_2$$

$$\downarrow$$

$$\sim O-CH_2-O-CH_2-O-\overset{+}{C}H_2 \; + \; \underset{H_2C-O-CH_2}{\overset{O-CH_2-O-CH_2}{\underset{|}{\overset{|}{O}}}}\overset{CH_2}{\underset{CH_2}{}}$$

对于环状大分子分子量分布不宽的特殊现象,也有合理的解释:端截式的缩醛转移化的进行,不是随机的,而是以特殊方式发生的,见图 2-5。在链增长反应中,通过单体-聚合物的化学平衡,不规则的小晶体,重排成为较为规整的片晶。而被大分子具有活性的末端攻击的、属于同一大分子的氧原子,恰是在片状晶体的表面。在发生端截式缩醛转移化、成为环状分子过程中,重新被"咬住"的点,既然是在片晶的表面,它们的分子长度就等于片晶厚度的倍数。图 2-5 下方的反应式形象地反映了生成环的过程。

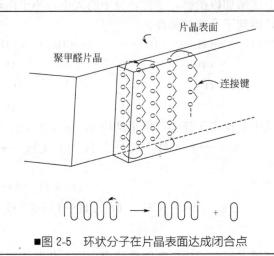

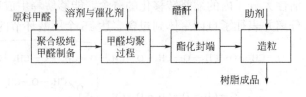

■图 2-5 环状分子在片晶表面达成闭合点

2.4 聚合工艺

2.4.1 均聚体系

重庆合成化工厂在其开发实践中选定以三聚甲醛路线制造均聚树脂。其工作中止于中试装置建成之时,以甲醛路线制备均聚树脂国内早已放弃。

产业化的均聚甲醛树脂生产工艺流程见图 2-6。

■图 2-6 均聚甲醛树脂工艺流程

原料甲醛来自甲醛制造流程中的吸收系统，甲醛浓度为 52%～55%。杜邦公司均聚甲醛装置为从这样的原料出发制取聚合级纯度的甲醛，有过多种方案，现行方案和宇部方案同属一类，即利用大分子量的醇类，和甲醛生成半缩醛。由于醛被醇束缚，在此阶段，水可以简单地被分离掉。然后将精制过的半缩醛热裂解，得到纯度高的甲醛。2-乙基己醇（简称异辛醇）和环己醇都是文献推荐使用的醇，杜邦公司采用前者。

产业化时出现的杜邦技术中，聚合反应是在烃类溶剂里面进行的。溶剂、催化剂和裂解得来的甲醛单体进入聚合反应器，液固分离后通过干燥得到未封端的聚合物粉体。溶剂精制后重复使用。甲醛易产生堵塞问题，为了处置生产线中逐渐积累起来的问题和突发的问题，聚合生产线必须是一用一备。还专设一支队伍处理不正常情况，这种现象在共聚技术中是不可想象的。

20 世纪 90 年代初旭化成的工作者提出使用更高纯度的甲醛和醋酐作为聚合过程的链转移剂，使稳定化过程中的聚合物损失和副反应产物的生成都有所下降，从共聚领域的相应措施的效果来看，这个改进应该是有其实用意义的。

聚合过程很快，并且聚合热较大，为 550kcal/kg（1cal＝4.2J），旭化成还声称开发了移走热量的特殊技术和控制结壁的手段。向聚合反应系统引入单体的新硬件，使得每立方米反应器容积每小时能聚合 100kg 物料，设备简单而紧凑，只需要较小空间。

2.4.2 共聚体系

共聚甲醛制造流程如图 2-7 所示，共聚是其核心的环节。

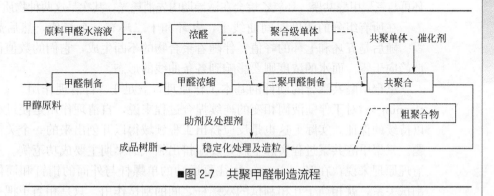

■图 2-7 共聚甲醛制造流程

共聚甲醛规模化制造技术，研究人员对工艺的探索和机理方面的认识经常是脱节的，特别是在国内开发努力中所投入的资源极其有限的情况下，对共聚甲醛聚合的机理，按目前所获得的知识，大致如此。

三氟化硼及其络合物用于三聚甲醛共聚合的历史并不短，但是对聚合机理很长时期并没有形成一致的看法。早期的研究者把间歇聚合过程中聚合体系从加入催化剂到出现聚合物沉淀的时间称为诱导期，并认为这是游离甲醛积累的过程，积累到临界点就开始聚合。这种看法在国内制造/开发人员中更是被视为经典。后来有试验表明，加入甲醛虽能使体系提前进入发浑状态，但并不能继续聚合下去。对聚合机理认识的不断深化，贯穿于近三十年的研究过程。

20世纪50～80年代旭化成技术人员就不同溶剂体系、不同共单体、不同催化剂和针对三聚甲醛均聚和共聚进行了研究，先是通过三聚甲醛的均聚反应试验，基于不同的试验事实，提出了一些假说。它们多涉及对诱导期中水的作用、甲醛和环缩醛的生成问题的认识。不同论点之间及论点和事实之间，往往是部分相容、部分矛盾。

此时关于诱导期性质的两点结论是：在共聚合的反应初期，生成了中间物，诱导期就是它们序贯发生的一系列反应的结果；诱导期受到杂质含量的影响。比如水就能延缓诱导期。

将核磁共振技术用于反应系统内生成物和消耗物的实时检测，使得对反应中间物的确认变得相当明确，从而使得聚甲醛聚合反应历程的研究成为一种结论比较可靠的工作。

关于三聚甲醛与环氧乙烷本体聚合的机理，一般认可的说法是，三聚甲醛分解为甲醛，甲醛与环氧乙烷反应生成二氧五环和三氧七环，其后再与三聚甲醛共聚合。通过后来的一段工作，前人的这一结论部分被否定。用三氟化硼丁醚络合物作催化剂，对环氧乙烷三聚甲醛体系间歇聚合的研究表明，诱导期中生成一系列中间的反应产物［在据以绘出的各种物质的浓度时间曲线（此处略）中有这些物质］。在消耗环氧乙烷的过程中先出现1，3，5，7四氧九环（TOCN）和1，3，5，7，10五氧十二环（POCD）。它们分别是一和两个环氧乙烷与三聚甲醛的反应产物。三氧七环和二氧五环则由它们生成，然后七环和五环再与三聚甲醛共聚。环氧乙烷会在诱导期内先消耗光，其次是这两种物质。

在所有组分的浓度时间曲线上，九环和十二环有一个峰值，然后趋于零。随后是五环和七环的峰值，伴随着聚合物的不断生成，它们的数值徐缓地趋向于零。而水的浓度则要影响到各条曲线的形态。

三聚甲醛共聚合的硬件的基本工作原理，立足于"自清理作用"（self-cleaning）。对于伴随液固相变的连续捏合过程来说，自清理作用是使过程得以持续的保证。实际上这也是反应挤出工程领域得以开创出来的一个关键课题。三聚甲醛共聚过程实际上就是反应挤出领域的早期主要成功范例。从自清理原理来说，在Ko-kneader中往复运动的单螺杆与外面的销钉和筒体的刮拭关系，就相当于互相刮拭的双螺杆之间的刮拭作用。只是相当于把左右两根螺杆里面的一根，展开成包围另一根螺杆的带内凸销钉的筒体。

三氟化硼络合物催化剂的有效成分是三氟化硼。在共聚甲醛制造技术的早期阶段，当美国Baker Perkins公司制造的Ko-kneader，即工作原理及结构与现在仍在市场上销售的Buss挤出机相同的一种反应器，被用作共聚合反应器的时候，催化剂气体是从筒体上的销钉内进入反应器的（这两家公司的制造出自同一专利，但发展历程很不相同，前者已经几经变迁）。气体的催化剂以质量流量计精确计量，技术上并不逊色于液体物料的体系。双螺杆在反应硬件里面占据主流位置以后，应该说气体三氟化硼方案是个古老的方案。高腐蚀性的氟化硼，较小的流量，较高的精度要求，这些都对流量计提出较高的要求。但这些技术上都不是障碍，比起对液体进行精确计量的体系孰优孰劣，可能只有对两种方式都有实践的人，才能够比较清楚。工业实践中实现各个物料的可变的高精度的比例的方式有多种。液体失重式计量系统是挤出生产线上常考虑使用的精确计量方式，也是聚合流程中，在当前控制仪表水平之下容易考虑到的方式。流量计加泵的系统和加压计量输送全部物料的做法，也都是可行的。

2.5 树脂稳定化、 造粒与包装

2.5.1 均聚体系

均聚树脂需要封端。按经典的封端工艺，醋酐在封端反应器里面和聚合物端部的羟基发生酯化反应，惰性气体在气流式的干燥器里面带走残留的醋酐和醋酸。通过分凝使甲醛和醋酐醋酸得以在不同部位收集。封端和干燥都有粉体捕集的环节，细粉和甲醛都是会造成堵塞的因素，和聚合一样，相应的环节也都要靠设置备份设备来保证运行不中断。

醋酐酯化封端过程里，在大分子被乙酰化的同时，大分子上会脱落下约10％的游离甲醛，这些甲醛可以回收并与醋酐发生副反应，生成二醋酸酯。

酯化封端最终所得干粉掺混助剂后挤出造粒，全量助剂及粉状树脂一次混配。或者，约占造粒投料量3％、含高浓度助剂的粉料和97％用量的粉体，分别运输和储存。在造粒前混匀，这主要适用于本土及荷兰装置制得的杜邦粉料运往海外造粒装置的做法。旭化成和杜邦都采用了含氮的稳定剂。

杜邦的第二代均聚甲醛，相对于原来树脂其制造工艺有所改进，从有关专利文献分析，助剂的调整是最重要的方面。添加剂组分的存在是高分散的，在树脂中实际存在的尺度，达到了纳米数量级，这可能就是发挥助剂对树脂的出色保护作用的关键。

2.5.2 共聚体系

为使具有两个不稳定的半缩醛端基的大分子稳定化，聚合物在适当的条件下加热以通过热的作用来除去不稳定的端部链段；或使聚合物经受碱性水解，以便以化学方式将其移去。在由下面的式子表示的制造过程得到的粗聚合物的情况下，稳定化以后最终所得的聚合物具有羟乙基醚端基；这样的端基和低浓度、沿着聚合物链的骨架无规分布的氧亚乙基单元一起，存在于聚合物中，如式（2-15）所示。

三聚甲醛＋环氧乙烷或二氧五环 $\xrightarrow{\text{酸性催化剂}}$

$$HO \left(CH_2-O \right)_x \left(CH_2-CH_2-O \left(CH_2-O \right)_m \right)_n CH_2-$$

未稳定化的共聚甲醛

$$CH_2-O \left(CH_2O \right)_y -H \longrightarrow$$

稳定化过程

$$HO \left(CH_2-CH_2-O \left(CH_2-O \right)_m \right)_n CH_2-CH_2-OH \qquad (2\text{-}15)$$

共聚甲醛生产中，稳定化工艺具有多样性。在混配之前，树脂通常都是以白色、流动性良好的粉体形态存在。但是在混配脱气挤出机之中如果需要在注入或不注入碱性水解催化剂的水溶液情况下，在熔融状态之下脱除大分子上的不稳定部分，这个粉体与完成了水解过程的完全稳定化了的粉体就不是同一种类的物料。前者将释放出甲醛气体，后者在排气挤出过程中释放的气体主要是水之类的惰性的气体。无需用混合作用强烈的双螺杆挤出机来造粒，单螺杆就足够了。国内规模装置上迄今为止都属于前者（即原料粉体属于不稳定粉体的类型）。如果采用悬浮液或真溶液对悬浮或溶解其中的树脂进行碱催化水解，冷却后相分离所得粉体，干燥后经过或不经过压实（压实以提高比重或者说降低比容的步骤，可在类似粉体造粒的压片设备里进行），此后就可以在大直径（约 500～600mm）的单螺杆挤出机造粒。如果没有压实的步骤，连双螺杆设备也不能够顺利喂料。由于大直径的双螺杆机型价格昂贵，包含压实步骤的流程是能把单线规模提得很大的后处理工艺。国内长期使用的悬浮液处理体系不易连续化，也就不能规模化。如果新型聚合催化剂用量小到残留量不足为害树脂品质的程度，那么双螺杆挤出机的简单排气造粒（不引入水解催化剂）就能够得到足够好的树脂品质，赛勒尼斯体系的后处理现在已经达到这个地步。在南通多家外方的合资厂实施的工艺大致应该就是这样的原则。

2.6 生产线设备与控制

2.6.1 单体制备技术中的腐蚀及反应器材质

三聚甲醛合成反应物系中沸腾状态的硫酸处于腐蚀性极强的浓度区间，所以反应器的材质一般选用金属锆（Zr），石墨换热器也能使用。在液面以上，传热表面上的材料温度可以达到近于给热介质（蒸汽）的温度，即

130℃以上。在这种工况下，即使是锆，根据其温度-腐蚀速率曲线，也会发生相当的腐蚀。经验表明，在液滴飞溅所及之处，裸露于汽相中的锆加热管会发生严重的点状腐蚀。考虑到系统中甲酸一定程度的积累，较理想的塔器材料应达到镍基合金"哈氏C"的级别。

固体酸催化在多年之前就被应用，绕过了源于液相催化过程的难题，同时，采用了更高的甲醛浓度。中海油聚甲醛项目启动早期，它和合作者展开的比较扎实的小试、中试，使用了离子液体为基础的催化体系，报道称中试已获成功。这应该是硫酸带来的一系列问题的终结性解决方案。

在能力较低的装置（比如千吨级装置）上，如果只要求反应器的时空收率处于100g/（h·kg反应液）或更低的水平，搪瓷釜内设置一定数量的蛇管，就能满足对反应容积和给热强度需要。而在年产一万吨左右树脂或更高能力的装置上，在列管结构的给热部分之外，通常设置一个作为存料和汽-液分离之用的空间，它与给热部分组成循环回路。因为不必具有给热能力，其材质可以用碳钢搪玻璃，也可以是锆衬里的设备。100～300g/（h·kg反应液）的时空收率范围（可能还可以更高），这一结构还是可行的。为了改善反应体系内液相物料的循环，以耐腐泵实现反应液在再沸器里面的强制循环有更佳的换热效果，但这带来了系统过于复杂的问题。在国外有过上马再拆除的实践过程，但成功者据说也是有的。如要把时空收率提高到500～800g/（h·kg反应液）范围，在近于反应平衡的状态下三聚甲醛生成速率已成为制取三聚甲醛的瓶颈，措施之一是在偏离反应平衡情况下进行强化的蒸发。而为了在提高单位空间的蒸发能力同时，保证转化率不致于下降，来自BASF技术开发团队的作者的一组文献曾提出了用达到反应平衡的液相对蒸发的气相进行增浓的方案。即把换热器和汽液接触增浓塔合在一起作为反应系统。这不但对泵而且对塔器都提出了较高的耐腐蚀要求。

三聚甲醛反应釜中原料甲醛的浓度是一个重要的参数。釜中甲醛和三聚甲醛的浓度关系由反应平衡关系确定。釜内气相的三聚甲醛浓度则再由气-液平衡关系确定，见图2-8。典型条件下，在釜内实际的浓度区间内，气相中三聚甲醛和液相浓度之比大致为7（故在近于3％的液相浓度下，有近于20％的气相浓度）。采用尽可能高的釜液浓度，是提高三聚甲醛得率的有效手段。但是，如果在高原料浓度和酸性催化剂的存在下，技术上难以保证长期运行中釜液状态的稳定，就只能放弃提高浓度带来的好处，采用较低的体系浓度。

为了在较长期的运行中使釜液状态得以稳定，不发生浑浊、结块等会导致运行中断的情况，有不少文献提出过多种对策，包括加入油和其他添加剂。有文献提到旭化成技术在获得70％浓醛后再进行一定程度的浓缩，该方案就最大限度地利用了浓度效应。但是当前国内存在的技术中，银法甲醛与后续步骤的结合，已经不难达到更高的浓度，用于聚甲醛制造只是时间问题。有消息说使用较高浓度原料的共聚甲醛技术，也将用到最近一波在中国建设的四万吨级项目之中。

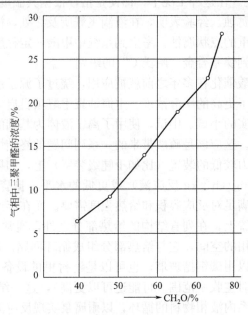

■图 2-8　三聚甲醛合成反应的浓度效应

2.6.2　聚合工艺对硬件的要求

在由三聚甲醛制备共聚甲醛的场合，物料从水样的低黏度状况，到黏稠程度渐增的浆状和膏状体，最后成为干面团状，然后迅速固化，全过程在低于聚合物熔点的温度下进行。和在树脂熔点以上进行的典型"反应挤出"过程相比，具有许多特点。工艺对于反应器结构的要求是研究这个独特过程适用硬件的选择问题的基础。

往复运动单螺杆反应器即 BUSS 反应器是树脂产业化时使用的聚合反应器，这类反应器在北美和欧洲都有制造商，直至 20 世纪 90 年代，仍在聚甲醛装置上使用中。

在共聚甲醛制造技术里，作为聚合反应器采用过的双螺杆设备有三大类。梯形螺纹双螺杆反应器和以捏合块为主的双螺杆反应器在专利文献中先后被推荐。前者在聚甲醛聚合上的应用，国内只见于早期的专利，这种结构实际应用主要是在熔融体过程中，用于涤纶树脂黏度调整之用的设备结构之一，对于产物为固体的连续反应过程，这类结构综合效果相对欠佳。国内在工艺开发初期使用过 75mm 和 180mm 直径的梯形螺纹双螺杆反应器，即使采用直径为 180mm 的梯形螺纹双螺杆反应器，产能也不会超过 1000t。但其运转中解决了对聚合过程（包括与上下游的衔接）工艺等方面的一些基本认识问题，为随后的发展打下了基础。

除塞勒尼斯之外，其他制造商采用多级的做法，常常使用以捏合块为主的双螺杆反应器结构，即使用多台机器，单机长径比小于10，组成多级反应器组，总长径比达到20～30的水平，从而有可能达到90%以上的单程聚合转化率。由于低长径比的机器不难做到500mm或更大的尺寸，单线能力高于3万吨/年是可能的。这类设计可以在以下方面做出变化：按捏合块元件功能组成若干特定组并加以排列，各组内基于功能要求而选定偏转角，选用不同几何特征的双头捏合块等。双螺杆型的聚合硬件实现自清理的结构，目前所知主要有两大类，一类是具有挤出机结构的整机；另一类是非挤出机结构的整机特别是机组，前者所用元件类似图2-9所示螺旋元件，结构比如上海溶剂厂20世纪80年代引进的WP公司的CONTINUA-170，它和该公司著名的ZSK系列双螺杆挤出机的螺杆结构相仿，只是筒体按买方要求做成剖分式，相应的没有挤出机通常所用的电热及水冷结构，而是采用了夹套结构。后者的代表是日本栗本铁工所的KRC系列连续捏合机。

■图2-9　挤出机啮合双螺杆轴上的两类元件（中间的是捏合块，上下两种是螺旋输送元件）

　　意大利马里斯公司用于三聚甲醛共聚合的机器则在采用传统挤出机的结构方面更甚于上海溶剂厂所用机型的做法。它直接使用挤出机传统的冷却和电加热系统来实现反应器的温控，磨损等问题在长机型装备的设计中需要给以更多注意。

　　图2-9给出一般自清理双螺杆挤出机的啮合面貌，三头和两头螺纹都有使用，外形也差不多。图2-10为啮合的左右件发生物料交换的情形，这里是三头螺旋的情形。图2-11为自清理螺杆元件的几何外形。两类原则从几何上看是相通的：在轴上基本都是双头的啮合块，进出口处有些输送元件。而另一类机器则基本上都是输送元件。对于空间曲面的生成，可以想象相当于三头或两头螺旋的两种截面，当它们一面前进，一面旋转，空间形成的造型就是元件的外表面，如果不旋转而在轴向向前平移，形成的空间轨迹就是啮合块。啮合块带有偏转角、几块一组，形成的组就相当于一个输送元件。只是连续变化的螺旋面的表面成为阶梯式变化的。反过来看，无限薄的薄层啮合块带有无限小的偏转角旋转叠加形成的外表面就是螺旋输送元件的表面。两个啮合的螺杆的同向旋转形成一种输送捏合的工作。两类螺杆的不同

就在于有光滑的和不光滑（阶梯式）的区别。结果就表现在于成粉作用的效应强弱上。文献首次出现的是梯形螺纹的构型。实际上这个几何形状是不能够实现理论上的啮合的。以后出现了捏合块结构的专利，并且多数采用短长径比的多级方案。图 2-12 是这种机器的一般用途下的图片。再后来还出现了使用异向旋转的结构实施该过程的专利，两根螺杆有差速关系。

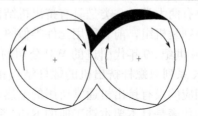

■图 2-10　三头螺纹同向旋转双螺杆输送元件啮合的截面

■图 2-11　双头和三头螺纹同向旋转双螺杆输送元件的截面和外形

■图 2-12　栗本机器组装状态下打开上盖

2.7 产品质量标准与控制

对于基本树脂来说，客观上是有个公认的、基本上是由权威的、先进的企业建立起来的树脂品质标准，其中除熔融指数作为划分黏度水平的指针外，只有少数几个机械性能指标如伸长率和热变形温度之类。如本书中关于特性的内容所说的那样，表征特性的指标项目很多，基本上都不作为制造商对于用户负责的指标。在如此之多的制造商共存的情况之下，被作为品质底线的项目及指标，只是很少的几个。新老制造商的产品差异在这些不列为受控指标的项目方面，需要特别留意。

以热稳定性为例，经典的热分解速率及定时分解后的残重，是经典的两个表征方面。但是若以热色变的色度指标来描述，对树脂热稳定性差异的描述就变得精细得多。又如各种特色品级的长项，通常都有指标，或体现于销售合同中，或不作保证指标。用户根据经验决定选择取舍。

聚甲醛的模具收缩率既大又敏感，为保证制造树脂批次间性能的稳定，在控制品质的同时，树脂匀化也十分重要，以保证熔融指数范围足够狭窄。

2.8 生产工艺的新发展

作为技术高度保密的工业领域的技术进步，无法从公开文献上了解本节标题所说的大量内容。只能依靠这个领域有限的信息，来概述这方面话题的线索。

2.8.1 新聚合催化剂

近十年中共聚甲醛制造技术领域最重要的进展就是非三氟化硼体系聚合催化剂在企业中的投用。无从了解它的研发和应用的轨迹，只是偶然了解到为了它在南通项目的成功投用，才有了在日本宝理提前一年的时间里所进行的实施应用。并了解到其在南通的应用并不顺利，这算得上是 Ticona 的重要核心技术。催化剂用量的降低导致后处理工艺的简化，在成本和投资两个方面都有重大的改善，但也带来新问题。

2.8.2 新单体合成催化剂及工艺

有报道说中海油与兰州化物所已成功进行了替代硫酸的离子液体三聚甲醛合成新型催化体系的中试，引起广泛关注，目前不清楚这条路线是否能成功应用。国内早期曾有过新合成催化剂研究成果，由于产生了原料预处理方面的新要求终于放弃；而硫酸和非硫酸催化剂的使用，各种工艺都已经采用了相当长的时间，不容易被新工艺比下去。但以三聚甲醛为原料的燃料添加剂开发，是意义重大的课题，对能否跨过三聚甲醛经济性这个坎，相关报道并未交代。所以如何重组工艺及催化体系，以达到把三聚甲醛的成本降下来这个目标，值得国内工作者、不单是聚甲醛的工作者认真考虑。

2.8.3 汽车工业对聚甲醛树脂品质的要求

低甲醛排放问题，是各产业对聚甲醛和以甲醛为原料的材料的普遍要求。而汽车工业则是一个已经把要求描述得很详尽的产业领域。以 KEP 为例，韩国工程塑料公司声称表 2-1 中不同标准它的"KEPITAL LOF 系列"树脂都能够满足。

■表 2-1 汽车领域对低排放甲醛问题的要求

汽车制造商	VDA275 /(mg 甲醛/kg 样品)	VDA270 /(mg 甲醛/kg 样品)	VDA277 /($\mu g/cm^2$)
大众	10	3	50
奥迪	10	3	10
戴姆勒/克莱斯勒	5（本色料）	3	—
	20（色料）	3	—
沃尔沃	10	3	20
HMC（本田）	—	3	

注：VDA×××是德国汽车协会标准号。

KEPITAL LOF 系列包括了普通品级、增强品级、耐摩擦磨耗品级、抗冲击品级和耐候品级，涵盖轿车车厢内原来所有使用聚甲醛的部件。宝理的低 VOC 共聚甲醛为 DuraconLV 系列，几乎是所有牌号的树脂都有相应的 LV 品级。泰科纳宣称其第二代低气味的共聚甲醛 POM XAP^2 产品线是业界最广泛的，意思是说数目最多的各种品牌有低挥发产品。在汽车内饰中达到的挥发（lowest emission exposure levels）水平是业界最低的，从而在医疗应用方面也有杰出表现。

2.8.4 其它新品级

随着我国树脂制造能力的大幅度上升，应用方面必定要大幅度拓宽，一大批国内（内资的）规模装置还不能制造的衍生品牌中难度较高的那一部分，对我们来说就代表着这个方向上的一种先进工艺技术。

(1) 抗菌牌号　在树脂性能基本保存下来的前提下，具有优秀的抗生性（high antibiosis），永久和稳定的抗菌功效（anti-microbial efficacy）。中国市场上可以见得到有泰科纳的 AM90S 抗菌抗微生物品级。

(2) **强度更高的共聚树脂** 泰科纳的 HS15 被称为第一个达到均聚树脂强度的共聚甲醛，与普通共聚甲醛树脂相比，其韧性提高了 50%、刚性和强度提高了 10%。对使用环境的 pH 值范围有所拓展，均聚树脂对环境 pH 值要求为 4～10，常规共聚对环境 pH 值得要求为 10～14。而泰科纳的 HS15 扩大到了 pH4～14。宝理公司的 HP 系列（M90HP 等）在 1999 年进入市场，主要用于汽车零部件方面，旭化成公司在 1999 年 7 月发表了 HC 系列（HC450 等）。这些树脂与普通的共聚物相比，共聚单体数量都较少，从而具有介乎于均聚物和常规共聚树脂之间的一些特性。十多年前问世的这个品种当时给人的印象就是共聚单体含量介乎于没有共单体（均聚）和常规共聚树脂水平之间的共聚物，结晶度向着均聚的方向靠过去，因此具有较高的机械强度。

(3) **基本系列的改进** DuraconM25S，M90S，M270S 等新标准品级是改进了制造技术，采用了新的添加剂，实现了低模垢的品级系列。它具有以下的特征：①模垢的发生变得非常少，模具维护频度降低，提高了生产率；②成型机料筒内的滞留变色问题减少；③改善了长期热稳定性（耐热水性，耐热老化性），所以对于其他材料（如电接点，磁带等等）的负面影响也变少了。现在这一族树脂已经有了新的一代。

(4) **品种牌号开发的新趋势** 聚甲醛的热稳定性较差，所以对加工温度甚为敏感，适宜的加工温度范围较窄（20℃左右）。聚甲醛分子主链为碳氧链，不带侧基，没有功能性基团，与其他聚合物的相容性很差，这些给聚甲醛的改性带来了困难。因此，和尼龙、聚碳酸酯、热塑性聚酯等工程塑料相比，聚甲醛的改性品种，特别是合金不多，95% 以上是以纯树脂形式使用的。20 世纪 80 年代以前，国外聚甲醛品种开发主要是通过助剂混配改进稳定性和加工性，通过玻纤增强和无机物填充复合来提高强度。20 世纪 80 年代是聚甲醛品种开发和加工技术开发相当活跃的时期，随着掺混工艺的发展和增韧技术的进步，先后出现了均聚和共聚聚甲醛的塑料合金，通过反应混配得到聚甲醛/聚氨酯（超韧聚甲醛）、聚甲醛/有机硅（超润滑聚甲醛）等新品种。采用反应型稳定剂使聚甲醛的稳定性和耐候性有了进一步提高，反应偶联使玻纤和无机填料结合更牢固。2010 年上海国际橡塑展上泰科纳宣传其第三代增韧改性的共聚甲醛，熔接缝强度出色，从而提高了部件的可靠性；抗冲击强度提高 800%，改善了减震性能；蠕变破坏方面的进步，体现为更高的强度保留（greater retention strength），这对于卡扣类部件安全性（safety for snap-fit features）的改善贡献很大。

美国 GE 公司塑料部门，向市场推出了 PPS-POM 合金，其中 PPS 用量占到 20%，POM 乃是共聚甲醛。PPS 是绝对量较小的品种，又是由非聚甲醛制造商来推出，这个合金对聚甲醛应用的意义尚看不清楚，但其中共聚甲醛用量较大是一个亮色。

金属色树脂的应用积累了多年的经验，应用得越来越好。作为其对立物的技术是注塑成型以后以复杂工序进行喷涂。会产生额外的操作和额外的废弃物。泰科纳以新名字 Hostaform ® MetalLX 命名这个解决方案。各种颜色

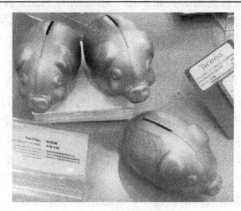

■图 2-13　金属色的制品样品小猪

的金属质感制品得以制造。强度不受影响（见图 2-13）。

2.8.5　降低公共工程消耗和原料单耗

　　聚甲醛工业化生产五十年来，树脂生产工艺上的改进使聚甲醛能耗大幅度下降。Celanese 公司经技术改造，20 世纪 90 年代聚甲醛生产能耗只有 70 年代的 1/4。旭化成开发成功由甲缩醛氧化直接得到 70％浓甲醛的工艺，简化了浓缩操作，降低了能耗。表 2-2 的数据是国内 20 世纪 80 年代中期上海溶剂厂为引进技术所做的众多接触中，外方提出的数据中代表性的 1kg 共聚甲醛装置的公用工程及原料需求。

■表 2-2　1kg 共聚甲醛能耗及原料需求

蒸汽（240 磅/平方英寸）/kg	20	燃料气（制氮用）/m³	0.025
电/kW·h	2.2	废水排出量/kg	5
工艺软水/L	5	纯甲醛/kg	1.086
未处理原水/L	1	二氧五环/kg	0.04

　　此表中可看出当时以燃烧除去空气中的氧还是获取聚甲醛工艺用氮气的方法。

参 考 文 献

[1] Alex Forschirm and Francis B. McAndrew, Acetal Resins, Joseph C. Salamone, Professor Emeritus, University of Massachusetts, Lowell, Volume 1, Polymeric Materials Encyclopedia, CRC Press, 1996, 6-20.
[2] Masamoto, Prog. Polym. Sci. 1993 (18), 1-84.
[3] 胡企中. 合成树脂及塑料技术全书. 北京：中国石化出版社，2006.
[4] 陈信忠. 聚甲醛树脂//《化工百科全书》编辑委员会，化学工业出版社《化工百科全书》编辑部. 化工百科全书：第 9 卷. 北京：化学工业出版社，1995.
[5] 胡企中. 甲醛及其衍生物. 北京：化学工业出版社，2006.

第 3 章 聚甲醛树脂的结构性能

3.1 引言

塑料作为材料，特点在于一个塑字，既然可塑，就有遇热软化的特点。对于使用者来说，就有个在什么温度下蠕变会剧烈到不能接受的程度的问题。这个问题还可以表述成：在预计的温度区间内和预计的负载之下，变形量是否可以接受。而用最终制品设计者的语言来说，工程塑料就是可以预期其负荷下变形的行为、并能够按照强度数据来进行结构设计的塑料。聚甲醛则是抗蠕变性能最好的通用工程塑料。

以聚烯烃为代表的塑料，数十年来已经被制成过无数的产品，但其实它们在全部温度范围中都只能在无外力情况下维持形状而已。若施加持续的哪怕只是很轻的负荷，长时间作用之下，制品形状的变化都几乎是无限的。这些材料在未增强时只能拿来做几乎没有强度要求的用品。在这个重要问题上，工程塑料区别于传统塑料的地方就是在一个比较宽泛的温度区间内，能保持强度。通用塑料工程化取得大面积成效之后，传统的弱点已经有所改善。

可以通过这样的例子来理解强度与结晶度的关系：均聚甲醛由于有更高的结晶度，故其强度比共聚树脂略高（相差不到10%）。正因为是蠕变甚小的工程塑料，这点差距尽管很小，在设计上已有它的意义。用来设计压力容器时（典型实例是打火机的燃料容器器身），按照计算所得壁厚的材料节省量，已成为均聚树脂供应商对比两种树脂时着意强调的卖点。其壁厚的计算，和我们进行金属压力容器校核时所做的计算是一样的。

今日人类已经开始反思对化石燃料的大规模使用的问题。但是从化石燃料制取合成材料无疑是人类摆脱对天然材料依赖的开始。最早发生的以及意义和效益最大的应用是化纤对天然织物原料的替代。通用工程塑料和更广义的合成材料都分为结晶性及非结晶性的两大类。而结晶性是赋予塑料和纤维材料强度的要素之一。聚甲醛也是结晶性材料，虽然聚甲醛纺丝所得的纤维强度令人印象深刻，却因其相对密度大（1.4），在树脂产业化前技术人员就曾推荐的纤维的应用方面，迄今为止并无建树。

3.2 聚甲醛树脂的结构与性能及其表征

聚甲醛是具有柔性链的线型高结晶性聚合物，其分子链主要由 C—O 键构成。C—O 键的键能（359.8J/mol）比 C—C 键的键能（347.3J/mol）大，键能大，分子的内聚能高，所以 POM 耐磨性好；C—O 键的键长（0.143nm）比 C—C 键的键长（0.154nm）短，所以 POM 沿分子链方向的原子密集度较大，从而结晶度较高。未结晶部分集结在球晶的外面，而非结晶部分的玻璃化温度为－50℃，极为柔软，且具有润滑作用，从而减低了摩擦和磨耗。

3.2.1 结构及基本物性

含有一对一碳氧比例的大分子的基本结构，有两种可能，也是根本不同的两种结构。一种纯由碳构成主链的，每个相邻碳原子上面有一个羟基；另一种是碳氧交替形成长链，是聚合着的醚键结构，这两种结构都与甲醛的基本性质有关。甲醛经碱催化的树脂化反应，成为糖类物质，是醛特别是一碳醛的一个重要化学特性，也是共聚甲醛制造中很多环节里都能够遇到的一个副反应。其实相邻碳原子上面的羟基结构，最容易让人想起的就是各种糖。而另一个结构，就是聚甲醛的基本结构。

聚甲醛里面的氧亚甲基单元，或者说甲醛单元（即—CH$_2$O—重复单元），其数量至少在 1000 个以上。这样形成的线型构造，均聚的树脂端基是乙酰基—COCH$_3$，结晶熔点 175℃，结晶度 64%～69%。而共聚树脂端基是—OCH$_3$（甲氧基）和—OCH$_2$CH$_2$OH（羟基乙氧基），结晶熔点 165℃，结晶度 56%～59%。如果不用甲缩醛来做分子量调节剂，那么甲氧基就变成其他结构，比如说若用丁缩醛对应的端基结构就是丁氧基。而含四个相邻碳院子的共单体的场合，就应该还含有羟基丁氧基醚端基。

聚甲醛三方晶系的晶格常数 a＝4.47Å，c＝17.39Å（1Å＝0.1nm，下同），拥有一个由九个构造单位组成、五圈、呈螺旋状的、最小重复空间结构单位，结晶密度 1.49g/cm^3；在 0.2%～2%浓度的酚类溶剂中的溶液，缓慢冷却，能够形成片状单晶。就电子显微镜下的观察，单晶是螺旋状地成长的，层厚 75～100Å，分子链是折叠并在厚度方向上高度定向的。

常作为甲醛源使用的低聚甲醛（国内还有固体甲醛、多聚甲醛、粉末甲醛这些叫法）也是甲醛的聚合物，具有和工程塑料聚甲醛相同的主链结构。在相当长的时间内，关于其聚合度的说法有很多种，它被认为是化学品而不是塑料，但常被错误地叫成聚甲醛。低聚甲醛现在的定义是"甲醛含量为 90%～99%，其余为结合水或游离水的聚氧亚甲基二醇 Polyoxymethylene

Glycols（同系物的）混合物"。和未经后处理的大分子聚甲醛树脂一样，其端基是由水与聚合增长链生成的两个羟基。英文的名称是 Paraformaldehyde。

3.2.1.1 结晶度及相关问题

结晶性的塑料一般都有结晶区和非晶区的存在，其中结晶区所占的比例就是结晶化度。结晶度与材料的物理、化学和力学性质有关。结晶度可以通过 X 射线衍射、红外吸收谱及密度等方法来测量。在密度测定的情况下，利用四氯化碳甲苯混合液配成密度测量管在 25℃ 下测定，用下式来求取结晶度 X：

$$X = (d_s - d_a)/(d_c - d_a) \tag{3-1}$$

式中，d_a 是非晶区的密度；d_c 是结晶区的密度；d_s 是试料的密度。非晶区和晶区的比容积分别是 (0.80 ± 0.02)mL/g 和 (0.664 ± 0.03)mL/g。

结晶度与成型时的冷却速率有关，还会因模具温度、树脂温度及制品厚度等因素而有所变化。若模温和树脂温度较高，制品厚度大，则由于冷却缓慢，结晶度就会较高，反之就低。所以说它实际上是一个过程末了时的、关于状态的、一个方面的描述。不能看成是一种或一块材料的性质。在结晶度之外，制品其它在结晶方面的情况，如形成球晶的状态，也是和制品性质有重要关系的因素。对球晶的状态，可以用切片机切下薄片，以偏振光显微镜观察。

在成型的实践中，与型腔接触的制品表面是熔体在发生急冷的过程中形成的，称为表皮层。这个区域属非晶质，或者说结晶度低，是几乎见不到球晶的一层。表皮层的厚度、球晶的状态都会因模具温度而变化。如果模温在 120～125℃ 以上的话表皮层是完全看不到的，若模温低表皮层就会显现出来，模具温度更低时表皮层的厚度就会变厚。通常注射成型的场合表皮层的厚度是 20～30μm。

结晶度及球晶状态关系到制品的性质，现举例说明。以压制成型方式制得的薄片结晶度与拉伸性能的关系见图 3-1，由图可看出拉伸模量与结晶度是直线关系，而强度和伸长率，则当结晶度在 80% 附近时观察到有较大变化。结晶度在 80% 以下时强度非常低，而伸长率很大。若球晶过大，会影响到韧性，而冷却剧烈，意味着球晶没有机会变得较大，所以韧性较好。制作膜的时候冷却程度及相应的断裂伸长的关系也符合这个逻辑。急冷后，拉伸时发生了颈缩现象，断裂伸长变大；冷却速率较慢时，则断裂伸长率变小。这样的情况，从下面的逻辑来考虑就能够理解：破坏是在球晶之间的界面发生的。均匀而较小的晶粒造成致密的结构，强度无疑会比较高。发育得过于粗大的晶粒的存在，无疑提示了尺寸更加不均匀的这种情况。由此出发，就不难理解会有较差的断裂伸长和屈服强度。

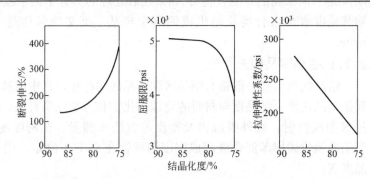

■图 3-1 以压制成型方式制得的薄片结晶度与拉伸性能的关系（拉伸速率 250％/min）

注：1psi=6294.76Pa

3.2.1.2 分子量及其分布

分子量测定方法有黏度法（溶液黏度和熔融黏度）、端基定量法、光散射法及渗透压法等。此处将聚甲醛作为特定高分子材料的非共性的一些概况分述于后。

(1) 黏度法 在 100mL 含 2％α-蒎烯的 98％对氯苯酚溶液中溶入 0.1g 试料，于 60℃测定黏度。然后可以用式（3-2）从得到的相对黏度 η_γ、溶液浓度 c 计算特性黏度 $[\eta]$：

$$[\eta]=\ln\eta_\gamma/c \tag{3-2}$$

特性黏度和重均分子量 M_W 的关系可用式（3-3）来表示。两个关系常数取值见式（3-4）。

$$[\eta]=KM_W^\alpha \tag{3-3}$$

以此式可以求取重均分子量。就上面的溶剂和测定温度，对于共聚甲醛会得到下面的结果：

$$[\eta]=4.13\times10^{-4}M_W^{0.724} \tag{3-4}$$

190℃下测定共聚甲醛的 MFR 和重均分子量，有下面的关系：

$$MFR=1.30\times10^{18}M_W^{-3.55} \tag{3-5}$$

(2) 渗透压法、端基定量法和熔融黏度 数均分子量可由渗透压法和端基定量法来求取。渗透压测定在 90℃用苯酚溶液，使用 0.45mm 和 0.60mm 毛细管、安装胶凝塞洛芬（cellophane）隔膜的渗透压计进行。测定时的浓度约为 0.05～0.65g/100mL。

端基定量法测定均聚甲醛的端基（醋酸基）数。聚合物每个分子有两个端基，数均分子按照式（3-6）计算：

$$\overline{M}_\eta=60/（端基的分子量/甲醛的分子量） \tag{3-6}$$

渗透压法和端基定量法得到的聚甲醛的数均分子量是一致的。这个一致说明了可以推定这个大分子是没有分支的线型构造。

200℃、剪切应力 4×10^4Pa 条件下测得的熔融黏度和数均分子量关系，其实验点呈现一个类似直线的关系。

从熔融指数与重均分子量的关系式及熔融黏度与数均分子量的关系，可以看出，熔融黏度是分子量（或者说聚合度）极好的代用特性值。国内开始阶段，都是采用对氯苯酚溶液黏度测定体系用溶液的特性黏度来表征聚合产物。在可得样品量小的情况下，比如说在通常采用安瓿瓶或 250 三口搅拌瓶进行溶剂聚合的研发阶段，因为一个聚合样品是做不了一次熔融指数测定的。静态本体聚合实验阶段开始，样品量变大，自由度也变大了，直到过渡到中试后熔融指数才成为日常测定的方法。

生产企业主要以熔融指数测定仪测得的熔融指数来划分品级。渗透压法测数均分子量的工作在国内没有见过报道，至少是从未成为实际工作中的表征手段。国内对高压毛细管流变仪在聚甲醛方面的使用也从未走到与分子量相关联的这一步。只是在通过工作确定润滑剂的过程中，曾开展过流变性能表征对比的求证工作。

均聚物和共聚物在流动性问题上有个差别，即分子量不是唯一影响熔体流变性能的因素，后者还有组成的问题。具体来说，共聚物有双组分共单体和三组分共单体这样的情况。更多组分的存在对流动行为有较强影响，故均聚共聚之间，不能直接比对黏度序列。

（3）分子量分布 有过多种溶剂体系被文献作者声称使用过，比如辐射聚合工作开展阶段对国产树脂就进行过淋洗分级和级份的黏度测定。国内规模装置建立后在技术比较评估中也有过分级工作，它们都是非常温溶剂，所以这些工作中分级所得组分的评估数据精确性都没有很大的保证，因为最大限度地减少溶液制备中的分子量变化还需采用特殊常温溶剂，而只有一种溶剂被认可。真正的权威性体系是用六氟异丙醇溶解样品，在凝胶渗透色谱仪上检测聚甲醛的分子量分布。根据共聚物里面共单体数量及聚合条件等的不同，分子量分布图形形态是不同的，可以在主峰的低分子量一侧有个小峰，成双峰分布。分子量分布是与熔融体黏弹性有关的特征。这是一项门槛较高的工作，也是性价比较差的工作，对国内的树脂供应商和开发研究者来说，溶剂的获得和柱的寿命是两个不易跨越的前提性条件，方法的建立本身也是难度不低的课题。

3.2.1.3 红外吸收光谱

聚甲醛的代表性红外（IR）吸收光谱，均聚甲醛示于图 3-2，共聚甲醛的示于图 3-3。共聚甲醛的共单体含量不多，所以区别两者有点困难。聚甲醛所特有的吸收峰有以下的几个：$2810 \sim 2940 cm^{-1}$ 对应于—CH_2—伸缩；$1440 \sim 1480 cm^{-1}$ 对应于—CH_2—角度变化，$940 \sim 1100 cm^{-1}$ 对应于—CO—伸缩。

$900 cm^{-1}$ 和 $933 cm^{-1}$ 两个位置的吸收与聚合度有关系，可据以推定大致的聚合度变化。测定试样是用热压法制成的 $5\mu m$ 的薄膜，这个时候必须做到没有分解。在要比较研究聚合度变化的时候，在注意热分解问题的同时，对试料的厚度也必须做到一定。

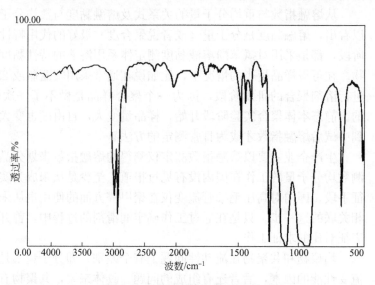

■图 3-2　均聚甲醛的红外吸收光谱

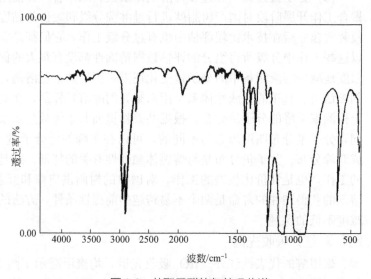

■图 3-3　共聚甲醛的红外吸收谱

3.2.1.4 动态黏弹性

　　动态黏弹性是聚合物基本物性里面重要但研究情况较少见诸报道的一个。共聚甲醛动态黏弹性的温度关系的见图 3-4。后文对此图所用的概念将有所利用。

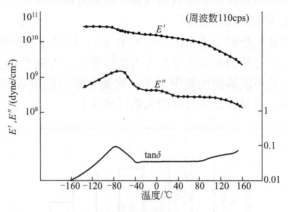

■图 3-4　共聚甲醛的动态黏弹性

3.2.1.5 热性能

(1) 比热容　共聚甲醛常温区间的比热容数据是 $0.35\text{kcal}/(\text{kg}\cdot\text{℃})$（注 1cal＝4.2J，下同），熔融状态的数据是 $0.63\text{kcal}/(\text{kg}\cdot\text{℃})$。对均聚甲醛这里有一张由早期均聚树脂研制阶段的工作得到的使用英制热单位的曲线图（图 3-5）。其所用单位不符今日的规范要求，但是比热容与温度的关系不会因单位而改变形态。从中可知比热的明显变化是在 150～175℃（这是峰值）区间里发生。

(2) 热导率　共聚甲醛的热导率常温固体为 $0.2326\text{W}/(\text{m}\cdot\text{K})$，熔融体则为 $0.2302\text{W}/(\text{m}\cdot\text{K})$。

(3) 线膨胀系数　在 -60～90℃ 的区间里，线膨胀系数的数值是在 $8\times10^{-5}\text{K}^{-1}$ 到 $15\times10^{-5}\text{K}^{-1}$ 之间。在流动方向和与流动方向垂直的方向上，

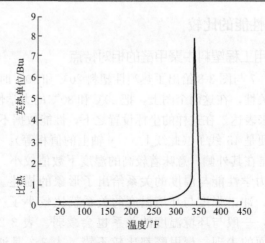

■图 3-5　均聚甲醛比热容的温度依从性

均聚共聚树脂线膨胀系数的数据之比大致都在 0.95～1.10 之间。

3.2.1.6 射线照射的影响

各种树脂耐受能力的排序见图 3-6。聚甲醛不耐辐射，电子和质子的射线的攻击能使两种聚甲醛都变得物性低下。在辐照剂量达到 1×10^4 Gy 的环境里，是不能够使用聚甲醛的。均聚甲醛以强度在 2MeV 上下的电子射线照射后，剂量和强度数据的关系见表 3-1。

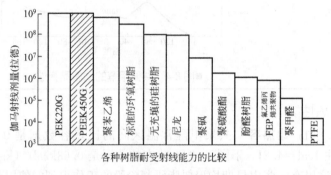

各种树脂耐受射线能力的比较

■图 3-6　树脂耐受射线的能力排序

■表 3-1　均聚甲醛经 2MeV 电子射线照射后的强度

辐照剂量/×10⁴Gy	拉伸强度/MPa	伸长率/%	Izod 冲击强度/×10⁻²kJ
0	70.3	15	7.6
0.6	68	11.5	5.4
2.3	43.7	0.9	1.1

3.2.2 聚甲醛性能的比较

3.2.2.1 在通用工程塑料中聚甲醛的相对特点

图 3-7 与图 3-8 给出了热塑性塑料 20℃和 80℃时拉伸强度与弯曲弹性系数的相关性，在这两个图上，把 20℃和 80℃的力学性能用成 90°关系的两根坐标轴来表达。在这样的坐标设置之下，性能数据不受温度影响的理想情况的集合便是 45°线了（此线上 x、y 轴上的值相等）。通用工程塑料的各品种的情况是在其外侧，意味着较高的温度下数值较小。这种处理方式对几个品种的力学性能与温度的关系给出了形象的描述。与拉伸强度及弯曲强度相比，冲击强度与环境温度的关系就比较小了。以玻璃纤维等材料增强以后，一般与环境温度的关系也会减弱。表 3-2 是热塑性树脂在耐药品性方面的表现，聚甲醛都比较不错。表 3-3 是通用工程塑料的物性一览表。

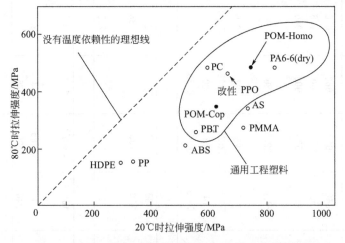

■图 3-7　各种热塑性塑料 20℃和 80℃拉伸强度值相关性

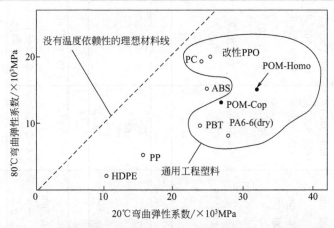

■图 3-8　各种热塑性树脂 20℃和 80℃的弯曲弹性系数的相关性

■表 3-2　各种热塑性树脂的耐药品性比较

树脂 项目	聚甲醛	尼龙 66	改性 PPO	PBT	聚碳酸酯
耐有机溶剂性	◎	◎	△ ~ ※	◎	△ ~ ※
耐油性	◎	◎	△ ~ ※	◎	△ ~ ※
耐热水性	○ ~ △	○ ~ △	◎	○ ~ △	○
耐酸性（低浓度）	○ ~ △	◎ ~ ○	◎	◎	○ ~ △
耐碱性（高浓度）	※	△ ~ ※	◎ ~ ○	△ ~ ※	△ ~ ※

　　注：表中各种记号的含义如下：◎ 不受侵蚀；○ 几乎不受侵蚀；△ 一定条件下受侵蚀；※ 受侵蚀。

■表 3-3　非增强通用工程塑料的物性一览表

物性		单位	尼龙 6	尼龙 66	PBT	POM	PC	改性 PPO	PPS
力学性质	拉伸强度	kgf/cm²	820（380）①	830（550）①	550	660	610	660	670
	拉伸断裂伸长率	%	140（>200）①	60（>200）①	>200	50	110	60	1.6
	弯曲强度	kgf/cm²	1050（500）①	1150（700）①	810	910	920	900	980
	弯曲弹性系数/×10³	kgf/cm²	26.5	29.5（15.5）①	24.0	27.0	22.5	25	39
	缺口 Izod 冲击强度	kgf·cm/cm	4.5（70）①	5.5（70）①	4.5	7.0	95	27	2.5
	洛氏硬度		R120	R120	R119	R115	R120	R118	R123
	圆锥磨耗	mg/10³ 转	7	7	8	14	13	20	
	对钢摩擦系数	—	0.14	0.14	0.13	0.15	0.33	0.33	
热性质	熔点	℃	224	260	224	180	246		285
	热变形温度（18.6×10² kPa）	℃	64	80	60	110	135		138
	线膨胀系数	×10⁻³℃⁻¹	9	9	9	10	5.6		2.5
电气性质	体积电阻		10¹⁵（10¹²）①	10¹⁵（10¹³）①	10¹⁶	10¹⁴	4×10¹⁶	10¹⁶	10¹⁶
	介电常数（10⁸ Hz）	—	4~5（15）①	3.1（15）①	3.2	4	2.85	3	3.1
	耐弧性	s	180~190	180~190	180	240	120	75	
其它	密度	g/cm³	1.14	1.14	1.31	1.41	1.20	1.05	1.34
	吸水率	%	-（3.5）①	-（3.5）①	0.1	0.22	0.15	0.07	0.02
	燃烧性	—	94-V2	94V-2	94HB	缓燃性	94V-2	自熄性	94V-0

① 吸湿时的物性。

3.2.2.2 共聚甲醛和均聚甲醛的比较

分子链上共聚单体的存在与否是均聚和共聚树脂的差别所在。两者的力学特性和化学特性的一定差距亦是来源于此。

① 均聚树脂比起共聚树脂刚性更高、耐疲劳和反复冲击及耐磨耗性等力学性能更为优良。

② 均聚树脂比起共聚树脂熔点高出约10℃，热变形温度也要高些。

③ 共聚甲醛比起均聚甲醛来更富于柔软性。

④ 共聚甲醛比起均聚甲醛来耐热水性和耐碱性要好些。

⑤ 一般品级之中，共聚甲醛比均聚甲醛的耐候性略好。

此处以弯曲强度-挠度曲线（图3-9）、拉伸强度和变形曲线（图3-10）、反复挠曲情况下振动疲劳特性（图3-11）、热水浸渍后的强度保持率（图3-12）和老化后的拉伸屈服强度的保持率与照射时间的关系（图3-13）共五个实例来看两种聚甲醛的行为。每幅图都能够看出至少一个问题上的优势。

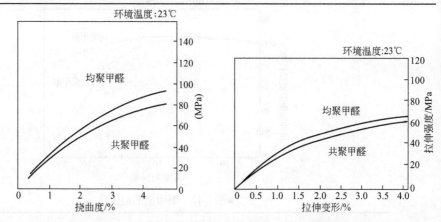

■图3-9 两种树脂弯曲强度与挠曲度关系的比较　■图3-10 聚甲醛拉伸强度与变形曲线

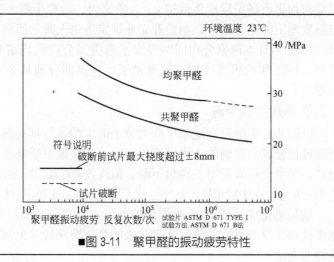

■图3-11 聚甲醛的振动疲劳特性

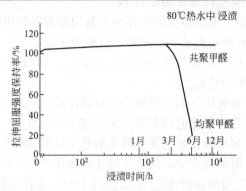

■图 3-12 聚甲醛热水浸渍时间与拉伸屈服强度保持率的关系

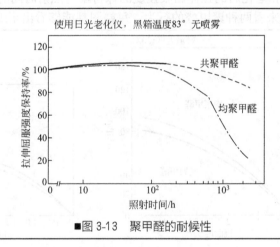

■图 3-13 聚甲醛的耐候性

这些比较显示出共聚甲醛对于均聚甲醛的全面优势。这是五十年来共聚甲醛与均聚市场份额比例保持 8∶2 的原因。均聚甲醛的存在，除了在乎那点强度差距的用途之外，制造业企业锁定历史上既定原料的做法也是重要原因。1962 年日本两家公司同时发表了与美国公司就均聚和共聚产品的合资计划，1965 年均聚的计划就被撤销了，这也部分地从企业战略层面说明了问题。

3.2.2.3 嵌段共聚甲醛

嵌段共聚甲醛是在均聚甲醛大分子的末端，与具有润滑性的聚合物嵌段直接进行合成而得到的，力学性质比以往的共聚甲醛略差，而滑动特性明显提高，学术上可算是第三种聚甲醛。但从数量看其实际地位和另两个成员并不能相提并论，在中国市场上似乎也并无建树，表 3-4 给出它们的性能比较。

这是旭化成公司 1985 年推出的产品，它有一个商品名 Tenac-La。在摩擦磨耗特性章节里面，将以这个品级的摩擦磨耗行为为例介绍一种评估摩擦性能的方法。

■表 3-4　嵌段聚甲醛与常规的共聚均聚树脂性能比较

项目		ASTM 测定方法	嵌段共聚物	共聚甲醛	均聚甲醛
密度/（g/cm³）		D1505	1.38	1.41	1.42
力学特性	拉伸强度/ MPa	D638	60	62	70
	断裂伸长率/%	D638	35	60	50
	弯曲强度/ MPa	D790	83	92	70
	弯曲弹性系数/ MPa	D790	2200	2650	3100
	压缩强度（5%变形）/ MPa	D695	68	82	91
	剪切强度/ MPa	D732	54	55	66
	缺口 Izod 冲击强度/（×10⁻²kJ/m）	D256	5.5	6.5	7.0
	洛氏硬度	D785	M78	M80	M94
			R115	R115	R120
热性质	熔点/℃	DSC 法	175	167	179
	线胀系数（−30～30℃）/K⁻¹	TMA 法			
	流动方向		$10.5×10^{-5}$	$10.5×10^{-5}$	$9.8×10^{-5}$
	流动的直角方向		$10.5×10^{-5}$	$10.5×10^{-5}$	$9.7×10^{-5}$
	热变形温度/℃		102	110	124
	18.6×10²kPa	D648	165	158	170
	4.6×10²kPa				

3.2.3 性能分述

3.2.3.1 力学性能

高流动品级在强度和弹性系数方面比之高黏度品级要略微大些。拉伸伸长率和 Izod 冲击值则要小些。反之高黏度树脂拉伸伸长率与 Izod 冲击强度较大但其它强度值和弹性系数要略微小些。根据用途选择品级时，需注意这些基本情况。相对密度、吸水率等物理性质，在均聚与共聚之间差异是有的，而在类型内部的品级间却是无大差异。

按合成材料的惯例将聚甲醛力学性能分为长期的和短期的加以表述。一般按标准试验方法进行性能测定，标准则有 JIS、ISO、ASTM 等。

(1) 短期的力学性能　性能测试数值会受到试片形状、厚度、成型条件和测定条件的影响。成型中的偏差、分子取向、结晶构造和充填材料的取向等因素也都是起作用的要因。比如，经过退火，成型偏差变小，试片的测定值通常就会变大。流动造成的取向大的试片若在取向方向上评价，通常得到较大的测定值。若在与取向成直角的方向上，那么在取向严重之位置上的值就要小些。仅以取向大处的数据对整体做出判断，会导致错误。此外尖角和熔合缝都是树脂强度较差的地方。这些情况在利用标准试样测得的数据的时候，比如对不同塑料之间的比较、新品的比较评价以及利用数据于制品设计时，都必须顾及到。

① 拉伸特性　和金属相比，通用工程塑料的机械强度和弹性系数的绝对值都要小很多。而这两方面的温度依从性却很大。

a. 应力及变形　标准品级共聚甲醛拉伸应力-应变曲线见图 3-14。在常温下存在着屈服点。若正确地测定拉伸变形的话，可看出它和金属不同，服从胡克定律的弹性部分即直线部分完全没有。

如图 3-14 所示，取从原点到曲线上一点的连线的斜率 E_S（称为 second modulus 第二弹性模量）和通过原点的切线的斜率 E_O（称为初始弹性模量）的比值，对于拉伸变形归结成图 3-15 的线。这个关系不因应力的作用时间及温度范围而变，取 $E_S/E_O = 85\%$ 值的点作为弹性系数的精度界限（图 3-16），在这样的 E_S/E_O 值范围里面认为材料具有如同金属那样的弹性，按此进行设计，就不至于有较大的误差。这个话题已经进入了长期力学问题中的蠕变变形问题，在后面相应部分还会涉及。

聚甲醛的玻璃化转变温度约为 $-60\,℃$，它的实际使用的温度范围处在高弹态区间里面。高分子材料的高弹态（橡胶态）和玻璃态以玻璃化转变温度

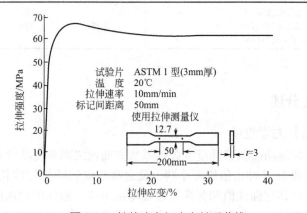

■图 3-14　拉伸应力与应变关系曲线

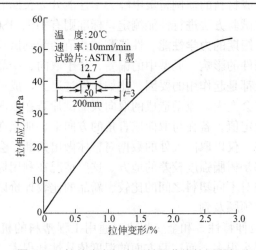

■图 3-15　拉伸应力与变形关系曲线的初期部分

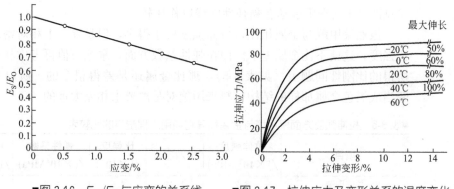

■图 3-16　E_S/E_O 与应变的关系线　　■图 3-17　拉伸应力及变形关系的温度变化

为界，在这个温度区间里面力学特性的温度依赖关系是比较强的。图 3-17 所示的拉伸应力与变形的关系曲线的温度关系表明，较高温度下初期的弹性系数与屈服强度均偏低，而断裂伸长率变大。

结晶性材料强度受温度的影响比非结晶性材料更厉害些。80℃和20℃相比，结晶性材料的强度相当于 $50\%\sim55\%$，非结晶性材料则相当于 70%。用玻纤增强之后，结晶性材料的这个比例稍微有些改善，达到 $60\%\sim65\%$；非结晶性材料的比例却保持未变。

值得注意的是玻璃纤维有很多种，按表面处理剂和偶联剂之类的有无等因素的不同，用于增强的效果差异很大。

玻璃化转化温度是物性变化的一个关键之点。玻璃化转化温度值处于 50℃附近的尼龙和 PBT 当温度超过此值以后，强度对温度的依赖关系随即变小。

共聚甲醛拉伸和弯曲弹性系数与温度变化的关系显示同样的倾向，见图 3-18。

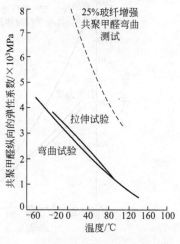

■图 3-18　共聚甲醛弹性系数与温度的关系

　　动态黏弹性与温度的关系与弹性系数与温度变化的关系有关。对此可以参见图 3-4 共聚甲醛动态黏弹性曲线以作比较。

　　虽然聚甲醛与金属相比，拉伸强度要小得多，但是除一下相对密度得到比强度，这就不比金属差了。而在弹性系数方面，拿绝对值再考虑相对密度所得的比刚性问题上（见表 3-5），那比金属还是差得很多的。所以拿聚甲醛当成黑色金属那样的结构材料来用绝对是离要求相差太远的。

■表 3-5　拉伸强度方面聚甲醛与金属和其它通用工程塑料的比较表

项目	拉伸强度/($\times 10^2$ MPa)	相对密度	比强度/($\times 10^2$)	弹性系数/($\times 10^4$ MPa)	比刚性/($\times 10^4$)
共聚甲醛	6.2	1.41	4.5	2.8	2
玻纤含量 20% 增强共聚甲醛	7.7	1.54	5.0	7.0	4.5
聚碳酸酯	5.5~6.5	1.2	4.6~5.4	2.3	1.9
聚酰胺	5~8	1.10~1.15	4.3~7.3	1.0~2.8	0.9~2.5
铝	33	2.64	12.5	70	26.6
黄铜	28	8.75	3.2	105	12
锌	29	6.6	4.4	49	7.5
钢	42	7.8	5.4	210	27

　　加上其它方面的优势，聚甲醛用来代替铜锌铝还是有足够底气的，实际情况也确实如此。关键是下一节中涉及的强度温度关系问题，实际使用温度能否落在与对制品的期望相符合的区间里面。

　　b. 强度　金属在很宽的温度范围里强度都是没有问题的，而塑料受温度影响就厉害得多。图 3-19 表示了未增强的和含 25％ 玻纤的共聚甲醛的各个强度指标（拉伸、弯曲、剪切）与温度的关系。

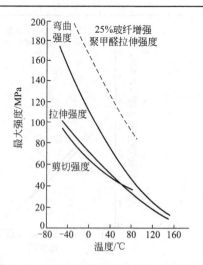

■图 3-19　共聚甲醛各种强度指标的温度关系

就拉伸强度而言，80℃的数值只相当于20℃的一半。所以设计中考虑到使用温度是极其重要的。这方面塑料之间的差异也值得注意。尼龙吸水后强度受影响较大，也是尺寸变化较大的原因。而聚甲醛这方面就比较好些，拉伸强度还会因流动造成的定向、结晶度变化等而变化；聚合度与之也有关系。这些关系见图3-20。聚合度小则易于结晶化，于是结晶度变大，因此强度也就变大。从另外一方面来看，若黏度高的话，则流动造成的定向容易发生，也使拉伸强度变大。这些原因造成了图上反映的曲线走向情况。拉伸强度还和试片的拉伸速率有关系，这一点可见图3-21。拉伸速率快，强度值就大。而断裂伸长率则变小。对于速率的依从性可以这样来理解：拉伸极端地慢，就变成蠕变。极端地快，也就成了冲击。

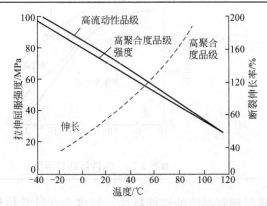

■图3-20 拉伸速率为50mm/min下高黏度及高流动共聚甲醛拉伸强度与温度的关系

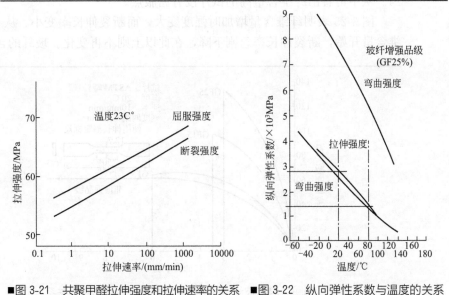

■图3-21 共聚甲醛拉伸强度和拉伸速率的关系　■图3-22 纵向弹性系数与温度的关系

c. 弹性系数及刚性系数　　弹性系数和拉伸强度一样是随温度变化的。图 3-22 显示纵向的弹性系数与温度的关系。此时 80℃的纵向弹性系数数约为 20℃时的 1/2（这从图内的附加线可看出）。从扭曲试验能求得刚性比 G，比如横的弹性系数和纵的弹性系数（杨氏模量）E 有这样的关系：

$E = G$（1 ＋ 泊松比）

聚甲醛的泊松比约 0.35。

刚性系数与温度关系见图 3-23，与弹性系数有着相同的温度依从关系。

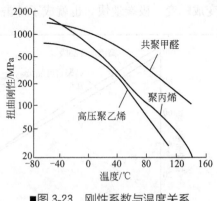

■图 3-23　刚性系数与温度关系

d. 玻纤增强品级的拉伸特性　　纤维会在试片拉伸方向上定向，故纤维的定向问题时时要顾及。玻纤增强共聚甲醛拉伸应力与形变的关系见图 3-24。从中可看出纤维含量高的试片没有屈服点。

图 3-25 表明纤维含量增加时强度变大，而断裂伸长率变小。从 5％的纤维含量开始，断裂伸长率急剧下降，在此以上则不再变化。玻纤的含量与弹

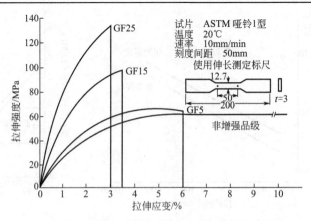

■图 3-24　玻纤增强共聚甲醛拉伸应力与形变的关系

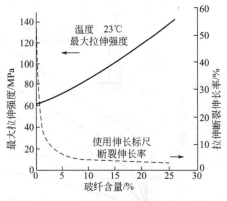

■图 3-25　玻纤增强共聚甲醛拉伸强度与玻纤浓度的关系

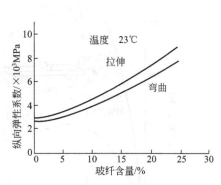

■图 3-26　玻纤含量与弹性系数的关系

性系数的关系见图 3-26。从这个图来看，玻纤含量在 5％以下强化的效率是不高的，之后随着玻纤含量的提高，带来弹性系数线性增大。

有色金属的强度指标普遍地弱于黑色金属。使用有色金属而不用黑色金属的场合，都会有一些特别的原因。而采用铝、铜、锌乃至镁的许多场合，共聚甲醛的强度项目已经够用，还有另外一些因素则使得聚甲醛极受欢迎。至于与黑色金属制品相比，许多场合，还要考虑工艺费用的问题。比如气动采掘钻孔工具上的阀片，它是镜面的片状零件，强度要求方面，本来就有一定的余地，它的往复跳动撞击阀座带来对自身的冲击破坏作用。由于塑料相对密度小得多，惯量也小得多，所以寿命比钢制者反而更长。

② 弯曲特性

a. 应力-变形曲线　弯曲特性的测定条件诸如试片厚度、跨距、负荷的速度及支点的曲率等方面的变化都会影响到结果。用 6mm 厚的试片得到应力-变形曲线见图 3-27。非增强品级弯曲到 90°都不破坏，而含 25％玻纤品级的弯曲率只有 4％就破坏了。

b. 强度　与拉伸和剪切的情形相比，聚甲醛具有更高的弯曲强度，回顾图 3-18 中所见的情况，弯曲的关系曲线位置最高，比拉伸的场合有更大的值。注意纵坐标是每个横坐标值（温度）之下的最大强度。温度的依赖关系则和拉伸的场合大体相同。80℃的弯曲强度大致是 20℃的一半。

c. 弹性系数　弯曲的弹性系数在图 3-22 里面可见到，比起拉伸弹性系数要略微小些。如果选择测定条件的话，两者的值可以相同。厚 6mm 的弯曲试片和厚 3mm 的拉伸试片用标准试验方法就能得到这样的结果。

③ 压缩特性

a. 应力-变形曲线　图 3-28 表现了 25～150℃应力-变形曲线。压缩强度不像拉伸强度和弯曲强度那样，它不显示最大应力点。这是由于变形大时试片断面积增加了。

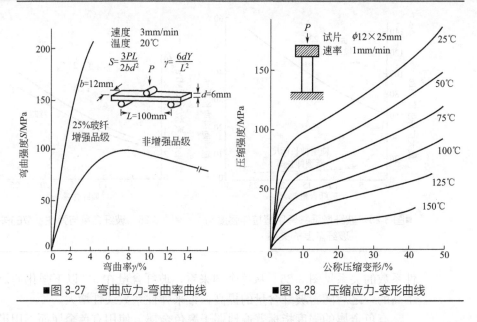

■图 3-27 弯曲应力-弯曲率曲线　　　■图 3-28　压缩应力-变形曲线

b. 强度　变形量 2％和 10％情况下压缩强度的温度关系见图 3-29。当变形量在 10％以下的时候，常温弯曲与压缩的强度数值大体处在相同水平。而在与拉伸场合相同变形量的情况下强度值约为 70％～80％，略微小些。

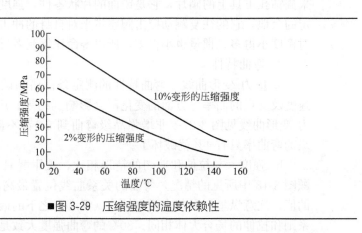

■图 3-29　压缩强度的温度依赖性

④ 剪切特性　剪断强度与变形量的关系见图 3-30，强度根据进行的速率而有所变化，剪断强度和剪断速率的关系见图 3-31。玻纤增强的强化效果与拉伸和弯曲的场合不同，影响较小。非增强的品级是 54MPa，25％玻纤增强的则为 68MPa。若以扭曲方式测定剪断强度，玻纤的强化效果比其他静态强度的场合小，非增强品级为 70MPa，而 25％玻纤纤维增强品级为90 MPa。制品经受剪断力的时候，要是无视这点来进行设计的话，那么受到没有设想到的外力的作用时，发生破坏的可能性都是存在的。

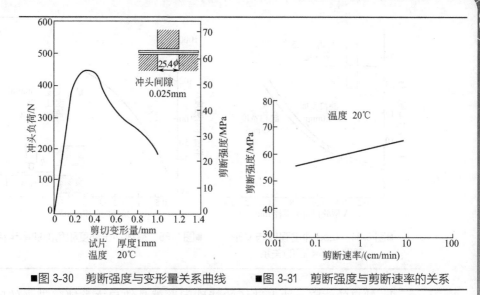

■图 3-30　剪断强度与变形量关系曲线　■图 3-31　剪断强度与剪断速率的关系

　　⑤ 抗冲击特性　在诸多工程塑料里面聚甲醛在这一方面要算是比较好的。注射成型制品的破坏问题里面问题之一就是冲击破坏。冲击特性问题一般要从下面这些方面来考虑：材料的冲击特性、该特性的温度依赖性，缺口、制品里面的空隙（气泡或真空的空腔）、流痕等表面或内部缺陷的影响，表层、定向区域（层）、球晶尺度等精细结构的影响，吸湿量的影响，冲击速率的影响等。

　　a. 温度问题　共聚甲醛的 Izod 冲击强度与温度依赖关系可见图 3-32。和尼龙、PBT、聚碳酸酯、改性 PPO 的情况相比形态很不相同。尼龙和PBT 在玻璃化温度之后冲击强度急剧地变大，而聚甲醛则温度依赖性较小。聚碳酸酯比较特殊（见图 3-33），可看出温度关系有一个突变区。这个特点的背后是，脆性破坏和延展性破坏之间有一个迁移区域。当厚度变化时的关系也有一个同样的迁移。

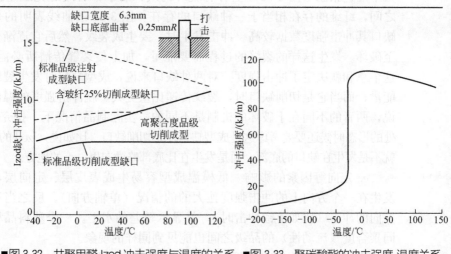

■图 3-32　共聚甲醛 Izod 冲击强度与温度的关系　■图 3-33　聚碳酸酯的冲击强度-温度关系

73

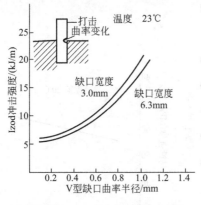

■图 3-34　Izod 冲击强度与 V 形
缺口曲率半径的关系

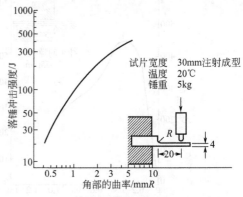

■图 3-35　落锤冲击强度和角部曲率半径关系

　　b. 缺口的效应　冲击破坏的特殊问题就是缺口之类缺陷带来的问题。
Izod 冲击强度与 V 形缺口曲率半径的关系图 3-34。不同材料缺口影响程度
不同。对于影响大的材料在容许范围内要尽可能采用较大的曲率。共聚甲醛
1mm 的曲率半径比不开圆角的强度要高上 2～3 倍。而图 3-35 上那样的落
锤冲击结果要达到无圆角场合数据的 10 倍。用于缺口冲击强度测定的试样
条上的缺口的成型有两种方式。一是用刀具成型；一个是样条成型出来，也
就是在模具上做出来。这两种情况所得结果是有所不同的。这主要是因为相
对于单一物性的强度测定项目来说，缺口冲击性能测定是更复杂些的破坏过
程，涉及到裂纹的发展这样动态的过程。切削出来的和注塑出来的缺口破坏
过程肯定有区别。例如，表面层、定向层（大分子取向明显的区域）球晶状
态等精细结构对冲击强度都会有影响。玻纤的加入，使温度依赖性变小。在
聚甲醛这张图（图 3-32）上含有玻纤的线，居于不含玻纤先成型及切削线
之间，纤维的存在相当于一种缺口的存在。图 3-32 的曲线表明的是成型的
缺口其冲击强度数据较高。冲击发生时，要生成裂纹，然后它逐渐变大，终
至破坏。发生这样的裂缝的过程需要能量，加上使裂缝传播所必需的能量，
这个总和就决定了冲击强度。对两种缺口来说，成型缺口时发生裂缝需较多
能量；而当它是切削缺口时，裂纹传递比重更大。就冲击强度的温度关系来
说，两者的不同在于破坏的机制是不同的。实际制品情况下，探究破坏发生
处的形态时候还要考虑这是成型缺口还是切削缺口。比如说，Izod 的冲击破坏
就不是发生在缺口的底部，而是发生在比底部略微向里一点的地方。
　　c. 定向等因素的影响　低模温成型容易生成表皮层、定向层，这就会
发生在一个方向上的冲击强度独大的的情况（单轴方向）。反之当进行多轴
方向的冲击（比如落锤冲击时），就显示较差的水平。一个塑料品种之内不
同聚合度（流动性）的品级之间也能见到同样的现象。
　　当流动导致的定向较强时，Izod 冲击强度将显示较大的值。试片厚度

薄、聚合度高熔融黏度高、试片成型时的模具温度低等情况亦显示较大的冲击强度。标准试验方法 Izod 冲击强度的缺口的底部的曲率半径是 0.25mm，曲率半径 1mm 时冲击值三倍于 0.25mm 的数值。

图 3-36 为落锤冲击强度和厚度的关系。试片表层与核心层的比例随着厚度变化而变化。总厚度越薄，表层比例越是占得多一些。Izod 冲击强度在表层的部分较大，所以试片越薄冲击值就越大。这里所说的表层，因着成型过程中发生于此的物化过程而有别于内部，故具有自己的独特之处，主要是定向的发生。

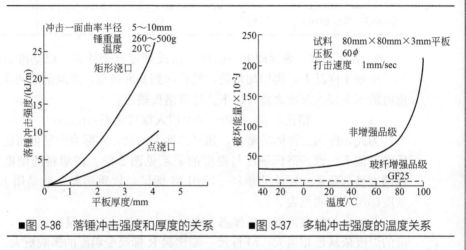

■图 3-36　落锤冲击强度和厚度的关系　　■图 3-37　多轴冲击强度的温度关系

消除锐角是形状设计的原则，一般制品曲率应该取到厚度的 60%，见图3-35。曲率取得正确与否，冲击强度的差距可以高达二三十倍。较为实用的冲击强度测试项目，有落锤冲击强度和制品下落冲击强度，这些与 Izod 冲击是不一样的。它们是在定向不严重的方向上表现大的冲击强度，成型时模具温度高的话，或者使用聚合度小、流动性好（定向不强烈）的品级的时候，这样的冲击强度结果好些。技术上给它一个名称叫做多轴冲击。聚合度的影响见表 3-6。多轴冲击强度与温度的关系见图 3-37。使用侧浇口和中央点浇口设计，成型厚度不同的平板。进行落锤试验，求取破坏率 50% 的点（冲击强度）。厚度厚则冲击值变大。而在侧浇口的情况下有下面的关系：

$$冲击强度 = 2.2 \times (厚度)^{1.7}$$

点浇口的场合比起侧浇口的场合来冲击值要小些。这是由于此时打击的是变形等缺陷较多的点浇口的部位。此外侧浇口的场合若浇口小，则会发生喷射状的流动痕迹。一旦打击至此，冲击值也会变小。

非增强的品级超过 80℃ 冲击值急剧增大。低温侧从常温到 −40℃ 趋向于不变的值。这和其玻璃化转化温度大致在 −60℃ 有关。玻纤增强品级冲击值比非增强品级的水平低，可是冲击值并不随温度而变化。纤维短、纤维与树脂结合差，因此纤维与外部环境（树脂）的结合界面是冲击的弱点。如果纤维长，玻璃纤维量大，那么是越长越多的方向，冲击值更高些。

■表3-6 聚合度对多轴冲击强度的影响

冲击方式	冲击速率/(m/s)	平板破坏能/(×10⁻²J)		
		高流动品级	注射品级	挤出品级
高速冲击（厚度3mm） （使用高速冲击试验机）	0.25	334	41	31
	0.5	215	27	21
	1.0	117	29	21
	3.7	24	20	13
	6.5	27	5	4
	10.0	17	8	6
落锤冲击（厚度2mm）	约3	40	18	1

⑥ 表面硬度 表面硬度一般使用洛氏硬度这个体系。以基准负荷通过钢球施加于样品上，再增加负荷，然后回到基准负荷，求取前后两次基准荷重时的压头侵入深度之差，以下式计算洛氏硬度：

$$洛氏硬度＝130－500(侵入深度之差)(mm)$$

为此，作为黏弹体的塑料，如果弹性大的话，实际表面硬度可能会与洛氏硬度值不一致。洛氏硬度与温度的关系见图3-38。按塑料的硬度变动刚球的直径与荷重。硬质的塑料一般用 M 标尺，软质塑料一般是用 R 标尺，硬度标尺的说明见表3-7。

若测定的温度范围在高弹态（亦即处在玻璃化转化温度以上），洛氏硬度的温度依从性相当大。M 标尺一端比起 R 标尺受温度的影响更大。

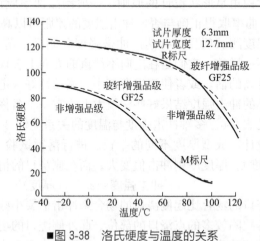

■图 3-38 洛氏硬度与温度的关系

■表3-7 硬度标尺说明

项目	钢球直径/mm	基准负荷/kg	试验荷重/kg
M标尺	6.35	10	100
R标尺	12.70	10	60

图 3-39 和图 3-40 分别为试片厚度及宽度对洛氏硬度的影响。当从制品上切下试片以便进行洛氏硬度的测定再与表格比对时，根据试片的形状变化洛氏硬度是有变化的，对此必须注意。如上所说的钢球下压时的洼陷及除去荷重时的弹性回复都与试片形状有关。试片越薄越窄硬度越低。洛氏硬度与结晶的微细构造有关，拿成品的各个部分的洛氏硬度做相对比较，其结果可以用来评估制品的均一性。

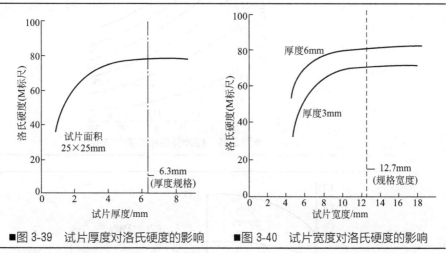

■图 3-39　试片厚度对洛氏硬度的影响　　■图 3-40　试片宽度对洛氏硬度的影响

（2）长期的力学性质　长期力学性质主要有蠕变变形、应力松弛、蠕变破坏和疲劳特性等。

① 蠕变变形　蠕变是负荷之下变形量随时间推移逐渐加大的现象，这是分子之间滑动的结果。塑料作为黏弹体，蠕变的发生比起金属来要容易得多。于是发生以下一些现象：螺栓的紧固力会变得松弛；压配式装配（Press fit）的压紧力变小；应力下弹簧弹性变小等。蠕变是这些问题的主因。参见后面的图 3-85，这是在变化拉伸应力情况下，所测定的时间和蠕变变形的关系。若在原来基础上取变形量为一定值，作出变形过程的时间和应力的关系，就能综合成图 3-41 那样的曲线组。取变形量 1%，相当于一年时间的点，拉水平线到纵轴，得到这样的结果，即会（在一年时间）达到 1% 变形量的情况，应力水平约为 8MPa。取这样一种做法的逻辑就是，设计的时候定成什么水平的变形量，那是要按照对制品的性能要求来确定的。在这张图上可见，若变形量向大的方向去取，可以一直达到破坏。

图 3-42 显示弹簧加载变形以及除去负荷变形回复的过程。应力为 20MPa 的场合下，变形在短时间内从 0 变成 0.75%。然后在此状态下延续 42h，变形量为 1.13%。在短时间里面除去负荷，变形的水平变成 0.45%。从头计时共花了 100h，弹性继续表现为缓慢地恢复形状直到 0.07%。

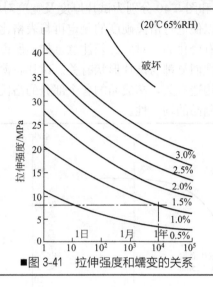

■图 3-41 拉伸强度和蠕变的关系

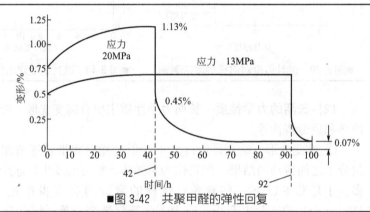

■图 3-42 共聚甲醛的弹性回复

■表 3-8 共聚甲醛的弹性回复率 单位：%

项目 除重时间 /min 加重的时间	初 期 的 变 形								
	0.37%			1.11%			1.84%		
	1	10	100	1	10	100	1	10	100
10s	97	99	100	—	—	—	98	99	100
10min	88	93	97	92	96	99	90	93	98
1h	82	87	96	83	89	96	79	86	94
17h	64	70	79	65	71	82	55	64	75
43h	62	68	77	61	67	77	54	60	71

表 3-8 说明这个程序的试验结果：两头支持的试片中央加载，造成初期的形变，一定时间之后除去负荷，查明回复的情况列于表中。加载时间短则完全 100% 回复。加载时间长则回复情况很差。所以只能够在蠕变变形不大的情况下拿塑料当弹簧来用。

② 应力松弛　考虑蠕变情况进行设计计算时，使用"表观弹性系数"表征是一种方便的方法。图 3-43 是共聚甲醛的表观弹性系数关系，而图 3-44是含玻璃纤维 25％共聚甲醛的表观弹性系数，应力是 3.5MPa.

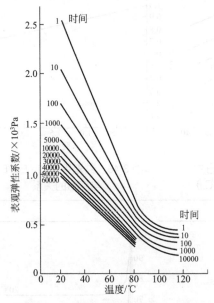

■图 3-43　共聚甲醛的表观弹性系数　　■图 3-44　含玻璃纤维 25％共聚甲醛的表观弹性系数（应力是 3.5MPa）

　　这样考虑蠕变因素进行设计的工作方式是：从图中读出与设计条件对应的表观弹性系数，以在金属材料场合所用的方式来考虑变形问题进行设计。图 3-45 为共聚甲醛表观弹性系数方式之下的应力及负荷时间依存性（22℃），初期应力较大，表观的弹性系数就小，故应该在设计时考虑所谓"弹性系数精度的界限"问题。如前所说根据应力-变形曲线，可以发现塑料服从虎克定律的弹性域几乎是没有的。故而不能等同金属那样地处理塑料材料。为此取两个模量的比值，将其 85％取为弹性系数的精度界限，只因在此范围之内做弹性设计，将不致发生较大的误差。例如共聚甲醛的二次模量 E_S 与一次模量 E_0 比值（E_S/E_0）对变形量做出关系线得到图 3-46 中的关系，得到共聚甲醛的弹性系数精度限界为 1.2％。在关系到蠕变情况的时候，都需顾及此点。未增强品级共聚甲醛 20℃、50000h 后的弹性系数是初期的 40％，而 60℃、1h 就达 54％。但若树脂以玻纤增强，蠕变就会缓解。应力松弛在材料使用中是许多问题的原因。比如图 3-47 里面的共聚甲醛板和金属的螺栓螺母装配以后在 20℃、60℃和 80℃之下测定松弛。不装蝶形垫片的情况下成为图 3-48 的情况。一个月后的保持率分别是 70％、50％和 25％。高温下十分容易松弛。在带有能够吸收共聚甲醛板的蠕变的带有弹簧性能的蝶形垫片情况下，成为图 3-49 表明的情况。一个月的保持率分别是 80％、70％和 65％。温度较高时碟形弹簧的作用更大。

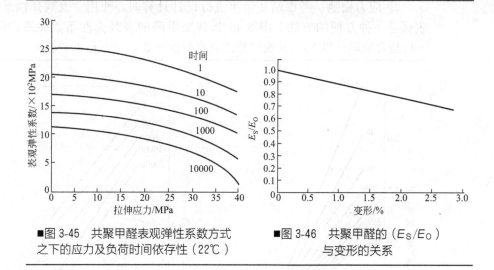

■图 3-45 共聚甲醛表观弹性系数方式
之下的应力及负荷时间依存性（22℃）

■图 3-46 共聚甲醛的（E_S/E_O）
与变形的关系

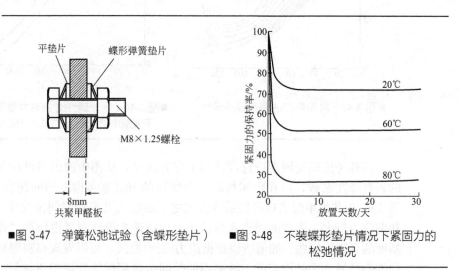

■图 3-47 弹簧松弛试验（含蝶形垫片）

■图 3-48 不装蝶形垫片情况下紧固力的
松弛情况

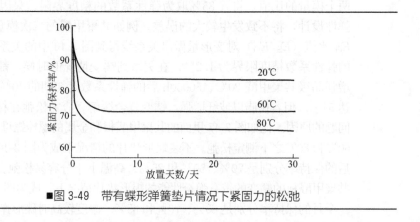

■图 3-49 带有蝶形弹簧垫片情况下紧固力的松弛

③ 蠕变破坏 图 3-42 中最上边一条线是破坏线。意思是蠕变的变形达到一个相当大的水平时就破坏了，这就被称为蠕变破坏。应力、温度和环境条件等都对破坏的时间长短有影响。在拉伸的情况下非增强的品级和 25% 玻纤加入量的增强品级的蠕变破坏分别见图 3-50 和图 3-51。一年时间、非增强品级在 20℃、60℃ 和 80℃ 设计应力分别是 36MPa、20MPa 和 14MPa。而增强的品级 80℃ 数值略大，为 18MPa。水中测定蠕变破坏的同样过程（图 3-52）显示此时蠕变破坏变得容易些了。60℃ 树脂的数据变成了 9.5MPa。蠕变寿命可利用描述金属受热蠕变破坏行为的与绝对温度有关的 Larson-Miller 关系式来求取：

$$K = T(c + \lg t)$$

式中，K 是由应力水准确定的常数（图 3-53）；T 为绝对温度；t 为到破坏为止的时间；c 为根据材料来确定的常数。

空气中：高聚合度品级 $c=40$，标准品级 $c=25$，高流动品级 $c=21$，玻纤 25% 品级 $c=20$。水中标准品级 $c=18.5$。

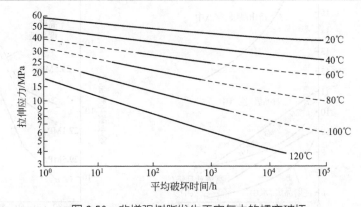

■图 3-50　非增强树脂发生于空气中的蠕变破坏

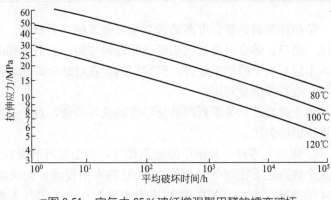

■图 3-51　空气中 25% 玻纤增强聚甲醛的蠕变破坏

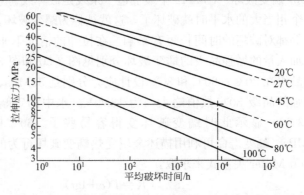

■图 3-52 水中蠕变破坏（一年、60℃、应力为 9.5MPa）

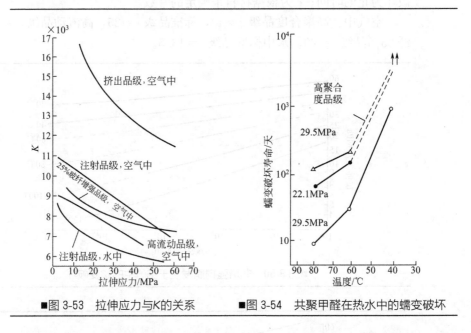

■图 3-53 拉伸应力与K的关系　　■图 3-54 共聚甲醛在热水中的蠕变破坏

结晶性塑料是聚合度高的较难蠕变破坏的一类材料。可是对于蠕变破坏来说，缺口、熔合缝之类缺陷都会使寿命变短。润滑脂和润滑油等尽管一般认为不能对聚甲醛产生危害，但它们的存在对蠕变破坏寿命也还是有缩短的作用，故需要慎重对待。

由于蠕变破坏关系到制品及零件的破坏寿命，对于长期使用的可靠性需给以特别的关注。

a. 螺栓类零件　共聚甲醛成型螺纹，与金属环和金属螺母装配在一起。在这个状态之下在 40℃、60℃ 和 80℃ 热水中浸渍，记录破坏天数，得到图 3-54 的图形。在 29.5MPa 紧固应力水平下，80℃破坏天数仅 9 天，60℃增至 30 天，40℃ 就到了 800 天的寿命。紧固应力降至 21.1MPa 的时候，破坏寿命变长，而高黏度树脂在紧固应力为 29.5MPa 的破坏时间比标准树脂紧固应力为 22.1MPa 时的数据还要好。由此可理解结果对聚合度的依赖关系，抗蠕变的能力可能就是静态本体聚合产品的高黏度及独特分子量分布的结合使然。

b. 带金属嵌件的制品　由于成型收缩，塑料层发生应力，随着时间延长有所缓和，但残余的应力仍可以导致蠕变破坏的发生。图 3-55 中可看出与寿命的关系曲线在 80℃ 附近的温度是一处变化点。这是由于此点的两边破坏机理有所不同。一般寿命是按高温下所测得寿命来推定的，但是在此案例中按低温一侧测得的寿命来推定却很合适。

带金属嵌件的制品的破坏寿命，正如图 3-55 中所反映的，是因制品而异的。锐角、缩孔、浇口、熔合缝和气泡等缺陷及厚度上的差异均能成为破坏的原因。

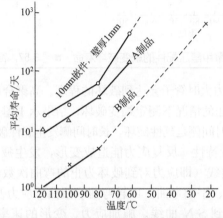

■图 3-55　带金属嵌件的共聚甲醛蠕变破坏寿命

c. 压配部件　在塑料制品上将金属轴或金属轴承压入的做法，是为人所熟知的。这种情况下的原则是：最大的压入过盈量是与屈服点相对应的变形量，实际设计时候这是安全的上限。共聚甲醛以 5% 以下的变形来设计。从图 3-56 可见注射品级压入的过盈量为 3% 其蠕变破坏寿命较长，说明压入的余量小些较好。由于应力松弛也有发生，需要考虑两者的平衡来进行压入。

如果管道有内压，那么管子上是有应力的。管子的应力和内压与尺寸有下面的关系：

$$t = PD/2s$$

式中　s——管箍的应力，MPa；

$\quad\quad t$——管子的外径，cm；

$\quad\quad D$——管子的外径，cm；

$\quad\quad P$——内压，MPa。

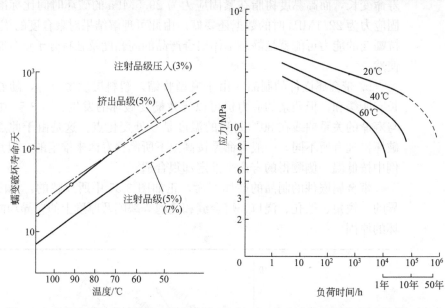

■图 3-56　共聚甲醛压配件的蠕变破坏寿命　■图 3-57　高黏度共聚甲醛水压蠕变破坏

　　管箍应力大时管子会达到破坏的程度。高聚合度品级制造的管子在内外都是水，有内压的情况下测定蠕变破坏，结果示于图 3-57。这个场合曲线有弯曲的形态，短时间侧是延性破坏，长时间侧发生脆性破坏，破坏的机制是不同的。

　　④ 疲劳特性　反复应力能造成变形，发生疲劳现象。图 3-58 是平面弯曲的 S-N 曲线（即应力对到破坏为止的弯曲次数的关系图）。疲劳强度试片经反复拉伸、平面弯曲、回转弯曲或扭曲等应力及变形，直至破断，反复的次数，就得到 S-N 曲线。施加应力、变形的速率、温度、应力的种类和环境温度都会影响疲劳强度。

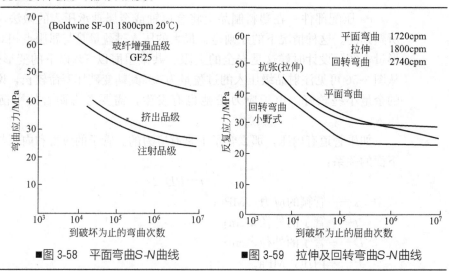

■图 3-58　平面弯曲S-N曲线　　　　■图 3-59　拉伸及回转弯曲S-N曲线

拉伸及回转弯曲的 S-N 曲线示于图 3-59。非增强品级 10^7 次的破坏次数下反复应力约为 25MPa。同样次数（水平）玻纤 25％ 的品级的疲劳强度则为 40MPa。图 3-59 中涉及的应力种类测定方法各异，故以表 3-9 对此略作说明。塑料的疲劳强度使用与金属材料相同的方法来测定，但是金属材料与塑料在行为上是不同的。

■表 3-9　疲劳强度测试方法

施加应力的方式	试验机	疲劳强度/MPa	试片制法
弯曲	Boldwine SF02U	34	注射
弯曲	Boldwine SF01	24	注射
弯曲	东洋精机 定歪型	25	注射
弯曲	クラウス プレート式	23	注射
拉伸	Sonntag 型	27	注射
回转弯曲	小野式	22	挤出棒材再切削

a. 金属材料 10^6 次在 S-N 曲线上就达到了平衡，而共聚甲醛达不到平衡，有持续走低的现象。

b. 速度过快而发热，S-N 曲线出现转折点，这个速度的影响见图 3-60。可以看出如果平面弯曲方式下反复很快的话，在到破坏为止的反复次数较少的区间，反复的速度（频率）的影响较大些。而到 10^7 次的时候其间的差别就不大了。

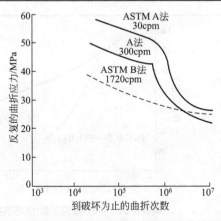

■图 3-60　弯曲疲劳的 S-N 曲线（反复速度的影响）

c. 环境温度高疲劳强度就小。图 3-61 拉伸疲劳的 S-N 曲线。疲劳强度的温度依存性和弯曲特性的温度依从性相类似。可以用弯曲特性的温度依从关系曲线来推定拉伸疲劳强度随温度的变化。

疲劳现象有冲击疲劳和振动疲劳之分。

反复的较小冲击力施加于材料之上的同时，有振动的地方会发生疲劳的破坏。聚甲醛是塑料之中最不容易疲劳的材料之一。就因为如此，与耐冲击

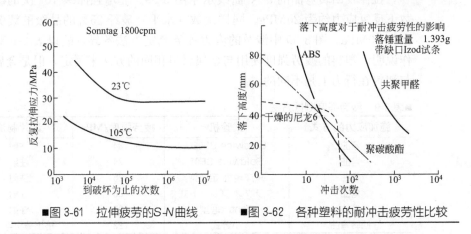

■图 3-61　拉伸疲劳的S-N曲线　　　■图 3-62　各种塑料的耐冲击疲劳性比较

的强度较好的聚碳酸酯和 ABS 相比，共聚甲醛对于反复作用的冲击作用，如同在图 3-62 上能够看到的那样，耐冲击强度较差的共聚甲醛反而具有较好的耐冲击疲劳性。

⑤ 均聚甲醛的冲击问题中的一些现象　图 3-63 是均聚甲醛的冲击疲劳试验。在锁定高度和锁定落锤重量的条件下，就破坏的反复冲击次数与冲击能量画出了两根线。其含义在于，同一势能下，在两曲线交点以后，也就是某一个势能以下，变动重量得到的恒定高度冲击试验能有更多的次数。

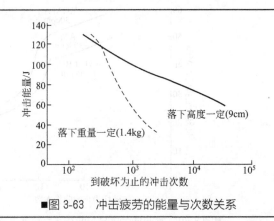

■图 3-63　冲击疲劳的能量与次数关系

　　a. 振动疲劳　图 3-64 是均聚甲醛振动疲劳特性的环境温度关系曲线。图 3-65 是均聚甲醛动态弯曲弹性系数与温度的关系。反映了 $c=0.005$ 和 $c=0.01$ 时两个应变水平下的动态弹性系数（所谓第二弹性系数）。图 3-66 是各个环境温度之下均聚甲醛的弯曲与疲劳强度的关系。动态应力（实质是振动）情况下能导致破坏的应力比起静态的应力导致破坏时的水平要低得多。这个低的破坏应力就被称作为疲劳强度。从图 3-66 可见疲劳强度与弯曲强度之间有相关关系。这个关系的关系式是

$$Sa=0.26FS-4.2（相关系数\ \gamma=0.95）$$

式中，Sa 为 10^7 次的疲劳强度；FS 为弯曲强度。

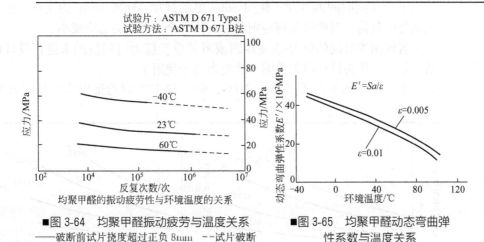

试验片：ASTM D 671 Type1
试验方法：ASTM D 671 B法

■图 3-64　均聚甲醛振动疲劳与温度关系
——破断前试片挠度超过正负 8mm　－－试片破断

■图 3-65　均聚甲醛动态弯曲弹性系数与温度关系

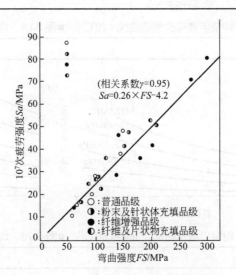

(相关系数γ=0.95)
$Sa=0.26\times FS-4.2$

○普通品级
◑粉末及针状充填品级
●纤维增强品级
◐纤维及片状物充填品级

■图 3-66　不同品级均聚甲醛的弯曲强度和疲劳强度

　　若是知道了材料弯曲强度用上式就能够推定出 10^7 次疲劳强度的数值。这是从实验数据回归分析得出的线性回归方程式。用应用数学的语言来说话，相关系数相当好，就是说曲线很符合实际情况。在进行制品设计的时候，对于存在着动态的应力的材料，了解其变形量是十分重要的。从图 3-64 看出对于被施加了动态应力的材料，可以预知经过多少次的反复能够达到破坏或者不可能修复的程度。

　　b. 蠕变特性　根据蠕变特性判断，就是根据经受静的应力作用的材料的耐久性来判断，均聚甲醛和聚甲醛都是非常优秀的。图 3-67～图 3-70 分别是均聚甲醛在 20℃、40℃、60℃和 80℃的蠕变曲线，就是在应力恒定条件之下应变随时间的变化。使用 3mm 厚的试片，间隔 10cm 的支点，中央施加集中负荷。温度低负荷轻则承受负荷的全部时间的总应变小。

若使用等时间的应力-应变线图或者等应变应力时间线图来进行设计的话，它们（作为设计用的数据）就更为便于使用了。

图 3-71～图 3-74 是 20℃、30℃、60℃和 80℃时均聚甲醛等时应力-应变曲线。

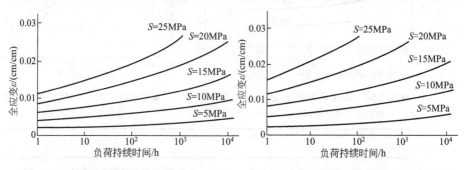

■图 3-67　均聚甲醛弯曲蠕变曲线（20℃）　■图 3-68　均聚甲醛弯曲蠕变曲线（40℃）

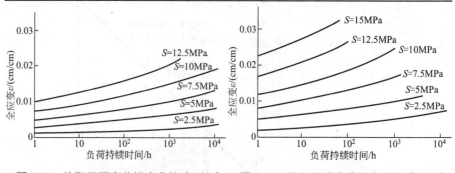

■图 3-69　均聚甲醛弯曲蠕变曲线（60℃）　■图 3-70　均聚甲醛弯曲蠕变曲线（80℃）

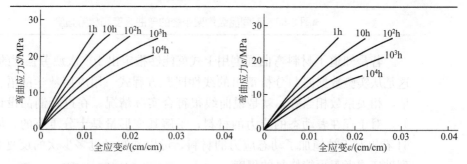

■图 3-71　均聚甲醛等时应力-应变线图（20℃）■图 3-72　均聚甲醛等时应力-应变线（30℃）

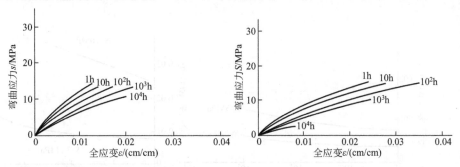

■图 3-73　均聚甲醛等时应力-应变线（60℃）　■图 3-74　均聚甲醛等时应力-应变线（80℃）

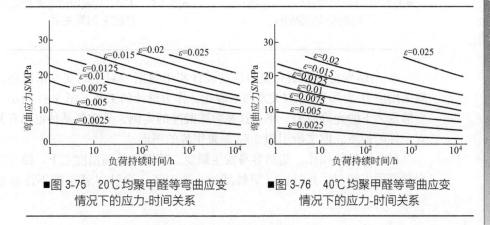

■图 3-75　20℃均聚甲醛等弯曲应变　　　■图 3-76　40℃均聚甲醛等弯曲应变
情况下的应力-时间关系　　　　　　情况下的应力-时间关系

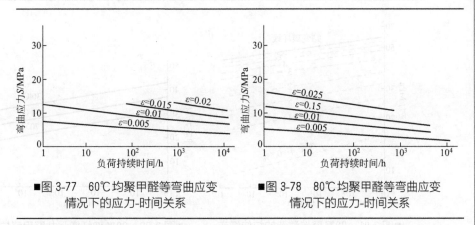

■图 3-77　60℃均聚甲醛等弯曲应变　　　■图 3-78　80℃均聚甲醛等弯曲应变
情况下的应力-时间关系　　　　　　情况下的应力-时间关系

　　图 3-75～图 3-78 是等应变情况下的应力-时间关系。

　　图 3-79、3-80 分别是 100℃和 120℃下均聚甲醛等弯曲应力时全应变-时间关系，高应力之下蠕变确实导致了破坏。

　　应该注意到材料在高温下即 100℃以上长时间使用，不仅仅是蠕变，热老化也是十分重要的。

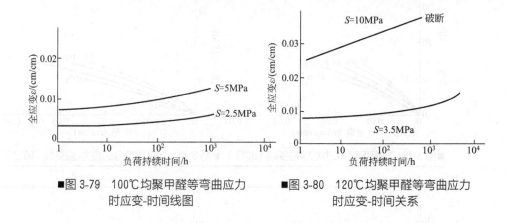

■图3-79 100℃均聚甲醛等弯曲应力 时应变-时间线图

■图3-80 120℃均聚甲醛等弯曲应力 时应变-时间关系

⑥ 与蠕变变形控制有关的强度设计实用数据 对于蠕变变形问题，一般采用应力-变形量-时间关系图来表达，作为设计的工具。图3-81给出不同变形量之下的允许应力。不过这是聚碳酸酯的实例。其它各品种也都有其各有个性的特质。前文所用图3-44是聚甲醛的图形。

和金属材料相比，塑料容易发生蠕变。特别是较高温度之下，蠕变的倾向就更厉害些。一旦材料（塑料品种）选定了，设计时就不能不注意这个问题。

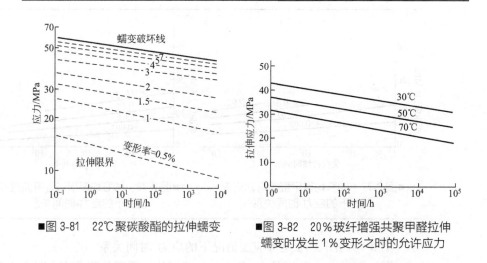

■图3-81 22℃聚碳酸酯的拉伸蠕变

■图3-82 20%玻纤增强共聚甲醛拉伸 蠕变时发生1%变形之时的允许应力

假定一年之中容许的变形量为1%，设计应力大体就要从列于下面的水平中选取（也就是要取一个比短时间抗张强度小很多的数据）：

聚甲醛	20℃	80MPa
20％玻纤增强聚甲醛	20℃	350MPa
	70℃	200 MPa
聚碳酸酯	22℃	160 MPa
PBT 30％玻纤增强	20℃	600 MPa
	150℃	140 MPa

图 3-82 是玻纤增强共聚甲醛在不同温度下发生 1％变形的允许拉伸应力时间关系。图 3-83 是共聚甲醛拉伸蠕变变形随时间的变化（20℃，65％RH）。图 3-84 共聚甲醛考虑蠕变的设计应力。

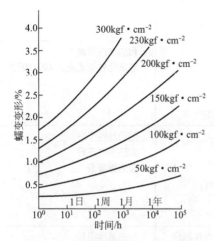

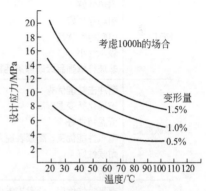

■图 3-83　共聚甲醛拉伸蠕变变形随　　　■图 3-84　共聚甲醛考虑蠕变的设计应力
　　　时间的变化（20℃，65％ RH）

⑦ 涉及通用工程塑料诸品种的一些比较　下游业者常须在此范围中选择材料。而且聚甲醛代替其他品种也正成为趋势。对它们进行横向比较，有客观的需要。通用工程塑料中的结晶性与非结晶性两类成员，各有共性。前者包括聚酰胺、聚甲醛和 PBT，明显的共性是成型收缩率较大，需要在尺寸问题方面多注意。后者有聚碳酸酯、改性聚苯醚（即改性 PPO），最明显的共性似乎就是耐药品性特别差。这方面的粗略情况对下游产品设计者是有实际价值的。表 3-10 为通用工程塑料特性比较。

合成材料进入应用之前，人们的材料选择范围是十分狭窄的。合成材料使这一情况大为改观，但对物性与使用性能的局限性越是了解透彻，这方面的自由度才越大。尼龙和 PBT 的玻璃化转变温度为 50℃，要到此温度以上，强度对于温度的依从性才开始变小。聚甲醛则在大部分区间内正处以上的温度。在一般的使用温度下，结晶性塑料是处在橡胶态或高弹态。而非结晶性塑料是处在玻璃态。

■表 3-10　通用工程塑料特性比较

品名	优点	缺点
聚酰胺	耐冲击性优良，是强且韧的材料 摩擦磨耗性能优良 具有吸收振动的性质 耐药品性优良 耐热性优良，也有耐寒性优良的品级 有的品种耐候性良好（如尼龙12）	吸湿性大，成为机械性能恶化和尺寸变化大的原因 玻璃化转变温度在50℃附近，热变形温度低 耐候性一般不太好
聚甲醛	机械性能均衡 耐疲劳 在较宽的范围内耐蠕变性出色 摩擦磨耗特性出色 耐药品性良好 耐热性不错	耐酸性不好 耐候性一般不太好
PBT	耐热性好 耐药品性好 电气特性优良 吸水性小 非玻纤增强品级摩擦磨耗特性好	耐热水性极差 玻璃化转变温度在40~60℃
聚碳酸酯	耐冲击性能优秀 玻璃化转变温度高 低温特性好 电气性能优良，高频表现尤其好 耐候性好 透明性好	耐药品性不好 耐热水性不好 疲劳强度低
改性 PPO	电气特性优良，介电损失小绝缘性能好 机械性能尚称均衡 耐热水性良好 耐热性良好 密度较小	耐药品性极差

3.2.3.2 热性质

　　塑料的热性质包括熔点、玻璃化温度、热变形温度、维卡软化点、热膨胀系数，加工方面的热性质（比热及热传导等）这些指标。

　　在工业用制品的选材及设计时，耐热性和热膨胀率是特别重要的。塑料的耐热性涉及多个方面，就热变形、蠕变变形与热劣化来说，都有耐热性的问题。它们属于材料使用必然要涉及的不同方面。三者之中，前两者是耐受物理变化的能力，特定塑料的这两方面的个性都与玻璃化温度有关；后者是抵御化学变化的问题。使用纤维材料来对材料进行增强是改善基础树脂物理耐热性手段之一，因为纤维增强能够显著抑制变形的倾向。热性质与其它物理的和力学的性质不同，一般与熔融指数（聚合度）无特别密切的关联。在主要针对共聚树脂或聚甲醛整体就热性能问题详细展开之前，先将均聚甲醛短期热性能列于表 3-11 中。

■表 3-11　均聚甲醛的短期热性能

热性能	ASTM 实验法	标准品级				
		高黏度		中黏度		高流动
MFR/(g/10min)	D1238	1.7	2.8	10.0	22.0	34.0
线膨胀系数/(×10⁻⁵℃⁻¹)	D696	8.1	8.1	8.1	8.1	8.1
热变形温度/℃	D648					
1.86MPa		130	133	136	136	136
0.46MPa		170	170	170	170	170
燃烧性	UL94	相当于 HB	HB	HB	HB	HB

(1) 热变形温度　热变形温度是将特定形状的试片放在两端支撑上,中间施以一定的荷重,在此状态下升高温度,中央的变形量达到 0.25mm 时,此时的温度即热变形温度。因为玻璃化温度低达 −60℃,故整个测定温度范围内材料是处于高弹态即橡胶态的。所以热变形温度根据测定时的应力情况会有较大变化。热变形温度与弯曲应力的关系见图 3-85。玻纤增强的聚甲醛因其蠕变变形量小,于是热变形温度就高些。

标准试验方法的测定应力规定为 1.86MPa 和 0.46MPa 两个水平。

非增强品级分别为 110℃ 和 158℃,25% 玻纤增强的品级分别是 163℃和 166℃。非增强的两个品级的差距达到 48℃;而就增强的效果而言,在高应力的区间纤维增强的强化效果十分明显。

图 3-86 给出了维卡软化和热变形温度加载变形温度测定的变形量的比较。

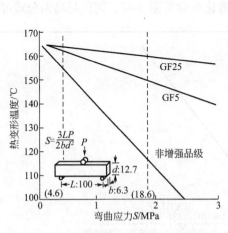

■图 3-85　热变形温度与弯曲应力的关系

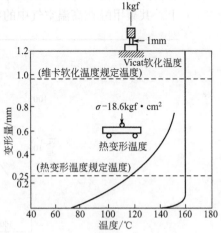

■图 3-86　加载变形温度测定的变形量的比较

试片若原来就有形变，这个形变在测定中会有所缓和，并会影响到热变形温度的数值。若对试片不做退火，测定值就会有差异。

（2）维卡（Vicat）软化温度 维卡软化温度又叫维卡软化点，是对材料来说的一个特性温度，测试硬件的关键部分是一根针，其前端的扁平的截面面积是 $1mm^2$，当给此针施加 1kg 的负荷，在一定的温度下，它就能够深入到材料之内，达到了 1mm 的深度之处，此时的温度值就是维卡软化点。所以它有点像是从温度与硬度的关系方面来描述材料的机械耐温特性的指标。像维卡耐热测试这样在熔融点附近针入的试验方式，其结果与熔点测定结果的相关性很好，所以它可算是调查共聚单体含量或者说共聚合体组成的实用特性之一。

（3）球压温度 在电气用品检验方面关于耐热性的测试的尺度是球压温度。直径 5mm 的钢球以 2kg 的负荷向下压在样品上。在 1h 后，能生成直径 2mm（0.208mm 深度）压痕的温度，就算是该指标值。非增强共聚甲醛品级的测定值是 155℃。

（4）热劣化 塑料在热、化学品、紫外线、放射线和微生物的作用下，会发生机制不同的劣化和分解。这样的劣化与分解和化学结构关系密切。添加稳定剂可以防止这些问题。塑料暴露于高温的空气中，将与氧气产生反应而发生分解，因此需要添加抗氧剂及热稳定剂。这样的热劣化过程的化学反应，适用关于化学反应速度的阿伦尼乌斯（Arrhnius）公式。

$$d(\log K)/dT = E/RT^2$$

式中，K 为反应速率；T 为温度；R 为气体常数；E 为活化能。

基于这个关系，把抗张强度的保持率为 80％ 的时间点作为寿命，就能够得到使用温度与寿命的关系曲线，温度和寿命都可以标绘于任何一根轴上，共聚甲醛在高温空气中的劣化寿命见图 3-87。阿伦尼乌斯公式可用于处

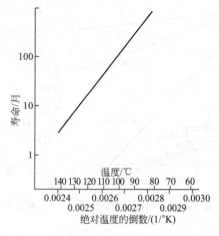

■图 3-87 共聚甲醛在高温空气中的劣化寿命

理温度及时间和物性的变化率的关系。基于无应力情况下，处理温度（绝对温度）倒数与寿命时间的对数存在直线关系，使用较高温度下的实测结果，就可能预测低温时的寿命。又比如若有了至少三个温度水准之下的物性与处理时间的关系的测定结果，就可以得到一定强度保持率的对应温度与处理时间的关系。根据这样的寿命推定直线，就是 $1/T \sim \log t$ 关系线，一般情况下温度与寿命时间值之间是每 8℃ 减半的关系，即温度上升 8℃ 寿命时间就变成原来的 1/2。耐热性较好的共聚甲醛在 100℃ 连续使用的寿命时间约为 6 年。而加入玻纤 25% 的品级则有 16~17 年之多。还有一个在劣化方面使用的指标是 UL（Underwriters Laboratories Inc.）的认定温度。以上述测定方法得到，按电气性质、包括和不包括冲击的力学性质的保持率 50% 来求取，得到下面的值，见表 3-12。

■表 3-12　聚甲醛的 UL 认定温度　　　　　　　　　　　　　　　　　单位：℃

	电气性能	力学性能(不包括冲击)	力学性能(包括冲击)
非增强品级（耐热）	110	100	95
25%玻纤增强品级	105	105	95

可以以上述数据来推定在同样温度连续使用的寿命。材料在不同温度条件下使用，有必要了解该场合之下的总的寿命。为此有下式的提出：

$$1/L = 1/\sum L_n/x_n$$

式中，L 实用推定寿命；L_n 为某温度的推定寿命；x 为时间与 L_n 的比例。有了制品在使用状况下的温度及各温度之下的使用时间的比例，就可以用上式来求取实用推定寿命。可是若要完全在高温侧使用状况下的实用推定寿命，使用上限温度的推定就变得十分重要。下面是一个实例。以 130℃ 2.5%，110℃ 4.5%，80℃ 23%，常温 70% 的比例来使用的制品的综合寿命的计算（表 3-13）。

■表 3-13　推算寿命的参数列表

温度/℃	连续使用时这个材料的寿命 （依据寿命推定曲线）/月	时间比例/%
130	3.5	2.5
110	25	4.5
80	550	23
常温	1000 以上	70

$1/L=1/(3.5/0.025)+1/(25/0.045)+1/(550/0.23)+1/(1000/0.70)$

$L \approx 107$（8.9 年）

上述热劣化特性的材料以上述这样的温度时间比例使用可使用约 8.9 年。使用这个材料制品寿命可以有 5~6 年，若要 10 年的寿命就要使用耐热性更好的材料。

3.2.3.3 化学性质

(1) **耐化学品性** 耐化学品性需从被化学品溶解，由化学品引起劣化分解，吸附化学品而增重，溶剂引起裂纹等方面来评价。

① 有机溶剂 共聚甲醛的耐药品性见表 3-14。经过有机溶剂浸渍后，大部分都会使聚甲醛的重量增加，拉伸强度低下，并具有可逆性。但是对玻纤增强的品级而言，拉伸强度的恶化却没有可逆性。能为溶剂所溶解或是膨润，关系到塑料和溶剂的 SP 值（内聚能密度）。一般这两个值相近就会有溶解及膨润的可能。塑料以及溶剂的内聚能密度可以查相关手册。均聚甲醛的内聚能密度理论值是 11.2。作为相对参照，PTFE 是 6.2，PE 和 PP 都是8.1，PMMA 是 9.25，PC 是 9.8，尼龙 66 是 13.6。溶剂中：正丁烷 6.6，辛烷 7.8，醋酸丁酯 8.5，苯 9.2，丙酮 9.8，正丁醇 11.1，醋酸 12.6，甲醇 14.8，水 23.41。聚甲醛的耐溶剂性很好，除了全氟己酮水合物可以溶解聚甲醛以外，其它溶剂常温下都能溶解它。但使用 γ-丁内酯测定溶液黏度时聚甲醛能于高温下溶解于其中，还有取代酚类。但是测定用的溶液浓度都不高。

② 无机药品 表 3-14 表明了聚甲醛对各种酸是没有耐受性的，耐酸性差是聚甲醛的大弱点之一。3％硫酸、20℃的条件下，聚甲醛可能使用 180天，稀浓度、低温下并不分解，这样的稀水溶液附着在成型制品上，水分蒸发后，表面就会被侵害。

空气中氮硫氧化物存在形成的酸雨附着的场合根据浓度的情况，水分干燥以后会残留腐蚀痕迹。对无机盐类水溶液具有一般的耐受性。表3-14 里面，次氯酸钠那样的氧化性侵害也有提及，须予注意。无机盐之中必须注意的还有氯化锌，镀锌钢质水管里面的氯会和锌生成氯化锌。这个水最终在聚甲醛制品表面附着，水蒸发后制品表面造成虫咬样的腐蚀。

③ 润滑油 润滑油包括矿物油类、合成油类、硅油等。总的来说，这些油类就其基底油品而言对聚甲醛都是无侵害作用的。可是为了提高润滑油的性能，油品中会添加各种改性剂，有些是酸性的，这样的油品便对聚甲醛能够造成侵害了。此外高温下使用的润滑油可能被氧化，如此便变成了酸性的，从而能对聚甲醛造成侵害。聚甲醛耐润滑油的能力受温度及时间的影响，故对长期使用的部件所用的润滑油应该像处理热劣化问题一样，对该油品中的塑料件做寿命推定，在此基础上决定是否可用。图 3-88 为共聚甲醛在变速箱油和高压绝缘油中的寿命曲线的差距，它们都比空气中的寿命短些。聚甲醛在汽车上的使用是相当普遍的，对于特定的零部件与燃油及润滑油的接触是必需的，而材料的寿命与汽车的寿命是匹配的。

■表 3-14　共聚甲醛的耐药品性

药品名		浸渍条件			变化率/%		
		浓度/%	温度/℃	时间/d	拉伸强度	尺寸	重量
有机物	庚烷		80	180	-5	+0.2	+0.4
	苯		50	180	-18	+1.8	+4.0
	甲苯		80	180	-14	+1.7	+3.8
	二甲苯		20	360	-5	+1.3	+2.1
	乙醇	95	20	180	-4	+0.6	+1.4
	乙基乙二醇	50	80	180	-1	+0.3	+1.3
	丙酮		50	180	-19	+2.0	+4.3
	乙酸乙酯		50	180	-23	+2.1	+5.4
	二氯乙烷		50	180	-24	+3.2	+10.1
	四氯化碳		50	180	-12	+1.2	+5.2
	乙醚		20	180	-16	+1.1	+2.1
	二甲基甲酰胺		80	180	-18	+3.2	+7.8
	乙酸	5	80	90	分解劣化	—	—
	油酸		80	180	0	+0.5	+1.0
	クェン酸	10	80	90	分解劣化	—	—
	ィゲバール	50	80	180	0	+0.8	+1.6
	苯胺		80	180	-27	+5.0	+13.0
	亚麻仁油		80	180	+8	-0.1	-0.2
	LPG		20	30	-1	—	—
无机物	氯化钠	10	80	180	+3	+0.2	+0.5
	硫代硫酸钠	26	80	180	+2	+0.3	+0.7
	次氯酸钠	5	20	180	-5①	+0.1	-3.3
	碳酸钠	20	80	180	+2	+0.2	+0.6
	氢氧化钠	10	80	180	-3	+0.2	+0.8
	氢氧化铵	10	80	180	-1	+0.4	+1.0
	氢氧化钠	60	80	180	-3	-0.1	-0.2
	硫酸	3	20	180	0	+0.4	-0.8
	硫酸	30	20	180	—	—	②
	盐酸	10	20	180	—	—	③
	硝酸	10	20	180	—	—	②
	过氧化氢	3	20	180	-2	+0.5	-0.9

①表示拉伸断裂伸长率显著低下；②表示发生裂缝；③表示分解。

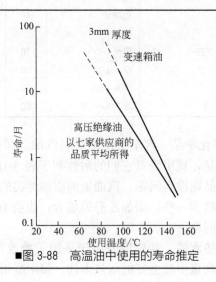

■图 3-88　高温油中使用的寿命推定

④ 润滑脂　共聚甲醛的耐油脂性能见表 3-15。通用润滑脂呈碱性，共聚甲醛的耐碱性相当好，故对脂类有抗性。但对于高温及长时间的场合，要像对润滑油那样作出评估。

■表 3-15　共聚甲醛的耐油脂性

油脂名		处理条件		变化率/%		
品名	制造商	温度/℃	时间/d	拉伸强度	伸长率	重量
锂基脂系						
アルバニア No. 2	壳牌石油	85	45	0	−8	—
エピノック AP-1	日本石油	80	30	+5	−25	—
サンライト EM-3	昭和石油	100	365	+1	−30	—
ユニルーブ No. 1	协同油脂	65	20	+5	−14	—
ダイヤモンドマルチババス	三菱石油	70	60	+2	+4	+0.1
リゾニックス	共同石油	100	90	+5	−10	−0.4
钙基脂系						
ブレックス 46	美孚石油	70	90	+2	+8	0
铝基脂系						
フロイル G647	关东油脂	80	7	+5	0	—
ファイバー系（纤维系）						
BRB No. 1	埃索石油	100	90	+3	−33	—
モリブデン系						
ニチモリ PG ベースト	日本モリブデン	80	30	+3	−10	—
モリトン♯320	住鑛润滑剂	100	60	−2	+14	−0.3
リキモリ LM49	大东润滑	85	45	0	−13	—
硅系						
KS-64	信越化学	80	30	+3	−19	—
G-40L	信越化学	80	30	+3	−19	—
DC-5	道康宁	80	30	+3	−19	—
其它						
プラスチルーブ EP	ワーレン	70	60	+8	+2	−0.3
ェレクトロルーブ	ワーレン	80	30	0−1	−2	—
ビーコン 325	埃索石油	80	30	−1	0	0
オアルーブ G1/3	オアルーブ	80	30	+7	−8	—

⑤ 汽车化学品　汽车要使用燃料汽油、润滑油、润滑脂、防冻液、电池液等化学品，聚甲醛对它们的耐性列于表 3-16。酸性高的东西会有侵害，而其它的药品则没有问题。汽油里面添加醇类的燃料接触聚甲醛时，后者吸附的甲醇会略多一些。添加乙醇的场合，也会有重量增加，然后达到平衡，实用上并无问题。

(2) 耐热水性　共聚甲醛由于采用了能改善热稳定性的稳定化处理方法，具有比均聚甲醛更好的耐热水性。聚甲醛耐水性见图 3-89。耐热水性特

■表 3-16　聚甲醛对汽车化学品的耐性

化学品名		浸渍条件		变化率/%		
品名	制造商	温度/℃	时间/天	拉伸强度	尺寸	重量
高辛烷值汽油	美孚石油	70	30	−7	0.7	+1.6
常规汽油	日本石油	60	21	+1	—	+0.7
芳族汽油		60	42	−12	+0.9	+1.9
含醇汽油（10%乙醇）		60	62	−11	+0.9	1.8
含醇汽油（50%甲醇）		60	42	−13	+1.3	+2.4
轻油	丸善石油	60	3	−1	+0.1	+0.4
灯油	—	80	180	0	+0.3	+0.3
LPG		20	270	−2	+0.1	0
发动机油	日产纯正	80	13	+9	—	−0.1
变速箱油	美孚石油	80	180	+4	−0.1	−0.1
刹车油	丰田纯正	80	180	−6	+1.2	+3.2
防冻液		110	125	+1	—	+2.0
洗涤液	—	90	7	−4	—	+1.4
电池液		20	3	—	—	−22.9
散热器清洁剂		100	8	0		1.4
散热器防锈剂	丰田纯正	100	125	−16	—	−4.4
蜡		40	1	0	—	+0.1
道路融雪剂（NaCl 23%，CaCl 25%）		80	180	+2	—	−0.3

别好的品级 60℃下使用 1000 个月不发生劣化，温度变成 80℃则为 90 个月，大致是 60℃的 1/10，100℃则最终成为 80℃的 1/10。如果进行耐热水性试验的时候是浸渍于流水之中的话，和在沉底状态浸渍的结果是不同的，必须注意试验方法。

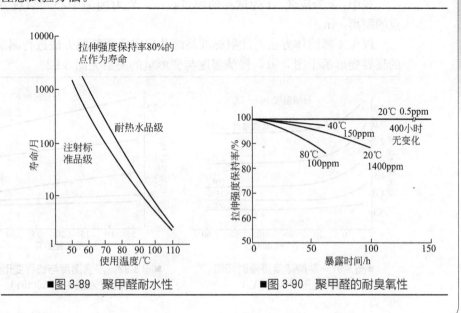

■图 3-89　聚甲醛耐水性　　　　■图 3-90　聚甲醛的耐臭氧性

氯是能够侵害聚甲醛的，为给饮用水杀菌要投入氯。因此而造成的劣化问题是必须考虑的。特别是原水的品质较差，投入氯的量较多，还有偏差，产生不良后果的机会就会很大。所以与饮用水有关的制品使用聚甲醛的时候，必须把握住氯的浓度温度与寿命的关系。

(3) 耐气体作用的性能 聚甲醛受到大气中的 SO_x、NO_x 及臭氧等的作用会发生劣化。电气接点由于是在密闭状态之下开闭，会产生亚硝酸气体，如此密闭器件中的聚甲醛就会分解。在 0.5×10^{-6}（0.5ppm）臭氧浓度下进行试验的结果，从图 3-90 看出，在这个臭氧浓度之下聚甲醛是没有问题的。而浓度高，且温度也高的状态，则容易产生劣化。对于密闭状态有臭氧发生的工况，需要给以注意。

(4) 溶剂裂纹 制品上有应力的时候，应力可能是由于成型的变形或是使用中的负荷而带来的。此时如有药品介入，裂纹就会发生，被称为溶剂裂纹。

溶剂裂纹在制品长时间使用中会导致制品发生破损，关系到整个产品的可靠性，故是重要的现象。对能诱发溶剂裂纹的化学品，需要事先审慎评估。方法之一就是在做蠕变破坏试验时让化学品介入。可以用拉伸弯曲的标准试片。也可以用专用（C 型）试片代替标准试片，施以应力，以此来评估浸渍于药品中的破坏状况。用给以一定应变的方式使之发生应力松弛，可见到裂纹的发生。以此来观察溶剂裂纹现象。提供变形的方式有多种多样。一种方式是 R. L. Bergen 所用的：取以下面的方程（椭圆方程式）

$$(y/1.5)^2 + (x/5)^2 = 1$$

所界定的曲率面形成的椭圆体的 1/4，固定这个试片，在一定条件下在药品中浸渍，测定发生裂纹的终点，与此点相应的应变用下式来计算

$$\varepsilon = 0.031(1 - 0.0364 X^2)^{-3.2} t$$

式中，ε 为应变；t 为试片的厚度，in；X 为椭圆中心到裂纹发生的终点的距离，in。

以 1/4 椭圆体方法对注射标准品级共聚甲醛用盐酸方法进行测定。得到的临界变形示于图 3-91，浸渍温度与变形量的关系见图 3-92。

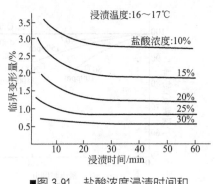

■图 3-91 盐酸浓度浸渍时间和临界变形（16～17℃）

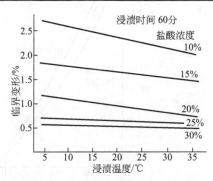

■图 3-92 浸渍温度与临界变形量的关系（浸渍时间 60min）

例如制品在温度为 16～17℃，20％的盐酸中浸渍 60min 之后发生裂纹。那么如果 25％、60min 浸渍发生了裂纹的话，可以推定有 0.8％～1.1％的应变存在着。这个临界变形和酸的种类、酸的浓度、浸渍温度、浸渍时间等有关。在同一浸渍条件的场合下，造成相同的临界应变的盐酸浓度与硫酸浓度的关系如图 3-93 所示的情况，硫酸浓度约为盐酸浓度的两倍。

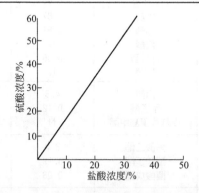

■图 3-93　对同一临界应变硫酸与盐酸的浓度关系

不仅仅要注意发生裂纹的临界应变的浸渍条件，裂纹发生的位置也很重要。如果发生的位置不同，就不能不想到成型条件等方面存在异常的可能性。

(5) **溶剂透过性**　在气溶胶容器及文具等使用聚甲醛的场合之中，会产生溶剂透过性的问题。醇类透过性较强，与醇类同样有羟基的水的透过性也是较好的，亲水性的二元醇能通过聚甲醛吸收空气中的水分。比如水性笔等和醇溶液所用的瓶都不宜使用聚甲醛。各种溶剂的透过性见表 3-17。

(6) **气体的透过性**　食品包装材料、气体打火机等应用有气体透过性的问题。厚度为 0.08mm 的薄膜在室温下使用时，测定到的气体透过率见表 3-18。氮气透过率是氧气的 1/5，二氧化碳是氧气的 20 倍，而丁烷和丙烷是不能够透过的，于是拿丁烷和丙烷作喷射剂的压力容器，聚甲醛就成了一种理想的材料。

(7) **吸水率**　非增强的品级在 23℃、相对湿度为 50％环境下的平衡吸湿率是 0.15％。23℃、相对湿度 93％时约为 0.3％。对于非增强品级，吸水率为 1％时约有 0.45％的尺寸增加。25％玻纤增强品级则只有 0.2％的尺寸增加。非增强品级成型制品在 60℃热水中使用时，尺寸增加可以通过计算求出，计算时 23℃到 60℃的热膨胀的尺寸增加也得加上去。其结果根据测定热膨胀的温度范围而会有所不同。

■表 3-17　溶剂透过性　　　　　　　　　　　　　　单位：$10^{-5}g\cdot cm/$（日·cm^2）

溶剂		温度/℃		
		25	40	50
烃类	丁烷	0.24	—	—
	汽油	N	—	0.35
	煤油	N	N	N
	苯	N	—	N
	甲苯	N	N	N
	二甲苯	0.08	0.74	—
醇	甲醇	0.67	3.5	10.1
	乙醇	0.51	2.5	6.4
	丙醇	N	0.47	—
	异丙醇	0.35	1.42	3.3
	苯甲醇	N	N	1.54
酮	丙酮	4.3	—	—
	甲乙酮	0.12	3.4	10.1
	甲基异丁基甲酮	N	0.89	—
酯	醋酸乙酯	3.0	7.7	15.8
	醋酸丁酯	0.19	2.7	—
	醋酸戊酯	0.08	0.49	—
二、三元醇	乙二醇	N	N	N
	丙二醇	N	N	N
	丙三醇	N	—	0.16
卤烃	氯甲烷	189		
	氯仿	17.7		
	四氯化碳	N	N	N
	三氯乙烯	41	10.2	22.2
其它	乙醚	N	—	—
	水	1.5	4.6	8.1

注：N 为未见减重，有数字的是增加的量，表中数据均为常压测试结果。

■表 3-18　气体对共聚甲醛薄膜的透过率(使用厚度为 0.08mm 薄膜室温下测定)

媒体	单位	透过率
水	$g/(m^2\cdot d)$	0.15
氧气	$cm^3/(m^2\cdot d\cdot bar)$	3.6×10^{-2}
氮气	$cm^3/(m^2\cdot d\cdot bar)$	0.7×10^{-2}
氢气	$cm^3/(m^2\cdot d\cdot bar)$	32×10^{-2}
二氧化碳	$cm^3/(m^2\cdot d\cdot bar)$	72×10^{-2}
一氧化碳	$cm^3/(m^2\cdot d\cdot bar)$	2×10^{-2}
空气	$cm^3/(m^2\cdot d\cdot bar)$	1.2×10^{-2}
城市煤气	$cm^3/(m^2\cdot d\cdot bar)$	2.1×10^{-2}
乙烯	$cm^3/(m^2\cdot d\cdot bar)$	2.9×10^{-2}
甲烷	$cm^3/(m^2\cdot d\cdot bar)$	1.8×10^{-2}
丙烷	$cm^3/(m^2\cdot d\cdot bar)$	不透过
丁烷	$cm^3/(m^2\cdot d\cdot bar)$	不透过
®Frigen 12	$cm^3/(m^2\cdot d\cdot bar)$	9.9×10^{-2}
®Frigen 114	$cm^3/(m^2\cdot d\cdot bar)$	14×10^{-2}
®Frigen 11	$g/(m^2\cdot d)$	0.73

注：$1bar=10^5Pa$。

吸水率与温度和时间的关系示于图 3-94，温度高则达成平衡的时间也短。平衡吸水率与温度的关系见图 3-95。吸水时尺寸要增加，这个关系见图3-96。吸水和温度双重效应可以叠加。图 3-97 是膨胀率与温度的关系，图 3-98 表明从 20℃的温度基准发生的温度变化导致的尺寸变化量，20℃到60℃的（热水中）尺寸增加推出为 0.45％。

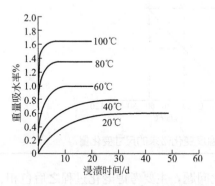

■图 3-94　吸水率与温度和时间的关系

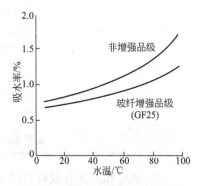

■图 3-95　平衡吸水率与温度的关系

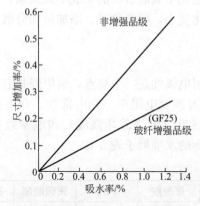

■图 3-96　吸水率与尺寸变化的关系

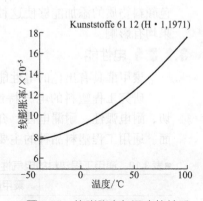

■图 3-97　热膨胀率与温度的关系

3.2.3.4　耐候性

工程塑料在紫外光作用下性能会发生劣化，温度和湿度都能够促进这样的劣化。大气里的臭氧、二氧化硫、二氧化氮造成的劣化则会使得问题更加复杂。聚甲醛是这方面最为脆弱的一个品种，这是由聚甲醛结构决定的。研究老化需要长时间的过程，由于人工光源的波长分布和太阳光源并不一样，因此人工加速老化与自然情况下老化的结果并不完全一致和对应。聚甲醛人工光源照射之下的老化结果研究和长期老化的结果似乎至今尚不能偏废任一方。

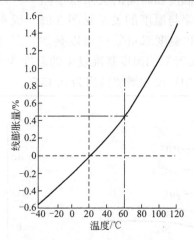

■图 3-98　温度变化带来的尺寸变化量

研究和表述合成材料的老化问题，主要考虑老化过程之后色相、表面光泽及机械性质的变化。有时还需研究特殊的项目如抗绝缘性这样的电气性能项目的数值变化。

抗张强度冲击强度的下降与老化中表面裂纹的生成不无关系，天然的黑色颜料物质的添加能够使这种劣化变小，颜料种类、添加量和分散程度对结果均有影响。

3.2.3.5 电性能

聚甲醛具有出色的电性能，耐电弧性是一个亮点，聚甲醛具有灭弧性。

研究工程塑料的电气特性主要涉及电阻率、介电常数、介电损耗角正切、耐电弧性、耐漏电性、介电强度（绝缘破坏强度）和电晕致劣化等方面。通用工程塑料品种的主要指标的水准列于表 3-19。

■表 3-19　通用工程塑料的电气性能

品种		聚甲醛	聚酰胺	PBT	聚碳酸酯	改性 PPO
绝缘破坏强度 （短时间法)/(KV/mm)		20($t=3$mm) 24($t=2$mm)	16($t=3$mm) 24($t=3$mm)	23($t=3$mm) 28($t=3$mm)	15～18 ($t=3$mm)	22($t=3$mm)
体积电阻/（Ω·cm）		$10^{14}\sim10^{15}$	10^{14}	5×10^{16}	10^{16}	10^{16}
介电常数	10^2 Hz	3.7	4.0	3.7	3.0	
	10^4 Hz	3.7		3.7	3.0	
	10^6 Hz	3.7	3.6	3.6	3.0	2.65
介电损耗角正切	10^2 Hz	0.001	0.01	0.002	0.0009	0.0004
	10^4 Hz	0.002		0.002	0.003	0.0004
	10^6 Hz	0.007	0.03	0.020	0.010	0.0009
耐电弧性/s		220～240		125	120	75

这些特性还会受到诸如温度、吸水量、交变频率、电极形状以及材质等因素的影响。需要把握它们对于所要求之性能的影响关系。然后才能够进行正确的选择。

在长期使用的场合中，根据使用的条件，塑料成型制品的表面状况会发生变化（比如劣化和污染），于是与之有关的绝缘阻抗和耐电弧性这样的特性便会发生降低，这些因素都需要加以考虑。

（1）电阻 共聚甲醛与均聚甲醛都有出色的绝缘性能，见表 3-20。

■表 3-20 聚甲醛的电阻

项目	测定方法（ASTM）	均聚甲醛	共聚甲醛
体积电阻/（Ω·m）	D257	5×10^{15}	1×10^{15}
表面电阻/Ω	D257	7×10^{16}	1×10^{16}

注：测定条件为 20℃，相对湿度 65%。

随着温度升高，电阻下降。吸湿和吸水量大时绝缘性也要下降，90℃附近体积电阻将从 20℃内时的 10^{15} 下降到 10^{11}（从 500V 的数据看），从图 3-99 可看出，在对数坐标上，呈现直线的关系。

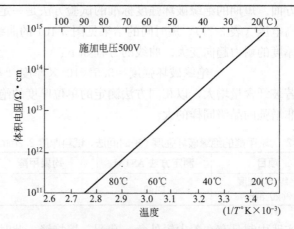

■图 3-99 共聚甲醛体积电阻与温度的关系

电阻高就意味着材料带电问题的趋于严重。防静电剂的使用可使体积和表面电阻分别降至 10^{13} 和 10^{11}。碳纤维和炭黑的添加可使体积电阻和表面电阻降至 10 和 10^2。轴承应用中需要防止摩擦带电，此时就须添加碳纤维或炭黑。不同工程塑料在不同的使用条件下电阻的变化率是有所不同的，所以正确选用材料对于防止意外的破坏十分重要。

（2）介电常数 在拿塑料作为高频绝缘材料使用的时候，介电损失和介电损耗角正切造成大的发热。电能变成热能损失掉。其中的关系是：

介电损耗角正切（tanδ）＝介电损耗/介电常数

聚甲醛介电常数与温度关系不大，在 $10^2 \sim 10^6$ 的周波数范围里，与频率的关系不大。正切与温度及周波数的曲线关系则都显现最小值。均聚甲醛与共聚甲醛均如此。聚甲醛的介电常数和介电损耗角正切都偏小，意味着高频条件下使用的话介电损失是较小的。两种聚甲醛的介电常数与频率关系见图 3-100。

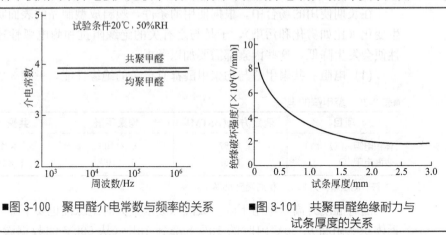

■图 3-100 聚甲醛介电常数与频率的关系　　■图 3-101 共聚甲醛绝缘耐力与试条厚度的关系

(3) 绝缘性 绝缘性主要包括绝缘破坏强度、绝缘破坏电压及耐电压等几个方面。短期的绝缘破坏强度标准的试验方法是一定速度下短时间内分阶段提高电压（表 3-21）。短时间的结果见图 3-101 的曲线。试条薄的情况下，单位厚度的耐力趋向变大。曲线的方程如下：

$$绝缘破坏强度 = 3.5 \times 10^4 \times 厚度^{-0.57}$$

若玻纤含量增大，以相同方法测定的单位厚度的绝缘破坏强度数值，变得与非增强的品级同样的大。

■表 3-21　聚甲醛的绝缘破坏强度（短时间法，试料厚度 2.2mm）

项目	测定方法 ASTM	均聚甲醛	共聚甲醛
绝缘破坏强度 /（kV/mm）	D149	18	19

实践中制品存在着尖锐外角、孔洞、熔接缝，此时电压就会比从上述数值预测到的更低些。在标准的试验方法里面电极的形状是确定的，而在实际制品的场合根据电极的形状，破坏电压是可以不同的。具体来说制品形状、电极形状之类问题涉及设计，空隙、熔接缝之类问题涉及成型工艺。设计者对这些方面均须关注。

除了在短时间内施加大电压导致的绝缘破坏之外，长时间施加较低电压，导致绝缘破坏的问题也是存在的。这是由于制品里面存在微小的缺陷导致的电晕放电及枝状放电，使得缺陷部位增大终至破坏，当纤维含量大的时候这种破坏更易于发生。这可能是由于在玻璃纤维的情况下，周围基础树脂结构与玻纤界面有缺陷，成型时产生的微细孔洞能诱发电晕放电之类现象。挑选增强体系时有必要关注能导致长期绝缘破坏程度加大的填充材料。值得注意的是，增强材料中玻纤含量与绝缘破坏强度的关系，长期与短期的趋势是相反的。这样在综合考虑力学、电气和热的性质的时候，就有个权衡问题，制品的厚度由设计电压、制品强度要求等来决定，当厚度达到 4～5mm 以上的时候，成型时容易发生孔洞。根据与单位厚度相当的破坏电压的情况，可预想到破坏时间会变短。究其原因，可能就是那些微小的缺陷，导致开始发生电晕放电和寻迹放电使得绝缘破坏提早发生了。

聚甲醛在电子电器类应用中使用时绝缘会发生劣化。究其原因，不外乎热劣化、电晕劣化、电弧劣化、寻迹劣化等。制品里面的气孔、缩孔和玻纤增强制品中玻璃纤维与树脂的界面上的密合不良处、熔合缝、制品内部发生的流动痕迹等地方容易发生电晕劣化和寻迹劣化，因此导致短时间的破坏。例如，在气孔处电晕放电发生时，局部生成了空穴，发生裂缝，从而耐绝缘性下跌，终至贯通性的破坏。这样的放电招致的劣化具有树枝状的形态，也就是说绝缘破坏是成树状的，劣化也是成树状的。

(4) 耐电弧性 有机物质表面发生电弧时由于电弧的高温有机物会发生分解碳化。由于碳化，电极之间形成导电的通路，这个状态就导致电弧消灭，一般把到电弧消灭为止的时间作为耐电弧性，其标准试验方法是在电极之间施加电压造成电弧。聚甲醛非增强品级不发生碳化而是温度上升继而熔融，最终发生燃烧，这个时间要达到 240s。因碳化而造成电弧消失的这种情况，在具有耐电弧性的材料之中，情况是各不相同的，进行比较的时候需要注意。25%玻纤增强的品级是 113s。电弧的形状对于耐电弧性有较大的影响。不同试验机之间的测定值差别明显的时候，应该比较一下电弧的形状，表 3-22 为聚甲醛的耐电弧性。

■表 3-22 聚甲醛的耐电弧性

项目	测定方法 ASTM	均聚甲醛	共聚甲醛
耐电弧性/s	D495	250	250

对于均聚甲醛，当寻迹灭弧没有发生，试料上会发生孔穴，如果有这样的情形，由于电弧而形成孔穴的时间就做为耐电弧性来认定。

(5) 寻迹灭弧 (tracking) 性 标准试验方法是在电极之间施加电压产生电弧，向着这个位置滴下无机盐的水溶液，求出刚好 50 滴能够造成绝缘破坏的电压，就作为寻迹灭弧性的数据。在这个场合，电极的材质会影响寻迹灭电弧性。非增强品级聚甲醛在 600V 以上耐寻迹灭弧的性能是良好的。

(6) 带电性 阻抗大的塑料就会产生静电即带电性的问题。带电性用下面的方法来测定：向回转的试片上施加 6000V 的电压使之带电。到了带上一定的电压的时候，停止施加电压使之释放电荷。测定带电电压减半所需的时间。带电性受湿度影响最大。故测定条件较难保持一定。根据这个方法所测带电压的半衰期，非增强品级是 50s 以上，带抗静电剂的品级是 5s 以下。加碳纤维品级和加导电炭黑品级是 1s 以下。

3.2.3.6 摩擦磨耗特性

热塑性塑料的摩擦系数及滑动摩擦距离与磨耗的关系分别见图 3-102 和图 3-103。摩擦磨耗特性对于通用工程塑料都很重要，对于聚甲醛尤其重要，因为它是通用工程塑料当中最适合做摩擦副材料的品种，也是在相应温度条件下最适于做轴承的滑动部件材料和齿轮凸轮材料的品种。这两个应用方面是具有优良摩擦磨耗特性的材料的代表性用途。对磨材料是具有一定光洁度的钢，曲线分别是摩擦系数与线速度的关系以及磨耗量与相对位移总量的关系，可看出均聚甲醛具有最好表现。

滚动轴承的轴承保持器常用非金属材料制造，包括热固性材料例如层压材料。表 3-23 是径向滚动轴承里面所用的各种塑料对金属的滑动摩擦特性。可以看出，聚甲醛的比磨耗、摩擦系数和临界 PV 值都是最好的。

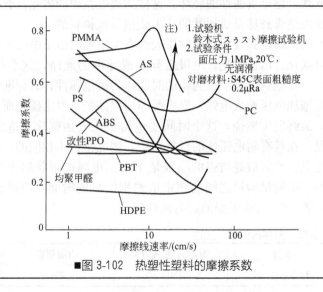

■图 3-102 热塑性塑料的摩擦系数

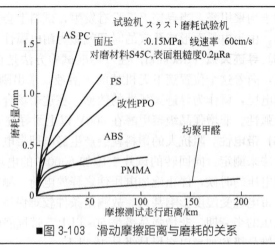

■图 3-103 滑动摩擦距离与磨耗的关系

■表 3-23　径向滚动轴承里面所用的各种塑料对金属的滑动摩擦特性

塑料	比磨耗量 /[mm³/(kg·mm)]	摩擦系数 μ	临界 PV 值
共聚甲醛	1.3×10^{-8}	0.21	124
尼龙 66	4.0×10^{-8}	0.26	89
尼龙 6	4.0×10^{-8}	0.26	89
聚碳酸酯	50.0×10^{-8}	0.38	18
氯化聚乙烯	12.0×10^{-8}	0.33	71
聚氨酯	6.8×10^{-8}	0.37	53
ABS 树脂	60.0×10^{-8}	0.33	10

　　集优良的力学特性、热特性和摩擦磨耗特性于一身，使得两种聚甲醛树脂在齿轮、轴承、凸轮、滑动面以及滑动柱这些结构类型，即有滑动摩擦的机构部件方面，占据了牢固的地位。摩擦学是一个专门的领域，为有助于理解相应的说明，下面结合聚甲醛的数据来说明基本的相关概念。首先，后文常会用到"摩擦副"这个词，它可理解为对磨着的那一对接触面（滚动和滑动都可以用）。

　　作为滑动摩擦的特性，有临界 PV 值，摩擦系数，比磨耗量等等指标。

　　(1) 临界 PV 值　临界 PV 值是塑料滑动摩擦的重要特性，其概念是这样的：荷重为 P，滑动速度是 V。如此发生的滑动摩擦，当两者之积达到某值以上，摩擦热的集聚能使塑料发生熔融，此时把这个 PV 值叫做临界 PV 值，这是使用条件不可超越的限值。

　　共聚甲醛之间的滑动摩擦的临界 PV 极限见图 3-104。图上反映的参变量是试片成型的模具温度。较低的模具温度对应着较不光洁的表面或是较硬的表面层，取后者似能解释为什么低温能够具有更高的压力。图 3-105 是共聚甲醛对多种金属滑动摩擦的 PV 值极限的曲线关系。对磨材料中是不锈钢最差，即给定线速度之下允许正压力最小。

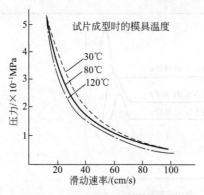

■图 3-104　共聚甲醛之间的对磨临界 PV 值

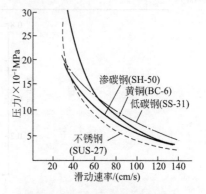

■图 3-105　共聚甲醛与金属对磨时的临界 PV 值

图 3-106 反映了浸没在润滑油和水这样的液体介质中的共聚甲醛对钢的滑动摩擦临界 PV 值。一般设计时取临界值的 80％较好，临界值是由摩擦热的发散决定的。尼龙和聚甲醛都有不错的干摩擦（无润滑）磨耗特性，但是润滑既然能够使临界水平再更进一步，那么只要能够容许使用润滑条件，就应该尽量采用。

为考察齿轮的单齿的工况，研究了间歇的摩擦，预想临界 PV 值会比连续的摩擦情况增大。利用圆筒状的试片以切齿的方式来造成突起，得到的结果示于图 3-107。润滑脂润滑取得较好的临界 PV 值。

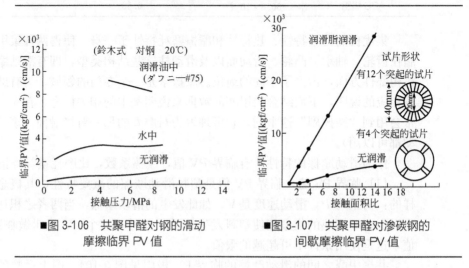

■图 3-106　共聚甲醛对钢的滑动
摩擦临界 PV 值

■图 3-107　共聚甲醛对渗碳钢的
间歇摩擦临界 PV 值

(2) 摩擦系数　摩擦系数对于动力损失有很大影响。这个特性值与荷重、速率、摩擦面的状况、润滑状况和对磨材质都有关系。

共聚甲醛对共聚甲醛的摩擦系数及对磨共聚甲醛模具温度与摩擦系数的关系分别见图 3-108 和图 3-109。从图 3-108 可以看出，一定的荷重之下，在相当宽的滑动速率范围里面摩擦系数是不变的，速率快到一定程度摩擦系

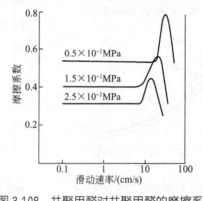

■图 3-108　共聚甲醛对共聚甲醛的摩擦系数

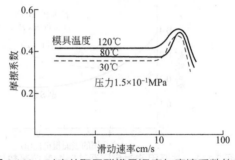

■图3-109　对磨共聚甲醛模具温度与摩擦系数的关系

数开始上升，过了峰值再下降，这是由于摩擦面上发生了微小的熔融区。到完全熔融，就进入定义的临界 PV 值了。而当压力增加时，峰值向低滑动速度一侧偏移，这和 PV 值的极值是同步的。

聚甲醛的一个重要特点是动摩擦系数等于静摩擦系数。从图 3-108 和图 3-110 来看，无论是速率趋近于零处，还是在左边相当范围里，确实摩擦系数可视为常数。这两张图分别是共聚甲醛对共聚甲醛和共聚甲醛对钢这两种情况，可以说已经覆盖了全部工作情况的范围。

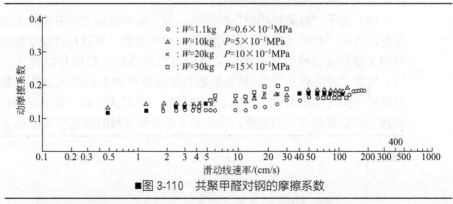

■图3-110　共聚甲醛对钢的摩擦系数

在聚甲醛使用中摩擦副的双方都是聚甲醛的情形还是比较多的。这种场合中聚甲醛摩擦磨耗特性谈不上优秀，与其他树脂和金属滑动摩擦的场合相比，磨耗量要多一个数量级，摩擦系数也高，容易发生噪声。从降低磨耗出发总是希望表面粗糙度搞得小一点，但是从图 3-111 看出，当表面状况接近镜面的时候（就是表面粗糙度趋向极低时），摩擦系数是要变大的。所以说，对于摩擦磨耗特性有个综合平衡的问题。要考虑到加工成本来决定最终采取什么样的粗糙度水平。

(3) 磨耗量　从图 3-108 见到，摩擦系数和滑动速率的关系曲线是有极大点的。从其发生的原因出发，可以想象，过了极大点之后磨耗量还要增大。所以如同前已述及的那样，设计值要取得比临界值小一些。不仅聚甲醛，而且对所有塑料都有这样一个原则：

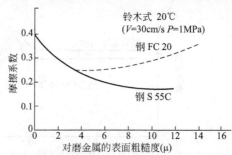

■图 3-111　共聚甲醛对金属滑动摩擦摩擦系数与表面粗糙度的关系

塑料对相同塑料　PV 值　　1.5MPa·(cm/s)以下

　　　　　　　　比磨耗量　　(5~10)×10⁻⁶ mm³/(kg·mm)

塑料对金属　　　PV 值　　30MPa·(cm/s)

　　　　　　　　比磨耗量　　3~4×10⁻⁸ mm³/(kg·mm)

谈论摩擦磨耗特性，须注意到轴承之类的场合的滑动摩擦，和轮胎之类表面"越磨越粗糙"的摩擦，是不同的；在塑料轴承和金属的轴摩擦的场合，金属表面一旦变得粗糙，此处的磨耗就变成了"越磨越粗糙"的磨耗。滑动磨耗造成了部件寿命的缩短。

(4) 关于"越磨越粗糙"的磨耗　为了解摩擦面之间有颗粒夹杂其中的摩擦过程的"越磨越粗糙"式的磨耗，研究者把"有砂粒存在于摩擦面"的摩擦又细分成三种情况：颗粒是可以自由运动的；颗粒是结合于一个面上的；所谓"冲突颗粒型"，就是不断有新的颗粒加入的情况。作为测试方法的锥形摩擦轮测试的做法，就是第二种的一种形式。在一定的荷重、一定的转速下测定被测材料的磨耗。图 3-112 是各种塑料的锥轮摩擦磨耗量。

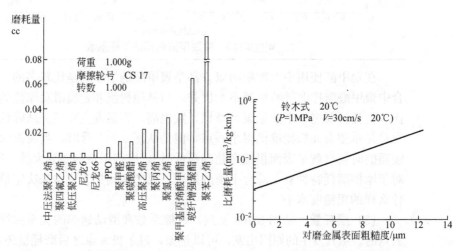

■图 3-112　各种塑料的锥轮摩擦磨耗量　　　■图 3-113　共聚甲醛滑动摩擦中对磨金属
　　　　　　　　　　　　　　　　　　　　　　　　粗糙度与聚甲醛磨耗量的关系

在特定编号的磨耗轮 CS-17 情况下，比较不同塑料的情况，可看到聚苯乙烯等硬塑料磨耗量多；聚乙烯等软塑料磨耗量较少。这是由于在较软的塑料的情况下磨轮的孔洞易被填塞所致。聚甲醛比尼龙磨耗量大些，而在与金属组合的时候，聚甲醛容易受到金属的表面粗糙度的影响。

图 3-113 反映出磨耗量与对磨材料的粗糙度有关，锥形摩擦轮所用的磨石不同能够造成磨耗不同。比如与 CS-17 号轮相比，H-22 号磨轮就能够造成更大的磨耗量。在第三种模式之下，不断有新的颗粒加入进来，就可能有与上面情况不同的结果产生出来。

(5) 嵌段均聚甲醛的情况　改善在聚甲醛之间摩擦场合的摩擦磨耗特性，各个厂商都做出过努力，其中嵌段共聚物是对均聚甲醛的一种改良，算是均聚甲醛系列里的润滑品级。图 3-114 所用的是平板式摩擦试验，是柱销与平板之间的摩擦测试，用平板上的摩擦印深来表征磨耗，横坐标取往复的次数，从图中可以看出润滑品级比涂布润滑脂的效果还好些。图 3-115 中 A＼B＼C 的含义与图 3-114 中相同，是对磨材料为不锈钢的情况，此时润滑品级的摩擦系数不及普通标准品级加润滑脂的表现。

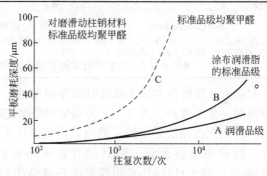

■图 3-114　润滑级均聚甲醛对聚甲醛的磨耗特性

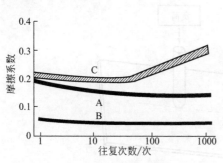

■图 3-115　均聚甲醛润滑品级的摩擦特性
（对磨材料铬不锈钢 SUJ-2 柱销）

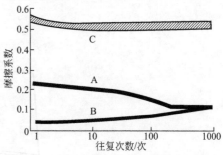

■图 3-116　润滑级均聚甲醛与标准品级对磨的摩擦特性

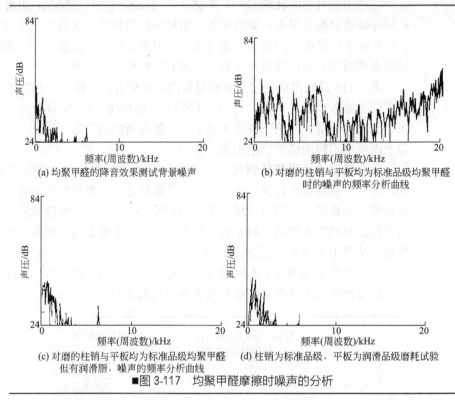

(a) 均聚甲醛的降音效果测试背景噪声

(b) 对磨的柱销与平板均为标准品级均聚甲醛
时的噪声的频率分析曲线

(c) 对磨的柱销与平板均为标准品级均聚甲醛
但有润滑脂，噪声的频率分析曲线

(d) 柱销为标准品级，平板为润滑品级磨耗试验

■图 3-117 均聚甲醛摩擦时噪声的分析

图 3-116 是对磨材料为标准品级时的摩擦特性，A \ B \ C 含义亦同上，滑动摩擦同时发生了噪声。图 3-117 为均聚甲醛摩擦时噪声的分析，从图中可以看出，使用润滑品级聚甲醛，除可以得到磨耗少于使用润滑脂的情况的结果之外，噪声也能够改善。做到没有常规品级滑动摩擦时发生的 5～20KHz 的噪声。图 3-117(a) 表明背景噪声就是在 5kHz 以下的区间，使用润滑脂或者使用润滑级的品级就能够把图 3-117(b) 上的噪声消除掉。而使用润滑脂或使用润滑品级树脂，在千次以上的往复之后摩擦系数就趋于相同。

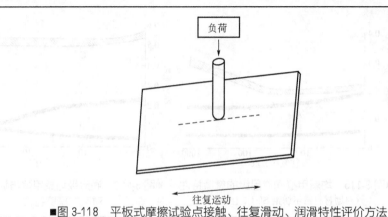

■图 3-118 平板式摩擦试验点接触、往复滑动、润滑特性评价方法

对柱销和平板的平板摩擦试验，以表3-24和图3-118交代条件的细节：柱销和平板均为注射制品滑动条件：负荷2 kg，速率10mm/s，磨耗试验的磨痕见表3-25。

■表3-24　点接触、往复滑动、润滑特性评价方法

材料的组合	平板	柱销
	厚度 2mm	前端球面 $R＝3.5$
A B C	均聚润滑品级 涂布润滑脂的标准品级 均聚标准品级	对磨材料

■表3-25　均聚甲醛润滑品级磨耗状态（往复 32500 次之后）

材料组合情况		平板摩擦痕迹表面的断面表面粗糙度计测定
柱销	平板	

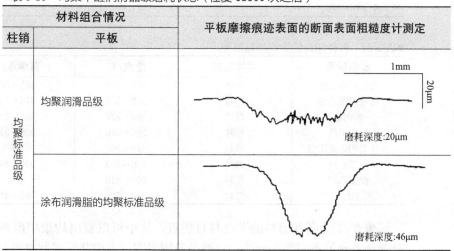

1mm
20μm
均聚润滑品级
磨耗深度:20μm

涂布润滑脂的均聚标准品级
磨耗深度:46μm

（柱销：均聚标准品级）

这个特殊品级不见得不能被之后问世的各家的润滑品级所超越，这里采用这些材料主要是为了提供点接触摩擦特性及聚甲醛对聚甲醛摩擦的一个评价实例。

3.2.3.7 燃烧性

（1）可燃性　燃烧作为因氧化而发生的发光发热现象，其三个要素可燃物、氧和温度之中，氧可以来自空气，也可以存在于可燃物的自身化学构造中（聚甲醛就是如此）。美国 UL（这是一家美国产品安全测试和认证机构）在其材料可燃等级系统中，均聚甲醛和共聚甲醛均被分到 94HB 里面，属于"缓燃"的档次。在 UL94 实验室测试中，归入此类 HB（水平燃烧试验）的材料的条件是：对于厚度 0.120～0.500in 的试样，水平试条燃烧在 3in 内，速率不快于 1.5in/min；对于厚度小于 0.120in 的试样，速率不快于 3in/min；或者在火焰达到 4in 印记之前停止燃烧。均聚甲醛适合美国汽车安全规范 FMVSS 302l 规定。易于起火的程度可以以自燃点作为一种度量。高分子材料的自燃点见表 3-26。

■表 3-26　高分子材料的自燃点

高分子材料	自燃点/℃	燃烧持续时间/s	高分子材料	自燃点/℃	燃烧持续时间/s
聚乙烯	430	130	ABS	530	49
聚丙烯	440	120	AS	542	32
软聚氯乙烯	441	46	聚氨酯	552	16
聚甲醛	488	114	SE-PYC	571	5
尼龙 6	489	83	聚碳酸酯	580	65
尼龙 66	492	109	酚醛树脂	614	69
硬聚氯乙烯	502	69	尿醛树脂	630	68
聚苯乙烯	518	51	蜜胺树脂	729	71
聚甲基丙烯酸甲酯	520	42			

　　注：试料 0.2g，空气供给量 2.1L/min。

■表 3-27　各种塑料的燃点与自燃点

塑料种类	试样形态	燃点/℃	自燃点/℃
高密度聚乙烯	粉体	360～370	380～390
低密度聚乙烯	颗粒	370～380	370～390
聚丙烯	颗粒	360～370	360～370
均聚甲醛	颗粒	300～310	300～330
聚甲基丙烯酸甲酯	颗粒	370～380	—
聚苯乙烯	颗粒	380～390	390～400
聚氯乙烯	粉料	400～410	410
ABS	颗粒	380～390	400～410

　　表 3-27 为各种塑料的燃点与自燃点，从中可以看出均聚甲醛两个范围是部分重叠但不完全重合的，自燃的范围更宽。表中其它多数材料是不重叠的。关于塑料和聚甲醛的燃烧话题，相应资料中存在引火、着火、发火、点火等（日语和汉语相通）叫法。究其叙述的核心内容，所表述的只不过是有和没有点火源（火种）而能起火的两个温度范围。均聚甲醛两者的范围重叠而共聚甲醛则不重叠，这是值得注意的一点。

　　聚甲醛自燃点（发火点）就是当这个可燃物温度上升时所能达到的一个温度点，此时分解产生的或原来残存的单体成为气体跑出来，达到了燃烧范围的下限温度，这个气体就引起了固体部分着火。而温度升高导致可燃物被点火，此时火种仍是必要的，这个温度就是燃点。按笔者理解，这两个温度范围都比较宽泛，这是由于品级规格不同的树脂的可燃气体释放温度起点可能略有不同。和闪点概念相同的地方是这个特定的温度都对应于一种可燃气体的释放程度。但和闪点不同的是，此时的对象点着了就开始燃烧了，而闪点是液体表面逸出的气体积累并能被明火点燃，但只是一闪而已，并不能持续燃烧。这是由于具体的液体燃点会更高得多。闪点要作物性来看待，必须规定测定条件的许多细节，比如空间封闭性如何等。若不锁定这些条件的话，其实这样定义的温度并不确定，它不能看成是可以单由物质来唯一确定的一个数据。所以闪点不是本来意义上的物质特性值，只是该物质在一种特定情况下的行为。而这里的两种燃点则是温度一个参数所对应的，与其他条件无涉。

(2) 燃烧热 废弃物处理时，聚甲醛的燃烧热 4046cal/g。而硬质聚乙烯为 10965cal/g，聚丙烯 10506cal/g，尼龙 7371cal/g，聚碳酸酯 7294cal/g。

(3) 发烟性 烟浓度的表示法之一是 Lambert Beer 法则。使用减光系数 C_s 的概念。

令 L 代表光源与受光面的距离，I_0 代表无烟情况的光强，I 代表有烟时的光强。

$$C_s = (1/L)\ln(I_0/I)$$

聚甲醛 C_s 为 0.02，属于烟"不太少"的分组；尼龙为 0.88，聚碳酸酯 0.94，属于"稍微有点多"分组；ABS 1.19，聚丙烯 1.30，聚苯乙烯 2.02，属于"多烟"分组。

(4) 着火后的燃烧特性

① 氧指数 氧指数是指一定加热温度之下燃烧继续进行所必需的最低氧浓度。聚甲醛分子里面含氧较多。非增强的品级氧指数约为 15%。可以在空气中充分继续燃烧。含玻璃纤维 25% 的品级氧指数为 15.6%。这样的氧指数是较小的。可是要保持实用性能，同时又要具有难燃性，对聚甲醛来说是不可能的。聚甲醛分子内含有氧，温度升高时，氧指数会降低。氧指数与温度关系见表 3-28。

■表 3-28 氧指数与温度关系

温度/℃	室温	50	100	150	200	250
氧指数	15.4%	14.5%	13.0%	10.4%	8.7%	6.9%

高分子材料的高温氧指数见表 3-29。在高温范围的三个温度水平下，此值都是零，说明此温度之下燃烧无须有氧。

■表 3-29 高分子材料的高温氧指数　　　　　　　　　　　　单位：%

高分子材料	氧指数			高分子材料	氧指数		
	650℃	600℃	550℃		650℃	600℃	550℃
聚甲醛	0	0	0	AS	4.5	5.4	16.9
聚甲基丙烯酸甲酯	2.1	2.8	10.2	软聚氯乙烯	5.1	6.0	7.4
尼龙 6	2.2	4.5	6.0	硬聚氯乙烯	10.7	10.7	11.5
聚乙烯	2.8	3.5	5.7	聚碳酸酯	11.0	16.7	>21
尼龙 66	3.1	4.2	4.8	酚醛树脂	9.9	>21	>21
聚苯乙烯	3.2	4.5	10.2	尿醛树脂	2.1	>21	>21
聚丙烯	3.9	4.8	7.4	蜜胺树脂	>21	>21	>21
ABS	4.2	5.0	13.3				

② 燃烧速率问题 比较高温下 550℃、850℃不同塑料的燃烧特性（见表 3-30，表 3-31）可以看出，均聚甲醛与共聚甲醛的共性在于，500℃以上无需点火就着了。燃烧率很高。燃烧时发烟极少。

■表 3-30 550℃燃烧试验结果

塑料种类	着火时间 /s	燃烧速率 /(g/min)	燃烧率 /%	发烟量 /m³	发烟速率 /[m³/(min·m²)]	氧指数 /%
聚甲醛	93.0	1.80	95.0	0.001	51.1	15.4
聚碳酸酯	112.5	0.72	75.1	0.746	329.1	24.0
尼龙	108.5	1.74	93.9	0.371	596.3	27.0
ABS	79.5	2.10	91.8	1.640	3756.5	18.5
聚甲基丙烯酸甲酯	83.0	1.56	92.5	0.364	299.6	17.3
聚丙烯	75.5	1.02	89.7	0.595	98.9	17.0
聚乙烯	103.5	1.08	93.8	0.607	747.7	17.5
聚氯乙烯	130	1.80	84.6	2.025	1131.2	47.0
阻燃聚氯乙烯	165.0	2.22	84.0	1.800	1152.0	59.5

■表 3-31 850℃燃烧试验结果

塑料种类	着火时间/s	燃烧速率/(g/min)	燃烧率/%	发烟量/m³
聚甲醛	11.0	3.5	98.9	0.005
聚碳酸酯	15.0	3.5	100.0	1.362
尼龙	10.0	3.1	100.0	0.225
ABS	6.0	4.9	100.0	1.225
聚甲基丙烯酸甲酯	5.5	2.9	100.0	0.200
聚丙烯	8.0	2.5	100.0	0.532
聚乙烯	11.3	2.8	100.0	0.550
聚氯乙烯	7.1	3.8	97.0	2.062
阻燃聚氯乙烯	4.8	2.7	94.3	1.200

ASTM 方法里面，规定将尺寸为 6.3mm×12.7mm×127mm 的试片保持水平，测定其燃烧速率。以此方法测得非增强品级聚甲醛的燃烧速率为 2.8cm/min，属于缓燃性水平。美国联邦汽车安全标准（FMVSS）规定保持水平的试片的燃烧速率测定结果在 10cm/min 以下的材料就能够在汽车上使用，这个速度与厚度存在着依赖性。图 3-119 显示了这种厚度关系。由图可知厚度越薄和聚合度越高则燃烧速率越高，添加玻璃纤维 25％的品级比同一厚度的燃烧速率快些。这主要与试片夹持的方式有关。但是不管怎样，即便是厚度 1mm 燃烧速率也在 10cm/min 以下，所以在美国聚甲醛也能在汽车上应用。

③ 燃烧率 聚甲醛的燃烧率很高，550℃时高于其它工程塑料。850℃时大部分塑料品种的燃烧率都是 100％，聚甲醛却还有一个多百分点留下，这是由于添加剂里的无机元素存在的缘故。

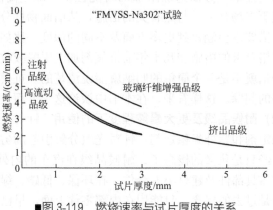

■图 3-119　燃烧速率与试片厚度的关系

3.3 聚甲醛树脂的改性

鉴于这个话题之下林林总总令人目眩的成果与品级如此之多，似乎具体事实与抽象概念兼顾地谈论它才比较适合。按照传统的观念，作为合成材料品种，除了 PPO 这个个案中纯树脂从无机会单独使用外，概念上常常是先有一个基本的品种，然后出来许多改性级。而作为商业产品的聚甲醛是只以具有专门按需设计的特性的混配物形态供应的（工程塑料品种）。也就是说实际上是各种各样的改性形态托起了聚甲醛这个品种的整体。对于中国的新制造商来说，理解其中的含义极为重要。

3.3.1 以稳定剂及其他添加剂进行改性

这类技术手段包括通常涉及到的成品树脂热稳定性、耐候性、难燃化、防带电抗静电、脱模性、结晶促进-核晶化及成核剂、增塑等方面。似乎属于对基本树脂的基本措施，就不该放在这样定位的改性措施里面来谈。但合成树脂的品级开发完全是一个市场驱动的创新活动。对品种的具体要求就体现为某些或某个方面的改善要求，它们现在常常是综合的，并用的措施是如此的多，组合方式是如此的多，改变的程度是如此的多，以致分成基本树脂的改进和单项的专用品这种划分方式看上去已经属于过时的思维定式。在这些方面的一项或多项措施，常常是为了复合的改善要求。

（1）**热稳定性改进**　热稳定性是聚甲醛的主要弱项。所以针对这个方向所做的努力，对于这个品种具有核心的意义。不能够仅仅当作是附带的某个改进方向上的努力。纯粹的后者大概只能说是例如在二三十年前为着汽车发动机盖下面的某些特定用途，开发过耐温度更高些的专用品级。这可以说是在热稳定性单一方面追加附加的可能性——即更高温度下保持性能的可能性。但更多场合下，与热有关的措施，从前面物性分论与热有关的问题方面来看，措施也会涵盖到更多方面及不同的深度。比如对应于对甲醛释放问题的更严格要求的措施和几十年前抗氧剂加上甲醛吸收剂的复合配方之间的比较，恐怕就不是一个简单的归纳就能说清楚的。抗模垢措施也是动辄就与热挂上钩的问题。这样看来，在本书中谈论这个方面也只能止于蜻蜓点水了。

(2) **耐候品级及更大暴露程度下的使用**　针对见不起光，耐候极差，添加光稳定剂和紫外光稳定剂；针对光致分解引起的劣化进行改善的品级，这些都已经只是狭义的概念了。耐候品级在汽车的内外装饰性部件较为普遍，还有滑雪具部件及建材小五金件。在环保、低碳、绿色这些背景下，聚甲醛早已不是过去的概念，只能用在内部零件上面，早已成为借助多种措施（包括被划入装饰手段的种种措施），在各种应用上都做到了登堂入室。

(3) **难燃化**　工程塑料的阻燃是个有用的措施。但是对于聚甲醛，公认在难燃化方面不会有多少进展。好在 UL 体系给聚甲醛留了一个口子，不是从阻燃，而是从火焰蔓延速率方面给了一个进入应用领域的可能性。国内近来又能见到这方面工作的报道。

(4) **防带电抗静电**　具有高导电能力的工程塑料会以金属纤维（丝）作为填充剂，以使制品具有屏蔽电磁信号的能力，比如便携电脑的外壳，这要求塑料具有信号电缆外屏蔽层那样的导电水平。

低等级抗静电品级里面的功能性添加剂主要为表面活性剂。表面活性剂之所以能够有相应的功能，是因为分子一头亲水，一头憎水。在聚甲醛里面使用，亲水的一端向外使表面具有一定的湿润性，就保证了制品的表面不可能积聚过高的电位。导电能力更高的添加（石墨及碳纤维等）则可以用于不同的电阻级别。

(5) **脱模性**　注塑产品固化之后需要脱模，其快慢决定了生产率，所以才会有在脱出的方向上做出锥度之类的措施，但这关系到制品的形状。金属皂类的蜡系添加剂常用于改良树脂的脱模性，同时这类物质也能够用来防止接触面之间的黏附，因此又被称为爽滑剂。金属皂类的蜡系添加剂常作为聚甲醛的内润滑剂来使用，多在造粒时加入，早期（20 世纪 60 年代）也有将粉体助剂与成品粒料混合的做法，此时通常是用硬脂酸盐，通常是硬脂酸锌。之后广为采用的主流化学品是 N,N'-双硬脂酸酰胺。它有时使用商品名 AcroWax。

在聚甲醛的使用中，常发生模垢问题。模垢是聚甲醛于高温状态下所释放气体在模具壁面上淀积的固体。如果是精密成型制品（比如一个小尺寸的小模数齿轮），粉末状的固体积累于模腔里，由于占位的结果，塑料就不能充模于此，从而得到有缺陷的产品。如果制品尺寸大，就可能没有如此不良的结果，但这无疑是一个应有对策的问题。所以就宝理公司来说，很早就有 44 牌号代替了 04 牌号。比如 M9004 和 M9044 之间的区别在于除了提供润滑作用的助剂之外，还有消除模垢的组分。把去模垢的功能赋予普通牌号提高了普通品级的品质和档次。

(6) **结晶促进-核晶化及成核剂** 对于结晶速率缓慢的塑料而言，为着缩短成型周期，具体来说就是为着促进结晶的目的，就有了添加核晶剂的做法，核晶剂又叫成核剂。

早期文献里面，关于聚甲醛的晶粒照片与讨论不少。聚甲醛的力学性质源于它亚微观尺度的结构，它有强度意义的结构单位不是单个大分子或缠绕着的一些大分子，而是晶粒，以每个核心为起始点而发生的结晶过程，进行到相邻的晶粒的边界就进行不下去了，结晶的核心在合适的温度下开始了固化结晶过程。当晶粒的成长都终止于周围晶粒长大达到的边界时，就得到了一个尺度均匀的晶粒的集合体，样子就像打开的石榴那样。当缺少均匀分布的足够多的结晶种子的时候，部分晶粒就有机会发育到比别的晶粒大许多，这个晶粒的集合体就不那么均匀了。强度反而不那么好了。由于添加核晶剂，球晶的尺度变得小而均一，机械强度和弹性系数都得到提高。但是结晶化如果过度，那么断裂伸长之类的性质就会恶化。

(7) **增塑** 工程塑料通常不使用增塑剂。对于像聚甲醛这样的结晶聚合物，树脂里面的无定形相对于整体来说，就是起到增塑作用的部分。结晶度对于共聚和均聚甲醛来说，是前者稍低。均聚甲醛虽然热稳定性总体差于共聚树脂，但较高的结晶度却能导致热分解速率在一定的时间范围内相对慢些。

(8) **防止电气接点污染及品级** 针对在高温环境下存在的电器接点上产生覆盖层（deposit）危害的现象开发的品级，用于各种开关（switch）的品级。

3.3.2 填料增强品级

(1) **玻纤增强** 聚甲醛是刚性较高的工程塑料，当对耐热性、刚性、尺寸稳定性和力学强度有更高的要求时，就要用上玻纤增强品级。比如在各种开关箱体和电器及辊类用途中，以代替传统的金属结构。缫丝用的丝纤维收集轮，原来是用铸铝制造。蚕丝经受温度变化收缩时要产生巨大的力，树脂制的收集轮强度不够，用了玻纤增强的强度就够了。汽车里的空调系统的风机叶轮也有类似的强度要求，恰能用增强品级来予以解决。热变形温度是增强效果的直接度量。

(2) **玻璃微珠增强** 纤维增强带来强烈的各向异性，原因是成型流动中的纤维定向。于是就有了玻璃微珠增强的方案。比如汽车车速计的框架、照明灯箱体的结构材料等。

(3) **无机充填品级** 以白垩滑石粉之类无机物代替玻纤来充填。有时看上去是降低成本的作用更多一些。

3.3.3 共混与合金化

　　DuPont 公司早期采用机械共混和接枝共聚的方法开发出商品化的均聚甲醛和聚氨酯弹性体合金。比如商品牌号为 DelrinOOST500 的品级,既提高了聚甲醛的耐冲击性,又保持了聚甲醛的强度和刚性,其缺口冲击强度比纯 POM 树脂提高很多。Celanese 公司和日本宝理公司随后也推出了相应产品。国内多年来这方面工作一直存在着,但刚性与韧性的矛盾是开发中很大的困扰。当前泰科纳已宣称第三代增韧改性的共聚甲醛合金具备融合缝强度好,耐冲击和强度保留好的优点,能否为扩大树脂应用量打开新的局面作出重要贡献,还看不清楚。根本原因是世界上聚甲醛使用中还没有受到大的改性成果显著推动的先例,相对的经济性和对物性的实际期望往往起很大作用,20 世纪 60 年代初就听说聚甲醛有希望做汽车保险杠,但长期以来这实际上是低档得多的合金的市场。

3.4 品种技术和加工技术的创新

　　聚甲醛基本树脂的良好性能是应用的重要基础,并从开始就具有高科技的起点。而各种“品级拓宽”范畴的技术和加工范畴的技术使聚甲醛这个大品种如虎添翼。在通用塑料到耐高温特种合成材料组成的金字塔式材料结构中,位居中间偏下的通用工程塑料里面,聚甲醛是通用性最强的一个。

　　反应偶联使玻纤和无机填料结合更牢固。使得增强聚甲醛树脂对于非增强聚甲醛树脂的性能优势更为突出清晰,促使这一块应用有了发展的坚实基础。

　　20 世纪 80 年代聚甲醛的二次加工技术有了很大的发展。电镀技术、涂饰底料、浸透印刷技术的开发成功,使聚甲醛开始有了电镀制品和装饰性制品,可用作门把手、键盘等外部零件。电镀品种首次使得聚甲醛可用作外部装饰零件。抗静电和导电品种使聚甲醛用作电子电气传动零件时,能极大地减低电讯号噪声;用作罩壳,可以防止电磁干扰。90% 的聚甲醛采用注射成型加工,超高流动品种和低模垢品种使注射成型的生产效率提高 50% 以上,还可以制得精密薄壁小型制品。采用热诱导变形-冷压延热处理技术,可使聚甲醛板材的机械强度大幅度提高。超拉伸技术的应用可使聚甲醛的拉伸模量高达 60GPa,而线膨胀系数降到 $10^{-6}\,K^{-1}$ 以下。此外,还出现了超高模量的聚甲醛。

　　20 世纪 90 年代,对于像改进润滑性能的材料这样的高附加值的品级,根据用户提出的改善机能、赋予新特性的要求,各家公司都进行了新品级的开发工作。如何赋予聚甲醛不易耗损的特性,成了一个研究的热点。聚甲醛在较宽的环境条件之下显现优良的润滑特性。因此一开始就进入了电子电器和汽车的各个应用之中，在众多制品中发挥了这方面的特长。随着数码产品、IT产业的新发展，AV（声像）和OA（办公机械）部件方面，对于无油润滑和齿轮的低噪音化要求较高，各个聚甲醛的厂家都对与此有关的低磨耗、低摩擦系数、高功能的品级进行了活跃的开发工作。比如作为能用于低负荷和高负荷两个方面领域的材料而研制的Duracon NW-02（宝理公司），特别在齿轮组合是由同种材质齿轮构成的情况下使用时，显示较好的低磨耗和低噪声特性。在有关章节我们谈到了PV值。现在我们见到各家公司代表性的润滑品级，针对P大和V大的场合，品牌设置方面已经有了体贴入微的应对（见表3-32）。

■表3-32　在低甲醛释放系列各子系列里面的润滑等级（耐摩擦磨耗）系列中对于不同P、V的关照体现为相应的牌号及不同的应用（宝理的Duracon品牌系列）

分类	规格	特长	用途
标准	M90LV	标准	泛用
	M25LV	高黏度	车窗部件等
	M270LV	高流动	泛用
耐候性改善	M90-45LV	标准	内装部件
	M270-45LV	高流动	内装部件
	LU-02LV	消光（泽）	内装部件
润滑等级	NW-02LV	标准润滑	车载音响、导航仪等
	AW-01LV	高速润滑	泛用，天窗（Sunroof）部件等
	SW-01LV	高面压润滑	泛用，车载间响、导航仪等
	PW-01LV	CD/DVD划痕对策用	车载音响、导航仪等
耐冲击、高韧性	TF-10LV	耐冲击、高韧性	各种内装紧固件（Trim clip）
玻纤强化	GH-25LV	高强度、高刚性	空调部件等

　　还有旭化成公司的TENAC　LA541，LM511，三菱工程塑料公司的JUPITAL FX-11（J），杜邦公司的DELRIN8904等，针对特定情况下比较常规的润滑品级不再适用的市场态势，满足更高要求的品级不断出现。比如以往的高刚性润滑改良型品级（如宝理公司的SW-22，SW-41）使用了纤维状的充填物，因此翘曲性略大。而后来上市的针对高刚性和优良润滑性的要求，新品级Duracon TW-31，TW-51，对此就有所改良。对于平板状的、刚性比较重要的部件更为适合。

　　聚甲醛的耐候性在工程塑料当中原本是不怎么好的。但可以使用适当的紫外光吸收剂稳定剂加以改善，它们在汽车内外装饰零件和住宅用部件等方面有为数不少的使用。各公司代表性的耐候品级，如宝理公司的M90-45，旭化成公司的TENAC-C4513、C4563，三菱工程塑料公司的F20-54等。有的场合之下用户希望成型品的表面没有光泽，宝理公司的DURACON LU-02就是针对这样用途的品级。

多家公司都有金属质感的相关品牌，有关章节还会谈到。各种颜色的金属质感解决方案在泰科纳是以 Hostaform ®MetalLX 命名的系列。

最早的抗冲击改性聚甲醛由于相容性问题，成型时产生分离，容易在表面产生剥离，而且还有容易产生模垢、熔接缝强度低等缺陷。后来使用 TPU 以外的弹性体的合金化技术得到利用，各个公司都开发了改进的品级。宝理公司使用新的弹性体，牌号为 SF 和 SX 系列。它们与已往添加聚氨酯的品级相比较，模垢生成和滞留变色等成型特性有所改善，而且接缝特性也变得较好。SF 和 SX 系列的一般物性列于表 3-33。

■表 3-33　Duracon SF，SX 系列的一般物性

项　目	试验法 ASTM	SF-10	SF-15	SF-20	SX-35
相对密度	G792	1.36	1.33	1.30	1.24
拉伸强度/MPs	G638	48	38	29	25
拉伸率/%	G638	130	>200	>200	80
弯曲强度/MPa	G790	68	50	37	26
弯曲模量/MPa	G790	1.860	1.430	1.140	680
悬臂梁冲击强度（缺口一侧）/（J/m）	G256	98	140	170	78
悬臂梁冲击强度（缺口一侧）/（J/m）	G256	NB	NB	NB	NB
热变形温度(1.82MPa)/℃	G648	90	85	75	80

注：上面的数据是材料的代表性测定值，不是材料的最低值。

Aadvark Polmers 公司作为工艺滚塑专用树脂供应商在数年前推出滚塑用聚甲醛品级 Aartel®acetals，它的原树脂由权威共聚及均聚树脂制造商提供。均聚树脂滚塑用品级有 Aartel® 2000（常规低黏度）、Aartel® 2100（中黏度）、Aartel® 2100UV（抗紫外线的中黏度品级）。共聚树脂则有 Aartel® 800（通用型）、Aartel® 800AM（抗微生物生长）、Aartel® 820（低黏度、薄壁及快速成型用）、Aartel® 820UV（低黏度抗紫外）、Aartel® 8501M（中度增韧抗冲击品级，具备抵抗弯曲及冲击负荷的柔顺性）、Aartel® 100D/S（新的导电品级，用于燃料处理系统）。属于合金的 Aardalloy® 3300 POM Alloy 是以弹性体及冲击改进剂改性以减低缺口敏感性并改进伸长率的合金产品，属中等黏度、温和地增韧，化学抗性及燃料渗透率维持在非合金水平上。Aardalloy® 3326 POM Alloy 是高黏度，极端增韧，冲击及伸长率改进较大的合金产品，具有高温下对化学品和燃料的抗性。

Delrin560HD 是为乙醇汽油或生物柴油系统的燃油系统材料用途专门开发的均聚甲醛特殊品级，它甚至于能够用于热柴油的场合。这个品级已经成功地用于燃油供应系统的部件。

参 考 文 献

[1]　伊保内贤，高野菊雄. エンジニアリング　プラスチック. 东京：日刊工业新闻社，1984.
[2]　胡企中. 合成树脂及塑料技术全书. 北京：中国石化出版社，2006.

第4章 聚甲醛树脂的后加工

4.1 引言

热塑性材料加工的独特方式基于这一类材料的特性。

随着工程塑料应用的推广，在目睹它们深深地进入日常的周边世界的同时，人们已经见到，材料加工工艺技术开始引发制造业领域最终产品的结构及其加工手段的变革（包括工艺与硬件两方面），进而影响到各该材料应用产业的技术面貌。汽车制造业技术的情况是最明显的：除传统钣金工和机械加工外，现在它已经引入了大量合成材料的加工工艺。这样就逐步改变了这个产业的工艺构成。

在此背景下，习惯于拥有和使用传统材料工艺知识的工程设计人员的"换脑"成为一件重要的事，它主要应体现于增加关于合成材料性能及加工性能知识，带着这些新知识去考虑结构、设计与制造问题，这是高科技时代产生的一个必然，就聚甲醛而言，这个过程始于20世纪60年代。

其他通用工程塑料品种，在具有起码的机械强度之余，更被看重的是某方面功能性特长。比如聚碳酸酯的透光性，和聚酯的电性能。聚甲醛则在机械强度方面更为扎实，功能性特点也更偏向在机械方面的各个强项。所以，较之其他品种，聚甲醛在一般结构领域的应用更多。已经积累了不少聚甲醛设计加工的经验，相比其它材料品种而言，这是比较独特的。所以其后加工问题会涉及不少其他塑料品种甚至工程塑料品种不大涉及的话题。比如，机械连接方式的问题看起来太过一般，似乎不该在材料议题下被专门提出。但这类问题频繁出现，以致成了这个品种一个显得有点特殊的普遍话题。

形象地说，在新材料应用的高级阶段之前，大致都有这样的过程：第一阶段是"一对一置换"，如一个农用喷雾器的喷嘴，原来是黄铜的，现在用一个尺寸相同的聚甲醛件置换之，这个阶段在我国可以说已经成为过去。在较为高级的功能性应用阶段，人们开始具有系统的完备的合成材料知识，并能以此向产品设计思想渗透，甚至改变原来产品的基本结构。

设计构思方式的变化是功能化阶段的特点。比如塑料应用较为先行的轴承领域，这一波变革是从以热塑性塑料代替以层压热固性塑料采用切削工艺制造的滚珠（或滚柱）保持器起步的。这是以在传统机械工艺技术基础上已经提高了一步的技术为起点的（之所以这样说，是因为更早的保持器全部是金属结构），而另一波变革中的一种做法的实例，是使用耐磨耗配方的混配聚甲醛粒料，成型为滑动轴承来代替汽车传动机构中万向节上工艺繁复的金属滚针结构的滚动轴承。此种做法在一种应用特例中充分挖掘出特定材料的潜能：即在 PV 值允许的情况下，巧妙地以滑动轴承代替滚动轴承。所以在非技术层面上说这种应用模式绝对是高于"置换式"的应用的。

4.2　聚甲醛树脂的后加工原理

热塑性材料包括一大批以相近方式加工的材料。它们具有一些基本的特有共性以及这些性能的特有表征方式。通用工程塑料是其中很重要的部分。在热塑性材料以及工程塑料的加工特性的共性背景下介绍聚甲醛的加工工艺，要涉及流动性、收缩特性和热稳定性三个方面。本章在就后加工工艺话题展开之前，先对这三个方面略作介绍。其中细节对均聚甲醛和共聚甲醛还会有所不同。此时将分开予以说明。

4.2.1　流动性的几种描述

熔融指数和螺旋长都是关于流动性的指标，图 4-1 反映均聚甲醛这两个指标间的一般关系。

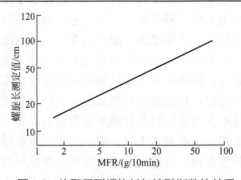

■图 4-1　均聚甲醛螺旋长与熔融指数的关系

4.2.1.1　熔融指数等流变学表征

作为品质管理手段，熔融指数（MFR）是塑料行业内广泛使用的流动性指标。它与分子量有直接的关系，故是制造者和使用者都感兴趣的一个指标。塑料品种不同，流动性也是不同的，但熔融指数并不被拿来做品种之间流动性的比较，因为不同品种树脂的流动性测定条件不同。所以说熔融指数是针对同种材料中的不同品级的相异之处，以成型流动性来描述其间差异的一个指标。聚甲醛熔融指数的测定条件是 190℃±0.5℃，荷重条件 2160g±10g，口模为 2.1mm×8mm。共聚甲醛的 MFR 值和分子量的关系见表 4-1。

■表 4-1　共聚甲醛的 MFR 值和分子量

项目	MFR 值/(g/10min)	重均分子量
高黏度	2.5	约 10 万
中黏度	9.0	约 8 万
低黏度	27.0	约 9.5 万

以高压毛细管流变仪测定熔融黏度时，可覆盖更宽的温度及剪切速率范围。因此可以说，由此所得流变特性数据和熔融指数的关系，可看成是黏度数据的集合和特定条件下的一个单独数据的关系。这个集合常被表述成流变曲线。黏度定义式是

熔融黏度＝剪切应力/剪切速率(温度一定)

图 4-2 为均聚甲醛在 190℃、210℃、230℃的流变曲线。这是对流动特性的深一步描述。三个流变曲线所对应的三个温度，正处在对这个树脂加工有意义的范围中。

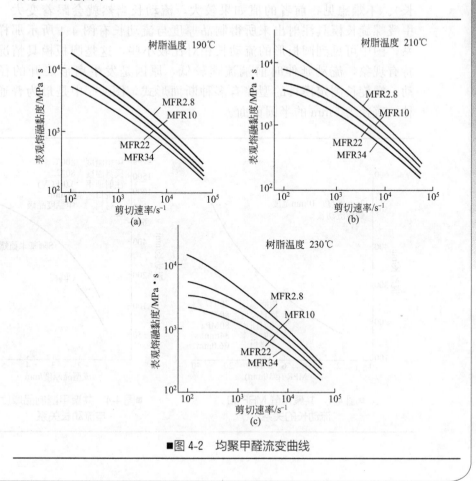

■图 4-2　均聚甲醛流变曲线

聚甲醛熔融树脂显现非牛顿流动的特性，作为剪切应力和剪切速率之比的熔体黏度在一定的温度与压力下不是常数。表观熔融黏度因此可绘出与剪切速率的函数关系曲线。剪切速率增大时聚甲醛熔体黏度有下降倾向。

4.2.1.2 流动长

作为基本的流动性表征，测定熔融黏度特性，还会用到对注射成型颇为实用的"流动长"。其中主要的一个细分方式是"螺旋流动长"。

注射成型时从喷嘴流入模具的熔融树脂在和模具壁面接触时受到冷却，黏度上升，最终从模具壁面向中心部固化。从这种实际情况出发，可以理解建立这个指标的目的。进行流动长的测定，就是再现这种边走边冷却的情况。作为专用模具内的流动性评价方法，这是一种测定在注射时流动的距离的评估方法。为此，作为其模具，一般取螺旋流动的形式或直棒状流动的型腔形式。但是在厚度较小的情况下，对于一次注射的量而言成型机的容量容易显得过大，因此就还有采用圆板形式的。图4-3是共聚甲醛 MFR 值与流动长的关系（当然是特定几何尺寸下的流动长）。不难想见，前者的值如果较大，流动长当然就会跟着变大。共聚甲醛螺旋长模具注射出来所得制品厚度与流动长有图 4-4 所示那样的关系，图中可见到圆板形的流动长相对比较小些，这是圆板模具情况下的特有现象，流动延伸时前端流速较低，原因是发生扇形展开的径向流动。螺旋长测定模具的型腔有多种断面形式，图 4-5 中是最为普通的一种，直径为 5mm 的半圆截面。

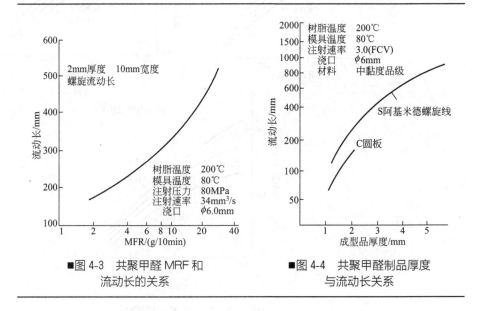

■图 4-3　共聚甲醛 MRF 和
　　　　　流动长的关系

■图 4-4　共聚甲醛制品厚度
　　　　　与流动长关系

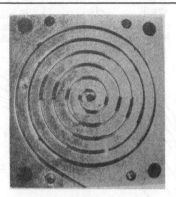

■图 4-5 螺旋流动长模具

　　从流动长的诸多影响因素比如成型条件、模具结构等与其关系出发，来做出最小壁厚及模具设计方面的其他设计决定是不方便的。于是就有了下面的解决方案，共聚甲醛标准品级用于推定成型下限条件的关系图见图 4-6。比如厚度 2mm，流动距离能达到 40mm，就相当于在以螺旋流动长 30mm 的成型条件下进行充填。流动长实际上是成型条件的代用特性值。笔者在图上从纵横坐标的相应刻度点标出了这个推定过程，对于聚甲醛制品的模具设计者，这是一个极其实用的工具。下面将针对与这一实用概念有关的事实尽量地给出相关的信息。

　　流动长与厚度的比值 L/t 是另一种表征流动性的指征。图 4-7 是共聚甲醛标准注射品级厚度与 L/t 关系图。L/t 值随厚度和成型条件而变化。

　　假定要成型一个厚度 0.2mm 的制品，注射压力 100MPa，查图 4-7 再计算得知，推定的流动距离是 10mm。若要得到比这更远的流动距离，就要采用更高的压力来成型，或是考虑多点的浇口设计。

　　螺旋流动长测定所用的模具，通常是半圆形截面、涡卷形的螺旋流道。而为了接近实际情况下的流动性测定，矩形截面的流动长测定模具也有使用，见图 4-8。

　　对于螺旋长的测定结果来说，分子量的影响是最大的，参见图 4-3 流动长与熔融指数关系曲线。其它的影响因素有玻璃纤维、各种填充剂和添加剂；在成型条件方面的影响因素则有注射压力、注射速率、树脂温度和模具温度等；而从成型品的模具方面来看，则有制品厚度、浇口大小、树脂流路的复杂程度和排气难易程度等。图 4-9～图 4-11 等三个图是使用螺旋流动长模具做出的均聚甲醛黏度及注射压力、模温、模具厚度与流动性的关系。

　　图 4-11 中的流动长与厚度的关系，可用以帮助在实际成型中选择合适的品级及成型条件。

　　共聚甲醛的模具温度、树脂温度、注射压力和注射速率等因素与流动长的关系示于图 4-12～图 4-15。和想象及逻辑相符，注射压力具有最大的影响。

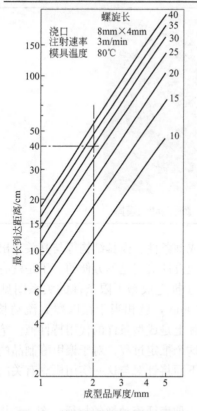

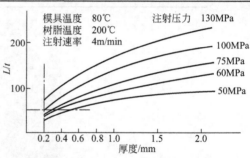

■图 4-7　共聚甲醛标准品级厚度与 L/t 关系

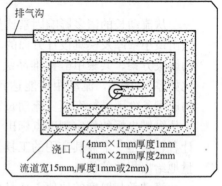

■图 4-6　共聚甲醛的厚度与在型腔
内流动能到达距离的关系

■图 4-8　矩形截面螺旋长模具

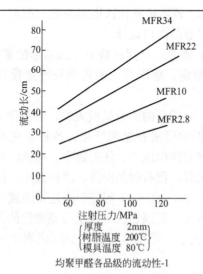

均聚甲醛各品级的流动性-1

■图 4-9　不同黏度均聚甲醛的
注射压力与流动长的关系

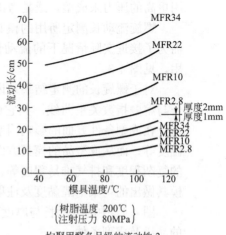

均聚甲醛各品级的流动性-2

■图 4-10　均聚甲醛模温与流动长的关系

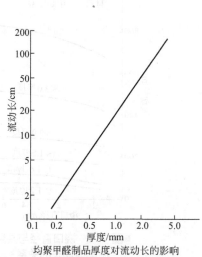

均聚甲醛制品厚度对流动长的影响

■图 4-11　模具厚度与
均聚甲醛流动长的关系

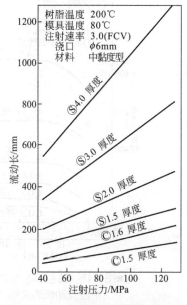

■图 4-12　注射压力与共聚甲醛
流动长的关系

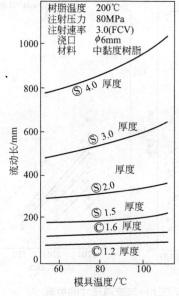

■图 4-13　模具温度与共聚
甲醛流动长的关系

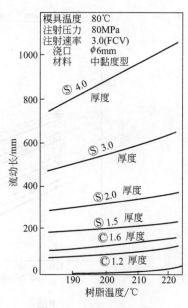

■图 4-14　树脂温度与共聚
甲醛流动长的关系

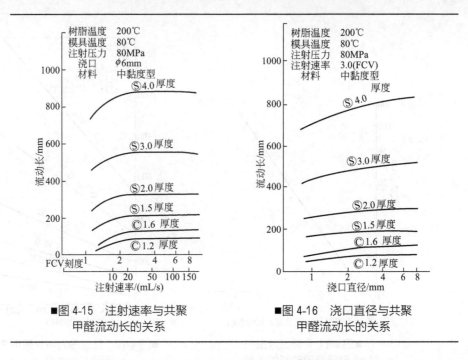

■图 4-15　注射速率与共聚
甲醛流动长的关系

■图 4-16　浇口直径与共聚
甲醛流动长的关系

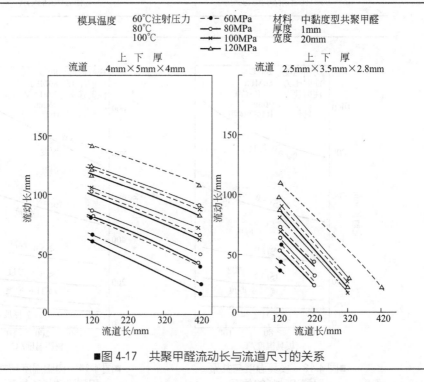

■图 4-17　共聚甲醛流动长与流道尺寸的关系

　　浇口直径与流动长的关系见图 4-16，厚度增大时浇口直径的影响也会大些。图上Ⓢ和Ⓒ分别对应于螺旋和圆片流动长模具。图 4-17 是流动长和流道尺寸的关系。流道的断面积较小时，流道内的压力损失较大。所以流道长度较大时流动长有变小的倾向。

4.2.2 收缩特性及其影响因素

聚甲醛属于结晶性塑料，它和聚碳酸酯、改性 PPO 这些非结晶性塑料相比，成型收缩率较大，在树脂制造中的影响因素如果没控制好，按照一个收缩率数据设计了模具，长时间或变动后的工艺条件下得到的树脂，有可能要迫使用户改了模具才能使用。

聚甲醛成型时从熔融状态冷却下来的时候，伴随降温有个热收缩的过程，结晶过程又有收缩相伴，可按下式来理解这个成型收缩问题：

成型收缩＝热收缩＋相变化造成的收缩－基于压缩性的容积变化

对收缩率，可以利用比容积与温度的关系曲线来观察与理解。比容积是密度的倒数，比容积越大密度越低。共聚甲醛在 0～240℃ 范围内比容积与温度的关系曲线先是上行的下凸曲线，经过一个位于熔点附近的拐点，成为上凸的曲线（见图 4-18），从高温冷却过程中，在 160℃ 以上区域里比容积是缓慢地减小。冷却过程进入 146～160℃ 的区间，发生结晶化，比容积发生急剧变化，最终则是体积缓慢变小。

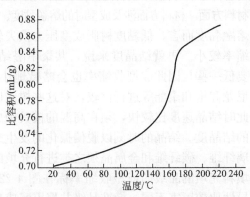

■图 4-18 共聚甲醛的比容积与温度的关系

需要指出，型腔里面的压力变动也会影响到成型收缩率，这主要是通过上式的最后一项来体现的。

聚甲醛收缩率问题比较引人注目。必须加以控制才能够成功地实现加工和应用。这是可以做到的。

从膨胀计测定过程中获得均聚甲醛的升温和降温两个温度比容关系曲线，分别见图 4-19 和图 4-20 两张图上。A—B 间是固体状态的热膨胀收缩，C—D 间则是熔融状态的热膨胀收缩。B—C 间是结晶化过程中的容积变化。升温过程和降温过程两个方向的相变路径有微小差异，也就是说，融解与结晶的温度变化路径略有差别。

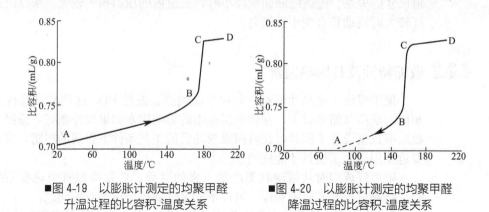

■图 4-19 以膨胀计测定的均聚甲醛
升温过程的比容积-温度关系

■图 4-20 以膨胀计测定的均聚甲醛
降温过程的比容积-温度关系

我们一般所说的模具收缩率指的是线收缩率而不是容积收缩率。

成型收缩率的物理意义是：

$$S=(L_0-L)/L_0$$

这里模具里的尺寸是 L_0，制品上的尺寸是 L。

4.2.2.1 收缩率的影响因素

影响成型收缩率的主要因素有材料、制品的形状和成型条件这三个方面。

(1) 材料方面 材料方面涉及成型时的熔融黏度、结晶度及充填材料等因素。

先就熔融黏度而言，低黏度树脂成型压力损失较小，保压容易实现，故而成型收缩率较小。再就结晶度来说，共聚甲醛结晶度为 65%上下，比之均聚甲醛要低一些，因此成型收缩率也会略微地小一些。图 4-21 是为对共聚甲醛、尼龙和饱和聚酯等进行比较，对这些树脂以脱偏光法测定结晶速率的描述。此时结晶速度比较快，须在高温的模具中成型，这一点也使成型品得到较高的结晶度。结晶的时刻以脱偏振化的发生来检知判定。

以玻璃纤维、碳纤维和金属晶须之类进行充填的场合，成型收缩率会减小。各种填料充填的品级的成型收缩率标在图 4-22 之中。与有纤维充填的情况各向异性比较厉害不同，标准品级共聚甲醛成型收缩率的各向异性就比较小。表 4-2 显示，壁厚较小的制品，在与流动方向垂直的方向上收缩率都只是比流动方向上稍微小些。

(2) 制品的形状 形状方面涉及主流道及流道的直径及长度、浇口尺寸和制品的厚度。前三项关系到熔体流动到达制品部位之前的压力损失。压力损失少的保压效果好，成型收缩率就小。图 4-24 是浇口尺寸变化时成型收缩率的变化。从成型收缩率来考虑，主流道和流道方面总希望设计得粗一些，反之从成型周期、材料损耗及后步工作等方面考虑则是搞得细一些为好。从经济之点来考虑，采用最低限度的尺寸来用于设计是必要的。浇口往小里做，最终就是采用点浇口。这样的场合成型收缩率变成图 4-23 的样子，图中也显示了参变量模温、注射压力的效应，主自变量是点浇口直径。

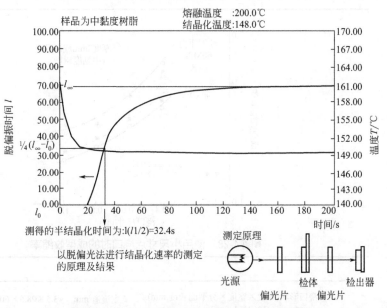

■图 4-21　测定聚甲醛结晶速率的装置及结果

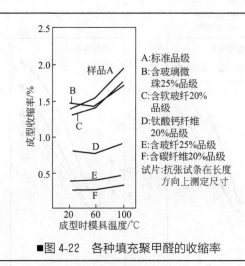

■图 4-22　各种填充聚甲醛的收缩率

■表 4-2　标准品级共聚甲醛成型收缩率的各向异性

制品厚度/mm	流动方向收缩率 A 与垂直方向收缩率 B 之差/%	$[(A-B)/A]\times100\%$
8	0.13	约 5
6	0.15	6
4	0.09	4
3	0.04	2.5
2	0.18	9.5
1	0.30	17.5

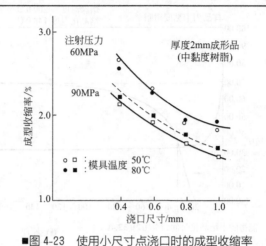

■图 4-23 使用小尺寸点浇口时的成型收缩率

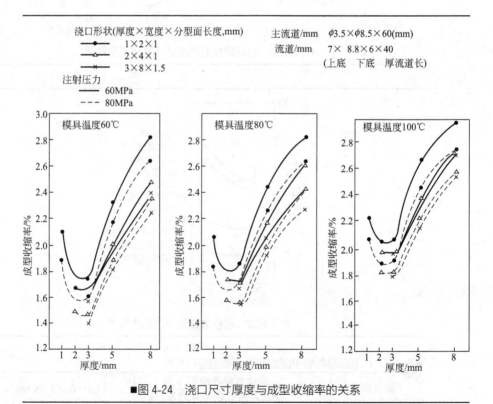

■图 4-24 浇口尺寸厚度与成型收缩率的关系

由图 4-24 可以看出，厚度为 2～3mm 时，成型收缩率具有最小值。这主要是因为厚度薄的区域，型腔内的压力损失较大，成型收缩率也就变大了；过了极值点，厚度厚的区域压力损失较小，缓慢冷却，结晶变得容易，于是成型收缩率也就变大了。

(3) 成型条件　温度在上面已经作为参变量引入了，压力的是注射成型时另一个需要考虑的重要因素。

图 4-25 和图 4-26 分别为压力一定及温度一定时均聚甲醛 P-V-T（压力-比容-温度）图。树脂从 200℃ 的熔融状态直到被冷却到室温的状态，在此过程中，膨胀系数起作用导致的体积收缩约为 7%，而起因于结晶化的体积收缩约为 10%，结晶性树脂比非结晶性树脂收缩率大的原因就在这里。实际注射时熔体是在因压缩而有所收缩的状态下流进模腔的，因受压有所缓和而略有膨胀，此时，因为在浇口封闭之前树脂能够补充进去，最终成型收缩率成为 1.5%～3%（共聚甲醛是 1.7%～2.4%）。

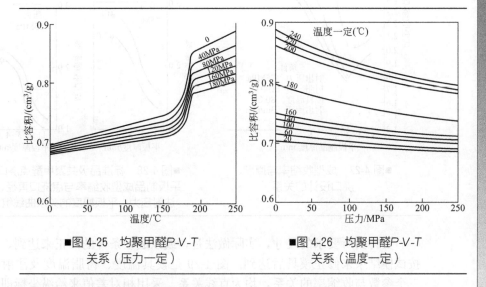

■图 4-25　均聚甲醛 P-V-T 关系（压力一定）　　■图 4-26　均聚甲醛 P-V-T 关系（温度一定）

4.2.2.2　成型与设计中的成型收缩率问题

注射成型时决定成型收缩率的因素较多，所以如要对成型收缩率做准确的推定，就相当困难。在实践中要做到期望的尺寸实际上是比较难的。实际模具设计中，一般只能先根据经验大致推定，之后再做调整。成型品的厚度、结晶度、型腔里面的内压都会跟随浇口尺寸及注射压力而变化。下面通过实例来定性地理解一下其中的关系。以平板形制品为例，当侧浇口在一侧时，厚度与侧浇口尺寸和收缩率的关系示于图 4-27。

一般来说，比较厚的制品在厚度变大、浇口尺寸变小的时候，收缩率变大；而当制品厚度较小的时候（见图 4-27 中转折点以左），则收缩率随厚度增加反而变小。

采用点浇口时的成型收缩率与点浇口直径、注射压力、平板厚度的关系见图 4-28。我们能够看出，注射压力加大时，收缩率变小。相同条件下点浇口直径大些收缩就小些。而厚度增加时，收缩变大很快（曲线很陡）。

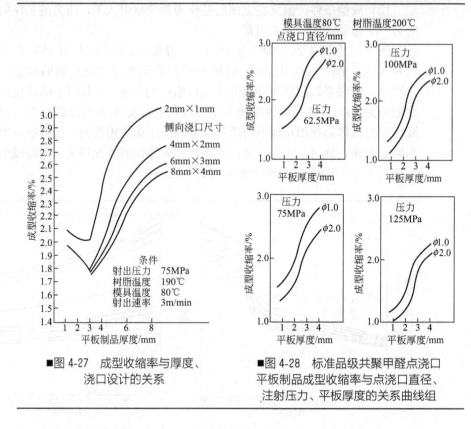

■图 4-27　成型收缩率与厚度、
浇口设计的关系

■图 4-28　标准品级共聚甲醛点浇口
平板制品成型收缩率与点浇口直径、
注射压力、平板厚度的关系曲线组

　　要得到所要求的尺寸，实际做法是，或以成型条件的修正来达到，或是按试模结果来修正模具后达到。图 4-29 是模具温度、树脂温度及注射压力三个参数与收缩率的关系，均为直线关系。采用相对差值来给纵坐标即收缩率赋值，可用原点的移动来得出绝对的纵坐标值收缩率。

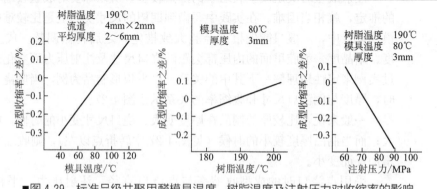

■图 4-29　标准品级共聚甲醛模具温度、树脂温度及注射压力对收缩率的影响

　　实际制品的结构情况千差万别，收缩率的正确推定，需要经验的积累。对模具设计者来说，各类型形状的归类和成组数据的积累是十分重要的。图

4-30反映了厚度、浇口尺寸与收缩率的关系。上述分析锁定了一些工艺条件。而模具温度、树脂温度和注射压力等都是成型操作者可以控制，并有一定可变动范围的条件。

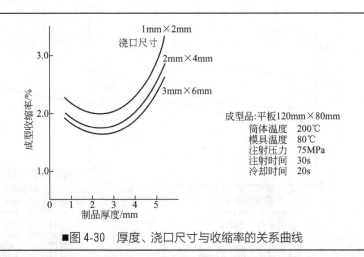

■图4-30 厚度、浇口尺寸与收缩率的关系曲线

成型收缩率的主要影响因素是浇口尺寸、制品厚度尺寸、模具温度、筒体温度、注射压力和注射保压时间。

(1) 制品厚度 厚度大则收缩大，这主要是因为熔融树脂充模之际，与模具内表面接触的部分在急冷之下密度降低，由于表面层有隔热效果，此后冷却速率变缓，结晶充分进行，成为密度较高的部分。厚度越大这种倾向越显著，高密度的部分越厚，总体的成型收缩率就变大了。薄壁制品的情况下，和壁厚较大的制品相比，浇口部分和制品部分的凝固速率更快，压力的降低也大，在同一注射压力下注射成型的话，收缩率也就变大了。

(2) 浇口尺寸 浇口尺寸大则模具里易于充填树脂，压力即便较低，充填效果仍可，这样的结果就是成型收缩率变小。浇口尺寸过大的话，起码导致成型品额外的后续加工，有时还会对制品功能产生不良影响。若浇口封闭时间过长，成型周期也就相应变长，对于生产效率不利。正因如此，为达到使制品后续加工作业简化的目的，采用小截面积的浇口（如点浇口和隧道式浇口）等做法已成为一种倾向。模具设计时所用浇口的种类和浇口尺寸，都是当设计者决定浇口位置时在一定程度上起到限制作用的因素。不过与制品尺寸无关的模具修正还是不难进行的，若是调试结果的成型收缩率比预期的收缩率大的话，可以做些精细的修改来扩大浇口尺寸以达到缩小成型收缩率的目的。

(3) 模具温度 参见图4-31模温与收缩率关系的曲线。模具温度对成型品的物性与外观影响很大，而就聚甲醛这样的结晶性树脂的情况来说，模温对收缩率的影响也相当大。模具温度高的话熔融树脂的充填比较好，模腔里面由于逐渐冷却的缘故，结晶更多地发生了，成型收缩率就变得较大。

(4) 筒体温度 如果筒体温度高，树脂温度高，流动性也变好，热收缩率变大。但与其他因素相比，筒体温度对成型收缩率影响较小，见图4-32。

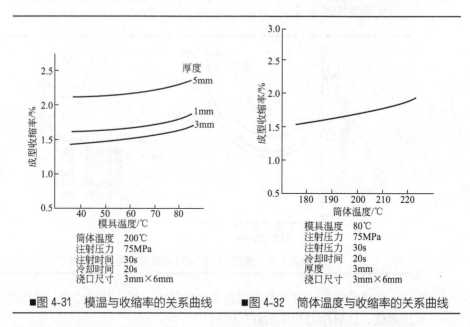

■图4-31 模温与收缩率的关系曲线　　■图4-32 筒体温度与收缩率的关系曲线

(5) 注射压力 注射压力对于成型收缩率的影响非常大。注射压力大则充填效果增加，当然熔融树脂的压缩效果也增加，最终成型收缩率变小。物性也是提升的，每次注射之间的尺寸及物性的波动也会变小，见图4-33和图4-34。

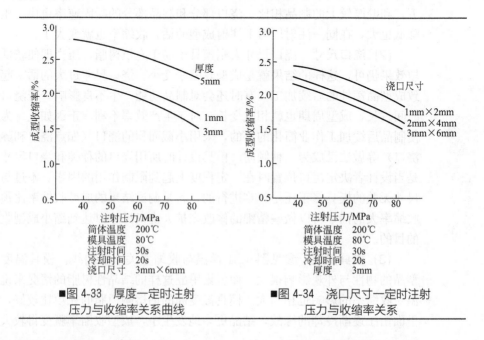

■图4-33 厚度一定时注射　　　　■图4-34 浇口尺寸一定时注射
　　压力与收缩率关系曲线　　　　　　压力与收缩率关系

　　(6) 注射时间及保压时间　为了得到品质良好的制品，注射保压时间是很重要的，直到浇口被凝固的树脂封闭为止，型腔里面的压力都必须维持在原值上。这样在收缩时才能有树脂熔融体补充进去。当然浇口封闭之前，螺杆后退的时候也会有从型腔向成型机喷嘴发生的逆流，导致型腔的压力降低。型腔内冷却时熔融树脂凝固而收缩，若收缩的部分没有得到补充，就会生成空隙或缩孔。为防止这种情况，直到浇口被封闭之前必须保压，处理成型周期问题时往往有缩短注射时间的倾向，这样由于浇口封闭之前的收缩，停止注射后制品尺寸就有变动的危险性。要判定浇口封闭时间，在测定制品尺寸的时候顺便测定其质量即可，质量和收缩率有一定程度的关系，能认为质量不再会有变化的时间，就可以算成是浇口封闭时间。图4-35是制品质量与收缩率关系曲线。

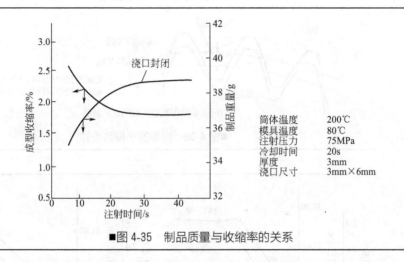

■图4-35　制品质量与收缩率的关系

　　这只是形状比较单纯的平板上成型条件与收缩率的关系，只能用以把握一般情况下这种关系的趋势。

　　聚甲醛的一个代表性用途是做小模数齿轮，图4-36(a)是一个实例的情况，以此来说明收缩率问题的复杂性。图4-36(b)表达出齿轮成型收缩问题的情形。

　　图4-37则是这个实例成型条件与收缩结果的关系。由此例可知，将成型周期充分地设定好的话（这意味着浇口封闭时间的正确锁定），齿顶直径及成型收缩率就会确定下来。

　　为了把形状因素在制品设计中考虑到位，制造商建议使用图4-38里面那样的算图。

4.2.2.3　后收缩

　　(1) 机制　成型中所发生并残留下来的变形的缓解和结晶化都受成型条件影响，这一点很重要，图4-39表示了这种情况。而成品的尺寸在使用时会因为热膨胀、吸水量增多、成型时的变形的缓和以及继续的结晶化过程而发生变化，这就是后收缩（膨胀也包含其中）。这里热膨胀和吸水膨胀是树

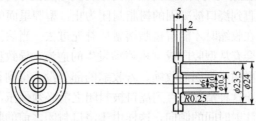

结构说明
基本参数　浇口轴部布置三点浇口尺寸φ1.2
　　种类：平齿轮　　　齿顶圆直径：d_x=32mm　模数：m=1
　　基准压力角：α_0=20°　齿数：z=30　　　转位系数：x=0
　　节圆直径：d_0=30mm

(a) 成型齿轮的参数及形状

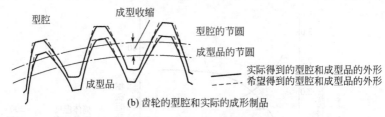

(b) 齿轮的型腔和实际的成形制品

■图 4-36 聚甲醛小模数齿轮

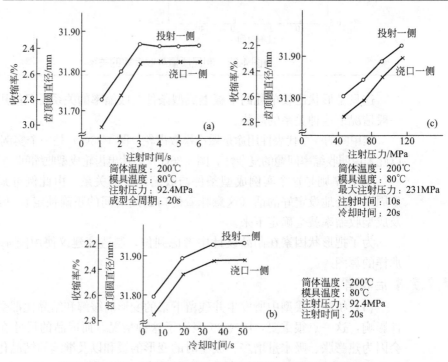

■图 4-37 均聚甲醛齿轮成型后外形与成型条件的关系

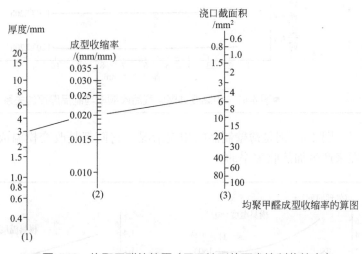

■图 4-38 均聚甲醛的算图（用于按形状要求控制收缩率）

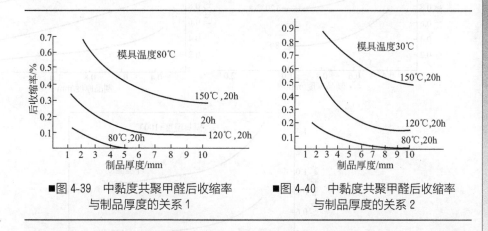

■图 4-39 中黏度共聚甲醛后收缩率
与制品厚度的关系 1

■图 4-40 中黏度共聚甲醛后收缩率
与制品厚度的关系 2

脂的自身性质，完全不受成型条件影响。在度量制品的尺寸时，必须把相关的环境条件如温度、湿度加以控制，使测定有一个恒定的外部条件。厚度、环境温度和模具温度对于后收缩的量都有影响。图 4-40 的情况是把模温降到了室温，进行相同的实验，可看出结果是曲线有所上移，后收缩向略大的方向变化了一点点。这和前述的逻辑是相通的，制品在高温环境条件下会发生加热收缩。图 4-41 是这个序列实验中模温较高的组，此图上可见高模温把曲线拉直了，后收缩率降低了。这等于是说较高的模温大大减少了后期再发生变化的可能性。若在模温 120℃ 成型，80℃ 热处理，则完全没有见到尺寸变化。成型中发生的变形，因加热收缩过程而得以缓和，这是由于模温高故成型时应变较小，才有了热处理时加热收缩变小的结果。这组实验在常规厚度范围之内进行。

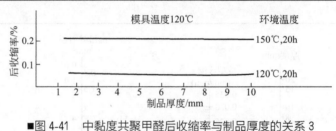

■图 4-41 中黏度共聚甲醛后收缩率与制品厚度的关系 3

图 4-42 则是薄壁制品的相应情况。它们都是改变模温成型后再以热处理来产生加热收缩率的。

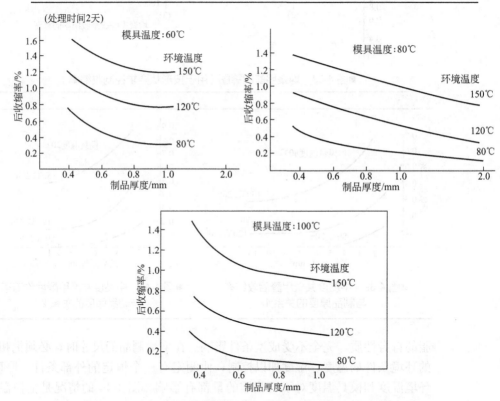

■图 4-42 低黏度共聚甲醛薄壁制品后收缩与模具温度及厚度关系

图 4-43 是热处理条件与加热收缩率的关系。低温侧相比高温侧的成型变形较小，温度的影响很显著，但是模具温度高的条件下成型的试片加热收缩甚小。

成型收缩率和加热收缩率之间存在着相对应的关系。

定义全收缩率为成型收缩率与加热收缩率之和。使用拉伸测试所使用的试片测定纵向尺寸，求取增强与非增强聚甲醛的成型收缩率和全收缩率，得到的结果是成型收缩率小，则加热收缩率就不小。原因是在较低模温下树脂急冷，分子在随机的无规状态下其现状被固定下来，热处理以后，重新排列起来，表现出热收缩较大。若是看全收缩率则结果模温的影响并不明显。实验热处理条件是100℃，24h。结果示于图4-44～图4-46，其中 A 为非增强品级、B 为软纤维增强、C 为玻璃微珠增强、D 为晶须增强、E 为玻璃纤维增强、F 为碳纤维增强。

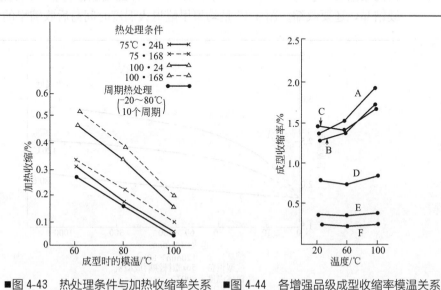

■图 4-43　热处理条件与加热收缩率关系　■图 4-44　各增强品级成型收缩率模温关系

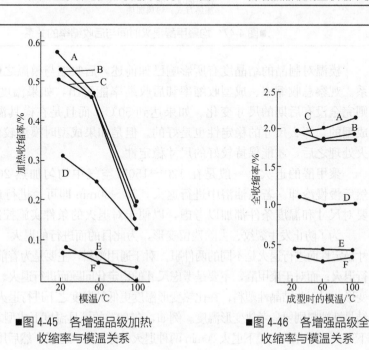

■图 4-45　各增强品级加热
收缩率与模温关系　　■图 4-46　各增强品级全
收缩率与模温关系

应该在对这些情况都加考虑之后，再加上成型收缩率的因素，才能决定型腔的尺寸。为了使尺寸得到稳定，除要调动成型条件外，还得加上退火条件的使用。退火原是用于表达铸件的高温时效后处理的形象说法，借用这个说法表达塑料制品脱模后的加温处理过程，总的来说这项处理是为了使内部的应力松弛。

(2) 退火实践 环境温度上升情况下，塑料成型制品在成型时发生和遗留的收缩变形会有所缓和。但对于聚甲醛这样的结晶性树脂，因为后期的继续结晶，还要收缩。图 4-47 是均聚甲醛退火温度时间与后收缩率的关系。

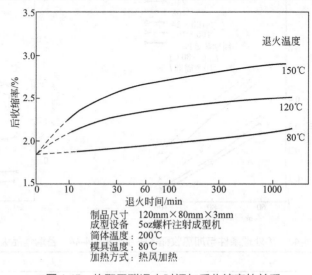

制品尺寸 120mm×80mm×3mm
成型设备 5oz螺杆注射成型机
简体温度：200℃
模具温度：80℃
加热方式：热风加热

■图 4-47 均聚甲醛退火时间与后收缩率的关系

模温对制品的结晶度有所影响已如前述，后收缩与模温之间也有密切关系。观察总收缩率、成型收缩率和后收缩率能看出，如果温度环境是常温，则完全没有后期的尺寸变化。如果达到 50℃，而且是在模具温度 80℃之下成型的，那么尺寸的稳定性也是好的。但是如果成型时模温较低，须进行退火处理之后，才能保持较好的尺寸稳定性。

聚甲醛的退火，一般是在 120～150℃ 空气中均匀加热 20～60min 后，然后慢慢冷却。若在油浴中进行退火，10～30min 即可，进行退火处理时需要对尺寸和温度条件都加以考虑，以便于对退火的条件实施控制。

为了防止发生裂纹、去除残留变形，为此目的而进行的退火，与为了提高尺寸稳定性而进行退火是不同的两件事。对于通用塑料，主要是为着前一个目的而进行退火；而对于聚甲醛，主要是考虑尺寸的稳定化问题而进行退火。为着除去残留变形，对于非结晶性塑料，在比热变形温度更低的温度之下进行退火为好。而对于结晶性塑料则要参考热变形温度。例如，在 80℃ 的模具温度下成型之后，在 120℃下退火 4h 和在 150℃下退火 20min 两种退火条件下退火之后，然后用在盐酸里面浸渍 0.5min 的方式以求造成裂纹。以裂纹的多少来判断退火的有效性。结果是高温短时退火的不发生裂纹。以各种类似方式来探讨之后，认为共聚甲醛的退火温度以145～150℃为好。退火可以使用空气浴或者油浴。

(3) 尺寸的稳定化 图4-48是共聚甲醛在标准条件之下成型所得的制品(2～8mm板和厚度3.2mm的抗张试条)放置于常温条件下，其尺寸的变化过程。

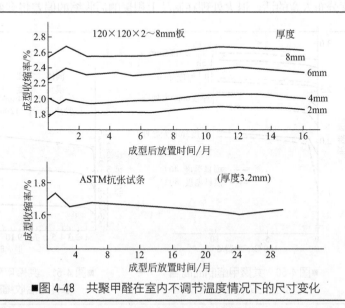

■图4-48 共聚甲醛在室内不调节温度情况下的尺寸变化

而同样用厚度为3.2mm的抗张试条，预先在100℃、120℃、150℃三个温度下分别退火1h，然后在常温下放置，则得到图4-49所示的结果。这两项实验结论是：可以认为常温放置无尺寸变化之倾向。

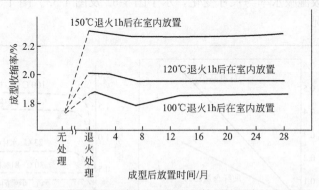

■图4-49 共聚甲醛短时退火后的室温放置处理中的尺寸变化

而高温下，100℃下放置的尺寸变化见图4-50。120℃下放置的同样实验则与此图大体相同。只是略有变化，比如两种模温的曲线靠得较近些等轻微的差别。实验结论是：不得不进行退火以减小尺寸的变化。

厚度2mm的试片，以模温30℃成型后在80℃、120℃和150℃退火得到图4-51的结果。在80℃容易达到平衡，而150℃的高温就难达到平衡。原因应该是由于在高温下结晶要持续进行。总而言之，为使尺寸稳定化，退火要在使用温度以上约10～20℃的温度上进行。考虑到让变形缓和下来需要时间，一般要使用稍长些的时间（比如说3h）来进行处理。此时如果处理制品的处理槽内的温度分布太宽的话，退火处理在制品上积聚的后收缩的偏差将会变得很大。

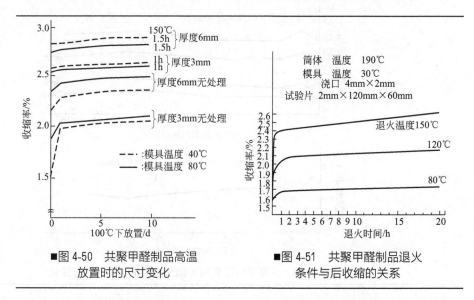

■图 4-50 共聚甲醛制品高温放置时的尺寸变化

■图 4-51 共聚甲醛制品退火条件与后收缩的关系

(4) 吸潮与吸水带来的尺寸变化 退火的时候，当残留的应变缓和，变形的尺度减少的同时，吸湿和吸水导致的尺寸增加也同样存在，体现出一个总和的尺寸变化。若是在热水中，热膨胀可能会导致的尺寸增加。共聚甲醛的吸湿吸水率与尺寸变化，示于图4-52及图4-53。图4-54则为均聚甲醛的情况。

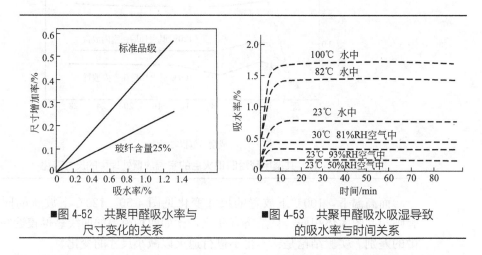

■图 4-52 共聚甲醛吸水率与尺寸变化的关系

■图 4-53 共聚甲醛吸水吸湿导致的吸水率与时间关系

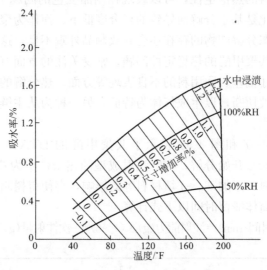

■图 4-54　均聚甲醛湿环境条件与吸水率尺寸变化率

4.2.3 热稳定性

聚甲醛之成为可用的材料，在于实现了结构的稳定化方案。特别是选定了在抵抗氧化作用、热氧作用等不利条件方面较为强大的主抗氧剂及辅助剂。但是这个基本结构带来的脆弱本性，仍是个挥之不去的烦恼。所以制造后期以及加工过程之中还得处处关照这个弱项。特别是均聚甲醛在问世之后很长时间这都是较大的问题。因此围绕这个问题展开过许多工作，图 4-55 上的黄变时限就是一例，它为加工者提供了一条安全的警戒线。标准级共聚甲醛耐热变色见图 4-56。

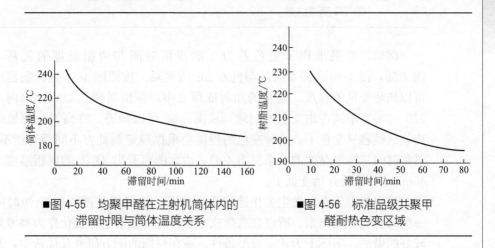

■图 4-55　均聚甲醛在注射机筒体内的滞留时限与筒体温度关系　　■图 4-56　标准品级共聚甲醛耐热色变区域

　　材料的热稳定性，可以表现在制品变色的问题上，也涉及物性的劣化。这种劣化是基于分解而导致的聚合度低下。而作为聚甲醛这个品种的个性问题，气态分解产物的存在还会导致制品外观不良，这一点也成为重要的加工特性。共聚甲醛的热稳定性问题，常受关注的方面有成型时的变色、物性劣化、尺寸偏差、回用料的不良表现等方面。热分解的模式有两种，第一种为主链上被切断，以生成气体为特征；另一种为从主链末端切断，属典型的解聚合过程。

　　图 4-57 和图 4-58 表示了共聚甲醛的 DTA、TG 和 DSC 测试结果。260～300℃开始分解，实际注射成型的热条件更为苛刻，因为滞留时间长，还有颜料、添加剂、充填材料等的影响，会使得树脂变得易于分解。一般注塑机的筒体滞留时间以下式计算：

　　滞留时间(min)＝注射能力(g)×(4～6)/一次注射量(g)×[全注射周期(s)/60]

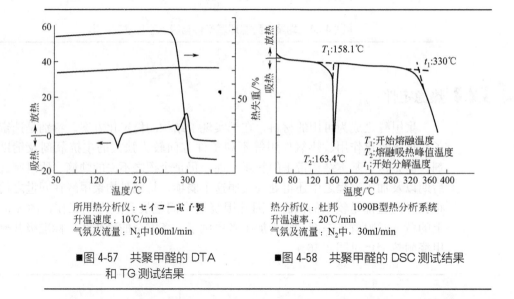

■图 4-57　共聚甲醛的 DTA
　　和 TG 测试结果

所用热分析仪：セイコー電子製
升温速度：10℃/min
气氛及流量：N₂中100ml/min

■图 4-58　共聚甲醛的 DSC 测试结果

热分析仪：杜邦　1090B型热分析系统
升温速率：20℃/min
气氛及流量：N₂中、30ml/min

　　例如，如果求得了使色差为 2 的滞留时间与树脂温度的关系，见图 4-59，图 4-60 是滞留时间与色差 ΔE 的关系。按照图 4-59 从树脂温度就可以知晓变色的程度。通常的注射成型之中，滞留时间在 20min 以内，在 220～230℃不须考虑变色的问题。从图 4-60 可以知道，在高温一侧短时间内就已经容易变色了。这种变色的程度会根据稳定剂处方不同而有所不同。滞留时间与熔融黏度的关系见图 4-61，由此图可看出 230℃的树脂温度下约 40min MFR 就开始变低了。

　　聚甲醛由于滞留发生劣化造成物性低下的情况能从图 4-61 上短时间的一侧的色变表现出来。所以在选择成型条件时以观察色相变化作为参考是比较好的做法。实际上为选定成型条件，或在树脂的配方研究及优选中，乃至

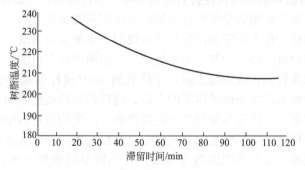

■图 4-59　产生一定色变情况下滞留于筒体中的树脂温度与时间的关系曲线

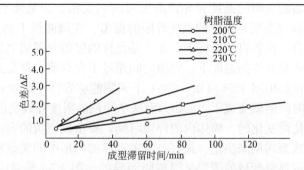

■图 4-60　共聚甲醛高温滞留时间与色差的关系曲线

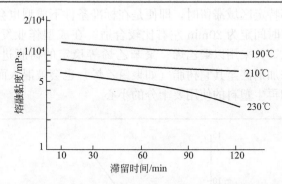

■图 4-61　标准黏度共聚甲醛在料筒内滞留时间和熔融黏度的变化关系
（高化流变仪测定结果）

为着制造工艺的管控，至少就热稳定问题方面而言，从色相变化的方面来进行掌控，比之从流动性方面的表征或其他方面方法应该更为灵敏，这对树脂制造商来说是有意义的，相当于是观察稳定性方面表现的一个放大镜。色度学对颜色的数据表征，有上百个体系。商业上更是可见有许多测色的体系。但聚甲醛作为乳白色半透明树脂，从老牌公司开始，习惯采用与美国 Hunterlab 公司的色度仪硬件对应的体系，和许多彩色测试体系不是一回事。

聚甲醛很容易因酸性添加剂的作用而发生热分解。因此，采用尼龙系的酸捕捉剂作为稳定剂成分是很有效的。双酚类位阻酚之外，国内开发过程中还使用过三嗪类助剂作为主抗氧剂。国内中试平台的产品，在高性能抗氧剂尚未能得到正式应用之前，除抗氧剂 1010 这样的品种也混用其中之外，曾通过粉末尼龙来改进树脂的表现。进口粉状均聚树脂中添加剂与粉状树脂的高浓度混合物是和纯粉体一起提供的。浓缩均聚粉体中的一种颗粒状添加剂据分析就是造粒状态的多元尼龙。热稳定性的问题在添加颜料的情况下会非常突出，尤其是添加酸性的颜料特别容易造成热分解。添加颜料（而非染料）是聚甲醛重要的着色手段，必须使用适合于聚甲醛的颜料品种。

（1）**变色问题**　研究成型品的变色问题，必须考虑注塑设备料筒内停留着的熔融树脂的温度和允许滞留时间的关系。于是就有了图 4-55（均聚）、图 4-56（共聚）这样的色变界限的提出。在该曲线上的点组成一个"限度"的集合，在各自的坐标上，无论是允许的停留时间值之下超过了允许的温度值，还是允许的温度下，停留时间超过了允许值，都要进入有色变危险的区域。比如由图 4-56 可知，200℃下树脂能够容许停留 60min。而在 230℃下，这个时间值就变成了 10min。而这个变色的限度界线会随着助剂配方等因素的变化而变化的。筒体内的停留时间，要由成型机的容量、一次注射的重量以及成型周期来决定。最好是参考这样的图形中的关系来进行设计。

耐热色变域的图形是因树脂而异的。图 4-56 是对应于标准品级共聚树脂的耐热色变域图形。

图 4-62 表示了均聚树脂由于滞留在筒体之内导致的黄度发生的变化。在内部特定区域滞留时，即便是在标准条件下成型也会发生分解。所以允许的滞留时间定为 20min 左右比较合适。在成型作业发生中断的情况下应切断电源，并采用以聚乙烯、聚苯乙烯等稳定的树脂进行清洗。除了颜料以外，添加剂甚至其它树脂（如聚氯乙烯）也会被混入而造成分解，所以对添加剂和再生塑料的使用要十分的小心。

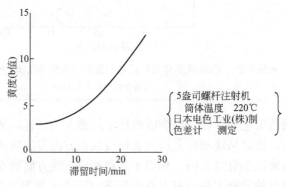

■图 4-62　均聚甲醛滞留时间与黄度变化的关系

(2) **聚合度的降低** 树脂的熔融黏度与树脂温度、筒体内的停留时间的关系，可以用高化式流变仪来测定。这是毛细管流变仪普及之前的一种仪器。图4-61就是这样的测定结果。可以看到，在较低的温度下，如图中的190℃及210℃线，即便是2h的滞留也不会导致较大的聚合度降低。而在230℃下，约60min时开始，已经能够看到聚合度的明显下降。

(3) **分解开始温度** 共聚树脂标准品级的DSC测定结果图形如图4-63所示。图4-64则是均聚树脂的曲线。比对这两张图可以看出，均聚树脂的熔融点温度比共聚甲醛高出8℃。分解温度低29℃。虽然均聚甲醛的热稳定性比共聚差，但是它的分解过程却拉得比较长。这是由于有较高的结晶度，延缓了受热分解的过程。当使用辐射引发聚合过程所得的聚合物样品进行测试的时候，这个过程拉得更长，因为辐照聚合原料是固态的结晶三聚甲醛，就使得聚合物的结晶结构更为规整，产生更为强烈的延缓作用。

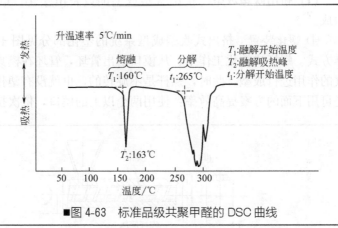

■图4-63 标准品级共聚甲醛的 DSC 曲线

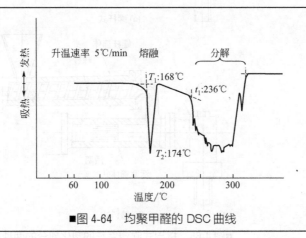

■图4-64 均聚甲醛的 DSC 曲线

4.3 聚甲醛的后加工

4.3.1 吹塑

　　食品与药品容器、双向拉伸瓶等制品多用吹塑制瓶工艺来制造。在汽车零部件、办公机械等工业用零部件制造的细分领域里面，也有吹塑成型工艺的使用。还有由管状坯料出发挤出空心板的吹塑成型方法，这些都使吹塑方法的利用范围有所扩大。聚甲醛的吹塑工艺有挤出吹塑和注射吹塑两种。

　　聚甲醛的熔融黏度特性是吹塑和挤出加工都要涉及的重要话题，有关内容将在挤出部分述及。

　　(1) 挤出吹塑成型　挤出吹塑成型的设备由塑化、口模、吹塑三部分组成。

　　① 塑化装置　挤出式吹塑成型系统的塑化部分见图 4-65，它有两种工作方式。螺杆式塑化工作中，从模口挤出管坯，管坯在模具里面由于压缩空气的作用进行成型，此时，螺杆是不旋转的，也就没有塑化过程的进行。于是可用下面的方案提高效率：使用两个以上的模口，依次挤出管坯；管坯达

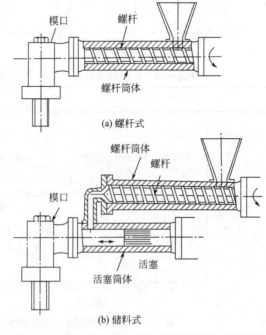

(a) 螺杆式

(b) 储料式

■图 4-65　挤出式吹塑系统的塑化部分的两种构型

到预定长度，就被切下，送达模具位置，进行吹塑成型；模具移动，送达管坯位置，进行相应作业；多个模口，不同工位，进行吹塑。储料式从缸体压出管坯，进行吹塑，适用较大的制品，品质也很稳定。

② 口模　口模的基本结构见图 4-66。管坯的厚度在圆周上必须均匀，主要是通过心轴和调整环的间隙的调整来实现。口模构造中一件重要的事情就是熔接缝的对策。这是螺杆供给熔融树脂时当熔体流过轴和支架这样的障碍时被分开，再合并流动起来所造成的。在瓶状物的长度方向上直径不同，瓶直径与管坯直径的比值（吹胀比）也不同。同样厚度的管坯成型结果可能得到厚度不同的瓶，管坯从下面出来时也会厚度不均一。为防止这样的情况出现，考虑到吹胀比，管坯的厚度可以部分地变更。图 4-67 是以心轴上下调节间隙调整管坯厚度的图解。

送入压缩空气的方法有上、下两种进入的方式，从与口模同轴的中空的心轴上方送入，或者把不与口模发生关系的中空心轴从管坯下方插入送气，见图 4-68。

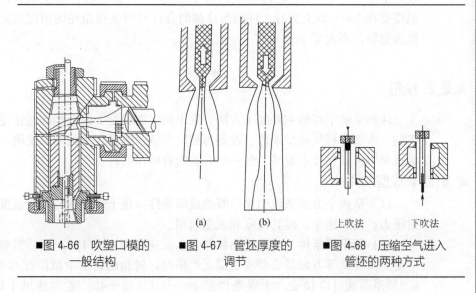

(a)　(b)　　　上吹法　　　下吹法

■图 4-66　吹塑口模的　　■图 4-67　管坯厚度的　　■图 4-68　压缩空气进入
　　　　一般结构　　　　　　　调节　　　　　　　　　管坯的两种方式

③ 管坯的性状　影响管坯性状的因素之一是熔融树脂的黏弹性行为特征。

(2) 注射吹塑成型　注射吹塑成型的过程见图 4-69 和图 4-70。

先用注射成型机成型出有底的瓶坯。再将瓶坯移动到成型模具里面去。然后就可以用压缩空气的吹入来赋形。聚甲醛的凝固速率非常快，而注射成型的管坯必须处于适于吹塑成型的状态中，所以条件范围是很窄的。这样模具结构等就是很关键的了。最终注射成型的管坯各处厚度如果差别太大的话，冷却速率会有较大的差别，这就会成为问题，于是厚度均一的原则就制约了成品的形状。

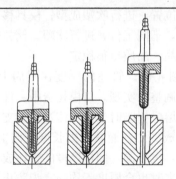

■图 4-69 注射吹塑的注射阶段：
有底管坯的注射成型

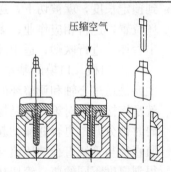

■图 4-70 注射吹塑过程的吹塑阶段：
将有底瓶坯在吹塑模具里面
吹制成为瓶状制品

注射成型条件之中最为重要的是模具温度。可以在吹塑工位上进行吹塑，可是必须在注射模具脱模没有困难的情况下成型管坯。为此型腔一侧的模具温度约为 160℃，芯部温度约为 150℃，应严密地进行温度调节，树脂温度要在 190℃ 以上为好。注射与冷却的合计时间要视瓶坯的情况而定，一般为数秒，不大于 10s。

4.3.2 注塑

注塑是聚甲醛的主要加工方法。聚甲醛注塑成型中的个性问题还是相当多的。本部分将从成型条件、设备与辅助设备、模具三方面加以说明，最后再就聚甲醛成型技术范畴的另一些有关内容略作展开。

4.3.2.1 成型条件

以下从六个方面来说明聚甲醛的成型条件：预干燥条件、树脂温度、注射压力、注射速率、模具温度和成型周期。

(1) 预干燥条件 成型用的粒料含水量应控制在 0.1％ 以下。当对于尺寸公差及外观等方面品质要求不那么严格时，树脂的含水量范围在 0.2％～0.3％ 范围就可以接受。干燥条件是 80～90℃，3～4h。若为热风干燥箱，则料层厚度控制在 25mm 以下。当前技术的主流是使用带热风鼓风机的料斗，热风风量及风温的调节能使粒料的温度达到 80～90℃，而粒料在料斗内的停留时间要不短于 3h，并须注意防止在带干燥器之料仓内由于气流短路而导致的干燥不充分问题的发生。

(2) 树脂温度 树脂温度过低就不可能得到十分好的物性。反之若温度过高，树脂就会发生变色及分解。共聚甲醛的熔融点是 165℃，要在稍稍高于理论上的熔融点的温度下来成型。考虑到与成型周期的关系及模具型腔内是不等温流动等因素，一般希望树脂温度处在 190～210℃；考虑到均聚甲醛的熔融点比共聚物要高出约 10℃ 以及热稳定性的问题，以 200～210℃ 为标准数值为好。

树脂温度与筒体温度的关系因成型机的构造以及成型工艺条件而有所变化。前者包括浇口直径、测温点设置位置、螺杆构造等。后者包括螺杆转速、背压、射出速率等。实践中是用不同的机器在这些条件的某种组合下测定树脂温度。在流入型腔的路径上，各个位置上树脂的温度（即经过进口、主流道、分流道等处时的温度）都是不同的。不可能都只用插在从射出口空打出来的熔融体上的温度计测出来的一个温度，来正确地代表。但是这个树脂温度的检测方法还是作为简便方法被广为采用。

此外这样的温度只是一种平均温度，型腔温度的空间分布也会影响成型制品的品质。

(3) 注射压力 注射压力对于树脂流动性、成品的收缩率、制品的物性影响都很大。此处给出的仅是一些要点：压力过高或过低都会使尺寸偏差加大。为了使得变形尽可能小，就有一个最适合的压力。用变换压力的方法可以改变变形，但若型腔压力过低冲击强度就会相应变低。聚甲醛一般使用600~1000MPa 的注射压力。

薄壁制品具有小的浇口，因此为获得较好的结果，使用较高压力就更是至关重要，可以采用超高压注射成型，能降低成型收缩率。还要考虑到脱模难易、模具变形等方面，故需推敲成型品的形状以及模具的构造。

(4) 注射速率 薄壁制品模具尺寸精度较高，还常会采用多型腔的模具设计方式。注射速率宜快些，而厚壁制品则有孔隙率的问题，流动痕迹也会成为问题，此时就应该采用较低的注射速率。一般来说，2~3mm 厚度一般要采用 1~2m/min 的速率来成型。而 5~6mm 及以上的厚壁制品的场合，就要采用约为 0.5~0.8m/min 的低速成型。

(5) 模具温度 决定模具温度，必须考虑对最终制品的物性及表面状态的要求以及使用过程之中的尺寸变化及成型周期等因素，标准的条件是60~80℃。在保证品质要达到镜面的场合，就要采取约120℃的高模温成型。而在需要保证长时间尺寸稳定性的场合，也要在120℃这样的高温模具里面成型，成型周期自然就会变长。考虑尺寸稳定性的时候，什么样的模具温度为好，在有关的诸项因素的权衡之中，应以后收缩问题为主要考虑来做决定。

模具温度问题的重要方面之一乃是温度的分布。对厚度均一的制品来说，均匀分布的模具温度是个大前提。可是形状复杂的制品往往各处厚度是不相同的，此时就要以主动改变温度分布的方式来满足对成型品品质的要求。初听上去这比较难于实现，温度在空间的分布均一叫做"均匀"性，在时间轴上的均一（稳定），则应该叫做"定常"性。通过相应措施，实际上是能做到型腔里某种温度分布的定常性的，那么就能想象，温度空间分布的不均匀，仍然是可能和可行的。

(6) 成型周期 若仅仅从提高产能考虑，当然就会采用尽可能短的成型周期。但决定成型周期时应把制品品质要求放在第一位。所以实践中，是按下面的顺序来对成型周期做标准的设置的。

① 注射时间　应该把注射时间与保压时间的合计时间定得比浇口封闭时间略长一些。这里所谓的浇口封闭时间就是成型品的重量成为一个定值的最短时间。若把制品的尺寸偏差或偏差率作为纵坐标，以实际时间占浇口封闭时间（即将其设为 100 时的相对时间）的分率为横坐标，那么拿不同时间点上所得到的制品的相应点的数据绘图，就得到一条下行曲线。可以想象得到：将保压时间计算在内的总注射时间比浇口封闭时间短的情况，尺寸偏差就大。因为在封闭之前，压力下的熔体还能补充进到模腔里面去，重量就会比此前得到的制品大。在这样的条件下成型，制品冲击强度不够之类的情况也会成为问题。可是不难理解，这样所得的品质如果没有达到成问题的程度，作为允许的、该项原则的例外情况，采用比浇口封闭时间为短的时间，也还是可以的。

② 冷却时间　若把螺杆旋转的时间即所谓（对下一周期的那些个制品而言的）塑化时间设定为冷却时间，那么由于在所谓"保压时间"内也在进行着冷却，所以直到这个时刻为止的一个合计的时间逝去，也就是当制品实际可以脱模的时候，冷却一般就已经足够。对于厚壁制品来说，因为有着变形等问题，所以有可能冷却时间就必须要比塑化时间更长些才行。应该理解，制品中心部位凝固所必需的时间是要使用不定常的传热计算式来进行计算的。把这样得到的时间数值拿来用作为冷却时间，才能算足够。不难想象，将中心部位凝固所需要的时间为纵坐标，制品厚度为横坐标，能够得到一根在原点附近起始的、上行的曲线，且温度高的，曲线尾部也会翘得高些。

③ 模具开闭时间　根据成型机的驱动方式和合模方式来决定。

④ 成品取出时间　要根据自动落下的方式或者机械手自动取出方式，金属内嵌件的置入方式等来决定。需要从生产技术的方方面面来综合地确定节律。

4.3.2.2　成型设备的构成

(1) 塑化机构　注射成型机的注射容量 Q 与一个注射动作的树脂重量 W 有下面的关系。

$$Q=(1.3\sim1.5)W$$

若注射容量过小，那么塑化不彻底的树脂也会送到模腔里面，于是制品就会有物性低下的问题。注射容量过大，缸内滞留时间会变得过长。易于发生热分解。由于聚甲醛是结晶性树脂，熔融潜热 39kcal/kg，所以塑化还需要不少热量。螺杆就是一般塑料所用的形状，没有特殊要求。

(2) 注射机构　能够用于聚甲醛的注射机构与一般塑料并无差别。但是在对尺寸、外观、流动性和脱模性比较严格的制品成型时，就要注意下面各方面的选项：对于厚壁制品，设备最好具有控制低速注射的可能性；对于薄壁制品，具有高速射出能力的机型比较适用；而当对于熔接缝问题、脱模不良等问题比较敏感的制品成型，则只有能够对射出速率进行程序控制的机器才比较合适。

(3) 喷嘴 喷嘴部分的温度对制品品质有一定的影响。故此处温度的控制至关重要。末端锁闭的结构，聚甲醛会在里面分解产生高压，在喷嘴打开时喷出气体造成危险。为减少材料损失，有时会使用长喷嘴和带电热保温的喷嘴。在使用前者的场合，温度调节至关重要。三类喷嘴结构对聚甲醛的适用性见表4-3。

■表4-3 三类喷嘴结构对聚甲醛的适用性

喷嘴形式	是否适用于聚甲醛
开放式喷嘴	最适合
针孔式喷嘴	适合但需要注意滞留问题
滑动式喷嘴	不适合

(4) 锁模机构 锁模力（t）P 与成型制品在纵轴方向上投影面积 S 有如下的关系：

$$P=(0.5～0.7)S$$

按结构分，合模机构有肘板式和直压式两类。据此式不难理解：若制品稍有放大，需要增加的合模力就会很大，需要改用很大的注塑机。正因为如此，将大尺寸制品搞成吹塑制品的理念曾经得到重视。这并不是聚甲醛一个品种如此，而是有普遍意义的原则。比如台式计算机刚刚出现的时候，通用电气公司的应用开发人员设计出的计算机桌，就把台面设计成空心板结构，以吹塑工艺制造。吹塑压力和注射机与投影面积成比例的合模力相比，数值小得多，实现的代价也小得多。

4.3.2.3 辅助设备

(1) 干燥机 聚甲醛一般不需要极其严密的预备干燥，而下面的几种情况必须要有预备干燥步骤：颜料含量较多的材料，特别是比较重视外观的情况；对模垢的发生特别在意，比如精密成型；复合材料，充填材料有吸湿性的场合。

可以用烘箱或料斗干燥机，聚甲醛干燥条件是 80～90℃，3～4h。或按此选择能力相应的机器。

(2) 模具温度控制系统 这是聚甲醛成型很重要的辅助机器之一。早期的（20 世纪 60～80 年代）国内成型厂鲜有采用者。所以当时加工厂里通常是要试注射许多模之后（需要十多模到二三十模），成品才能作为合格者收取下来。成型特别是试模，全是"手艺活"，全靠技术工人通过大量实践来摸索出工艺。

特别是对于精密成型、高速成型及注重外观的情况，模具温度控制器是很重要的。当聚甲醛成型作业中在模具内固化时，有结晶的熔融热释放，且需要迅速脱除。所以对于换热能力是有要求的。具体言之，聚甲醛对模具调温的设置有下面的要求：需要迅速加热升温，达到指定的温度；成型时释放热量较大，需要迅速除去。

模具调温系统有下表所列的多种方式。选择何种要视制品对品质的要求、作业的要求以及模具设计上的考虑等因素决定。聚甲醛模具温度因目的而定，在 40～120℃ 范围之内选择。标准的设定是 60～80℃，一般采用温水循环型。在精密成型和快速的成型中多用加压温水循环方式。模具加热及冷却系统的选择见表 4-4。

■表 4-4 模具加热及冷却系统

方式	对聚甲醛是否适用
加热板加热	不能够防止模具温度过高，可作辅助加热用
温水循环式	聚甲醛采用最多的方式，长时期使用需注意流路的除垢
加压温水循环	模具温度 90℃ 以上场合采用
加热油循环式	模具温度 90℃ 以上场合采用
冷水	需要在芯部或其它模具局部有防止加热的效果时
热管	小的物品的芯部，难以设置热媒流路时

一些核心部位或角落部位需要除去热量，作为调温的系统在使用加热流路的同时也可能需要在局部采用冷水冷却。

(3) 其它附属装置 聚甲醛的成型一般不需要特殊的附属装置。但是近三十多年来随着品级多样化、制品品质的提高及降低成本的要求，使用了一些特殊的辅助装置。

① 模内真空装置 脱气，达到防止缺量的注射的效果。
② 负压热媒系统 有在细小芯部冷却的效果。
③ 热流道 用于各种热流道成型装置。
④ 外嵌件成型系统 钣金自动装配线之类。
⑤ 后内嵌件系统 高频内嵌件等。
⑥ 模内浇口切断系统 使用振动冲断。

4.3.2.4 聚甲醛注射模具设计的若干特殊问题

(1) 关于模内主流道、流道和浇口 这里给出一些相关的设计原则。

① 模内主流道　聚甲醛是脱模性特别好的树脂，不需要特别考虑研磨的问题，但是要注意在脱模方向不要有死角。

② 流道　流道的作用是把注射系统的压力传导到各个型腔，使它们里面有相同的压力。为此流道的长度和直径以及它们的配置等问题都是重要的。

可参照图 4-71 中的三种方式。这些处理型腔距离的做法都是要使其中的压力相等，必要时利用再次的分叉。图中对于三维情况尚未清楚描述，实际还有成型机与模具的三维方向关系包括垂直于图面的方向。涉及水平主支流道和流道的细节不再赘述。可以用 CAE 进行设计的合理化，也可参考图 4-72 的关系进行流道长度的简单选择。该图中三个纵坐标点对应于三个标注的种类。

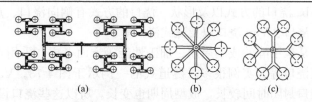

■图 4-71　流道的等距离配置原则

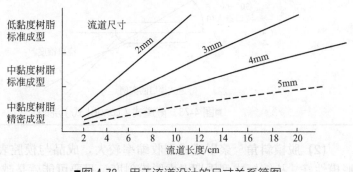

■图 4-72　用于流道设计的尺寸关系简图

流道截面为圆形时压力降 ΔP 按下式计算：

$$\Delta P = 8\eta LQ/(\pi R^4)$$

式中，η 为黏度；L 为流道长度；Q 为流速；R 为流道半径。

制品厚度大则可能发生缩孔，此时将流道加粗便能有效果，但此时材料消耗变大。由于成型周期也有变长趋势，于是细分支流道部分就也要相应设计得粗些。

③ 浇口　聚甲醛是流动性较好的材料，浇口设计上与其他树脂并无不同。

a. 浇口尺寸　侧浇口的场合考虑外观和强度，其厚度取成品厚度的

50%～70%为好。浇口的宽度一般取厚度的1～1.5倍。也可取到两倍。表4-5给出了标准的矩形浇口尺寸。

■表4-5 标准的矩形浇口尺寸

制品厚度 /mm	矩形浇口/mm		制品厚度 /mm	矩形浇口/mm	
	厚度	宽度		厚度	宽度
1	0.8～0.9	1.5～2	4	2.5～3.0	3.5～5
1.5	1～1.2	1.5～2	5	3.0～3.5	4.5～5.5
2	1.4～1.6	2～3	6	3.5～4.0	5～6.5
2.5	1.5～2.0	2～3.5	7	4.0～5.0	6～8
3	2.0～2.5	2.5～4	8	4.5～5.5	7～9

若论品质问题那么从成型周期及浇口清理方面来说是较小的浇口为好。例如在点浇口场合,制品的厚度3mm以下,较多使用直径0.8～1mm的浇口。根据情况,直径0.5～0.6mm也有使用。

b. 浇口的方式以及形状　浇口的方式有侧向浇口、点浇口、隧道浇口、Tab浇口、Van浇口以及碟式浇口等。

从聚甲醛的成型周期、加工性能等方面考虑,采用点浇口、侧向浇口、隧道浇口等的实例很多。隧道式的一例示于图4-73。Van浇口及碟式浇口的浇口封闭时间较长,成型周期也变长。所以这些浇口设置方式只是在厚壁制品成型时采用的较多。

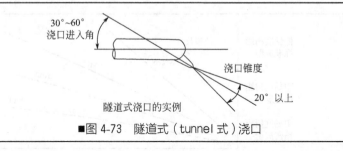

■图4-73　隧道式（tunnel式）浇口

(2) 脱模斜角　聚甲醛成型收缩率较大,成品与模腔表面的密合性低,脱模性好。从缩短成型周期考虑脱模斜度,只要可能就是越大越好,脱模问题不仅仅是脱模斜度的问题,下面一些问题也需要考虑。

① 要恰当地设计顶出的方式及顶出的位置。

② 不带侧向支撑的成型件要考虑采用能够平衡脱模的形状。

(3) 侧凹　从成型周期和脱模时的变形着眼,原则是没有侧凹为好。在撳压装配（snap fit）和压入装配（press fit）的场合下,侧凹常常是不能接受的。聚甲醛在圆筒状制品成型场合,侧凹必须控制在2%～3%之下。

图4-74中的四个黑色截面都是制品。可以看出上面两个制品内侧的环形凹槽和环形凸起,下面两个制品外侧的环形凸起和环形凹槽。这样的几何特征的共性就是制品如果为刚性的话,它是无法脱模的。依靠弹性和尺寸的控制,才可以通过少量形变来脱模。于是就有下面的建议。

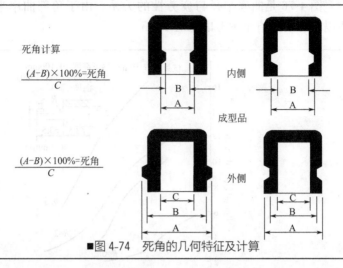

死角计算

$$\frac{(A-B)\times100\%}{C}=死角$$

内侧

成型品

$$\frac{(A-B)\times100\%}{C}=死角$$

外侧

■图 4-74　死角的几何特征及计算

① 死角（即前文中的"侧凹"，"死角"是相关公司样本中 undercut 的译法）部分必须能够自由伸张或压缩。也就是说死角反面的壁部必须在开始顶出以前离开模具或模芯。

② 死角必须为圆形或有好的弧度，以使得塑料成品能够容易滑过金属表面，并且能够在脱模的这个过程里减少应力集中的现象。

③ 顶出装置与制品的接触面积应该充分，以避免在脱模过程中顶杆进入制品损坏或在较薄之处塌陷。

④ 成型周期的选取须有助于得到最佳的顶出时机。

⑤ 杜邦均聚树脂的死角可以达到 5％，壁厚和直径对此有影响。

(4) 排气　为了防止产生模垢和注射不足，需要设置排气口。0.01～0.02mm 就可以。特别是在高速填充的场合，对于排气口设计需给以细心的注意。

(5) 角部曲率　图 4-75 是冲击强度与曲率半径的关系。成型品上有尖角的地方容易发生成型变形。施加外力时会成为应力集中处，故此容易成为破坏的原因。除尖角之外浇口等处的凹凸以及表面的凹凸都会成为应力集中的来源。

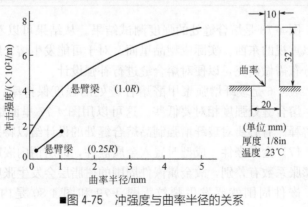

■图 4-75　冲强度与曲率半径的关系

图 4-76 是曲率半径与疲劳性的关系。由于角部曲率半径的影响很大，所以设计时此值至少考虑取值 1mm。

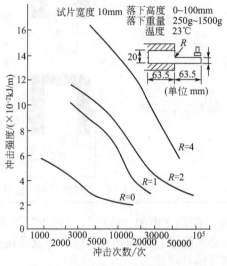

■图 4-76 曲率半径与疲劳性的关系

(6) 熔合缝 图 4-77 反映了来自不同方向的熔融体在模腔里面相遇而形成的熔合缝。玻纤反映了熔合缝的情况，熔合缝不仅仅是个外观不够好的问题，也能造成制品强度低。

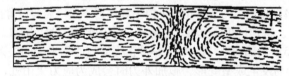

■图 4-77 试条熔合缝处的玻纤定向
(两端是浇口，中部有熔合缝，玻纤在此转向，图中未表示右端，此件是对称的)

图 4-78 是熔合缝处的强度测试结果。从结果可以看出熔合缝是个必须予以重视的东西。实际成型品里面，对于可能发生熔合缝的位置和厚度的变化分布需做研究，以便对熔合缝进行补强设计。

表 4-6 是玻纤增强聚甲醛熔合缝处的强度保持率。与非增强品级相比较，熔合缝处强度相对要低些。这可以用图 4-77 里面熔合缝处纤维的情况来解释。有必要对玻纤增强制品熔合缝处的设计给以特别关注。

(7) 金属嵌件 成型时置入金属嵌件，即所谓内嵌成型。金属与塑料的线膨胀系数有差别，故金属嵌件周围的树脂层会发生张应力。这个应力过大时，嵌件周围就要发生裂纹。图 4-79 和图 4-80 是内嵌件结合力的测定情况。

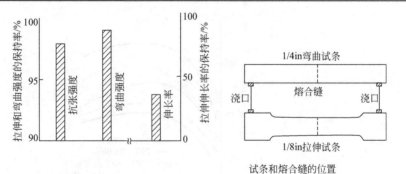

■图 4-78　熔合缝处的强度

■表 4-6　玻纤增强聚甲醛融合区强度保持率与成型条件

成型条件			融合处强度
模具温度/℃	注射压力/MPa	注射时间/s	保持率/%
60	80	30	39
80	60	30	39
80	80	30	39
80	100	30	41
100	80	30	41
80	80	6	38
80	80	50	38

注：试片厚度 3.2mm，宽度 12.7mm，长度 168mm，两端是浇口，在中央部发生融合，测定抗张强度。

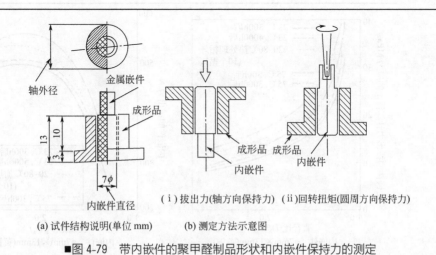

(a) 试件结构说明(单位 mm)　　　(b) 测定方法示意图

■图 4-79　带内嵌件的聚甲醛制品形状和内嵌件保持力的测定

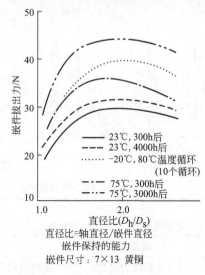

■图 4-80　没有滚花的嵌件的结合能力

① 嵌件周围的厚度比和拔出力、回转扭矩的关系是上凸曲线，在直径比 2.0 左右显现峰值（直径比实际上可称之厚度比。是圆柱体轴的塑料部分外径与嵌件直径的比例）。

② 热处理导致嵌件的拔出力和扭矩承受能力的上升，主要是因为热处理导致的收缩。

③ 表面的以某种类似滚花的手段增加附着力的措施能使保持力上升。

④ 嵌件周围的应力能从拔出力计算出来。得到图 4-81～图 4-83 这样的图形。

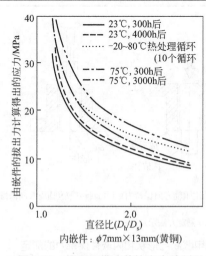

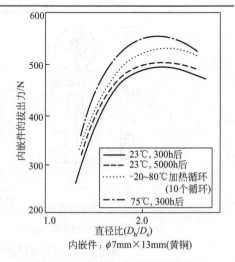

■图 4-81　使用不带滚花的内嵌件制品的应力-直径比关系

■图 4-82　滚花情况下的嵌件拔出力

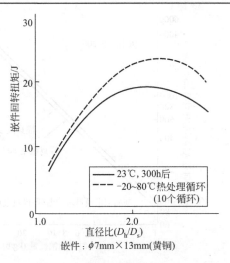

嵌件：$\phi 7mm \times 13mm$(黄铜)

■图 4-83　无滚花情况下的扭矩直径比关系

令 σ_{max} 为最大抗张应力，则有下面的关系：

$$\sigma_{max} = FW/\pi D_S L\mu$$

式中，F 是拔出力，N；$W = k^2 + 1/k^2 - 1$，其中 $k = D_h/D_s$ 称为直径比，代表了嵌件直径与塑料轴外径的比例，可看作是嵌件结构的一个几何指标；L 是嵌件的长度（cm）；μ 是摩擦系数，对于聚甲醛和黄铜之间来说为 0.15。

这项工作中未见嵌件周边有裂纹。设计实践中应该注意以下几点：锐边附近有应力集中；熔接缝是真实存在的；环境导致的热老化能使应力渐增。

(8) 模具温度调节的设计　模具温度影响制品强度、尺寸和外观，也会影响到变形和成型周期。作为结晶性树脂，制品最终的结晶度与模具温度关系很大。为了控制模具温度，通常使用商业上广泛出售的模具温度控制单元。但是在大量注塑机器集中一处的场合，通常是使用中央调温系统。在每台机器旁边有可快速装拆的管接头，便于模具的装拆。这个加热与冷却的量是需要根据热量的计算来选择的。

① 加热冷却的热量计算　每小时树脂消耗量与模具使用热量的关系见图 4-84。令每次注射的成型品重量为 w(g)。注射全周期时间是 t_a(s)。每小时的树脂消耗量 W(kg/h) 以下式计算：

$$W = 3.6(w/t_a)$$

模具的热量借助冷媒送到系统之外，所以问题就成为冷媒的数量问题。冷媒的出口与进口温度差是 2℃时，必要的最少流量见图 4-85。水和乙

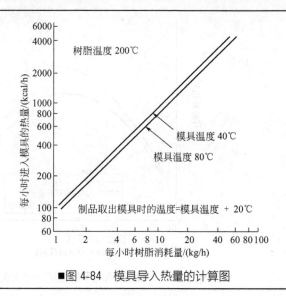

■图 4-84　模具导入热量的计算图

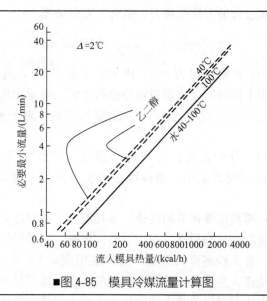

■图 4-85　模具冷媒流量计算图

二醇是常用的冷媒，后者也就是汽车里用的防冻液。它在水会结冰的温度区间里面还能输送，但是相同热量之下，所需水的流量较低。实际实施温度控制时对型腔的内表面温度还要考虑膜传热系数及温度分布这些因素。膜传热系数是反映了冷却壁面上热传递的难易，此值大则有较多的热量从冷却孔被拿走。图 4-86 分别是冷却孔径 8mm 和 12mm 场合下冷媒温度与膜传热系数的关系。冷媒种类、冷却液通路的直径及冷媒的流量都会导致膜传热系数的数值不同，这个数值还会受到管内的结垢、冷媒中的异物影响而发生劣化。

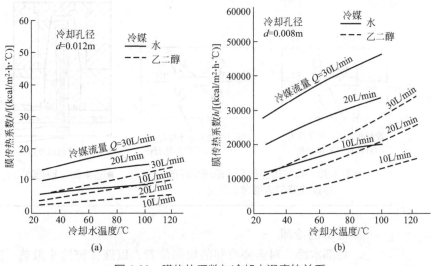

■图 4-86　膜传热系数与冷却水温度的关系

图 4-87 给出了冷却孔总传热面积与模具流入热量的关系。两组曲线的差别在于模温与冷却水的温差。对于冷却介质通行的图 4-88 上的孔来说，实线部分才是实际主要起作用的传热面积。还应看到同样的冷却孔，到型腔的距离仍是不同，出于此种考虑，设计时要把按图 4-87 得到的传热面积乘以 2~3 加以考虑为妥。

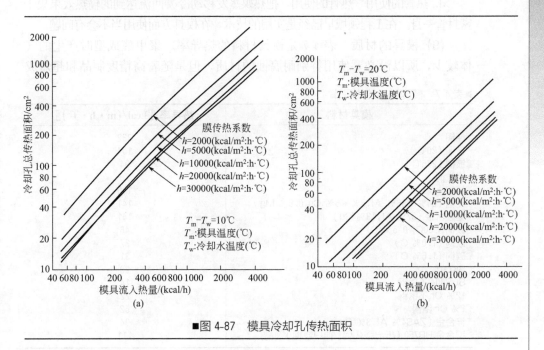

■图 4-87　模具冷却孔传热面积

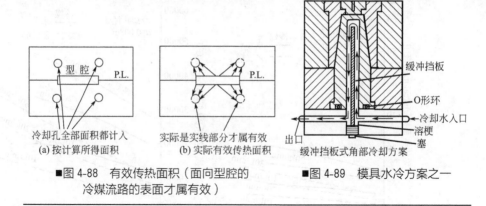

■图 4-88 有效传热面积（面向型腔的
冷媒流路的表面才属有效）

■图 4-89 模具水冷方案之一

② 芯部的冷却

a. 局部水冷　对需要冷却的局部位置，以液体流路来散热。图 4-89 是可用的一种结构。改变流向的缓冲挡板也可以用插入管的结构代替，对于点状目标，更为有效。

b. 空气冷却　直径极细、角部及针状之类情况无法设计冷却水路的场合，可在角部设置细孔以压缩空气冷却。

c. 使用导热性好的金属材料　角落部分直接采用铍铜合金这样的导热极好的材料制作。

d. 热管的使用　热管的使用，把热媒蒸发移动冷凝回流达到的输热效果集于密封管一身。在工程领域早已经是实用的技术，在模具方面使用当不会有问题。

(9) 模具的材质　表 4-7 是模具材料的热导率。聚甲醛成型时产生的气体较少，所以没必要使用特别耐腐蚀的质质。但是随着高精度制品和超短成

■表 4-7　模具材料的热导率

模具材料	热导率/[kcal/(m·h·℃)]
纯铜	332
铍铜（20℃）	104
铍铜（275℃）	94
铝青铜	70
纯铝	190
硬铝（94%～96% Al,3%～5% Cu,0.5% Mg）	141
铝硅合金（87% Al,13% Cu）	141
碳钢（S50C, 0.5% C）	46
碳钢（1.0% C）	37
碳钢（1.5% C）	31
SKD61	29
SUS304 不锈钢	14
12% Cr 不锈钢	22
1% Cr 铬钢	52
锌合金（ZAS4% Al,3% Cu）	94
铜合金 HR750（析出强化型，神户制钢）	111

注：1kcal/(m·h·℃)=1.163W/(m·K)。

型周期的成型渐渐多了起来，在模具的金属材质方面也开始较多考虑高硬度、耐磨耗的优质材料。短成型周期成型的模具冷却十分重要，铍铜合金等具有优良热传导率的材质也渐渐用得多起来。

(10) **成型条件的选定** 均聚甲醛和共聚甲醛在成型条件的选定方面有所不同。此处所说条件指预备干燥、树脂温度、注射压力、注射速率、模具温度、成型周期和几个特殊环节诸如更换材料、作业中断、分解清扫等。在前面的注塑成型条件章节中，对此已做叙述，此处只做一些补充性的说明。

① 预备干燥 聚甲醛吸湿性不强，包装袋开封后一般无需再做干燥。若是开封后长期放置的或者是回收流道浇口料再生所得并在高湿条件下保管过的，则做些预备干燥为好。参考图 4-90 中的干燥曲线，一般的成型，残存挥发分达到 0.1% 即可。对于特别在意模垢问题的情况，则干燥到残存挥发分在 0.1% 以下为好。干燥时间会受到干燥效率的影响，故应该根据具体情况掌握时间，具体做法相应段落已作介绍。

② 树脂温度 筒体温度和"树脂温度"不一致的情况是比较多的。比如中小型注射成型设备的树脂温度值在很多情况下比筒体设定温度高出 10～20℃。均聚甲醛和共聚甲醛的标准树脂温度分别是 200～210℃ 和 190～210℃，结晶熔点分别是 175℃ 和 165℃。操作中当结晶没有融解时就进行塑化成型，制品的物性必然很差，这是必须注意的。

③ 注射压力 注射压力与流动性、成型收缩率、缩孔、气孔等都有关系，故必须设定合适的压力。通常设在 50～100MPa。但是在主流道、流道和浇口的压力损失是不一样的，情况就变成根据制品所要求的压力得以达到的要求来设定成型机的注射压力。条状制品模具内的压力动态情况曲线见图 4-91，由此图可知制品的流动末端处的压力是逐渐降低的。

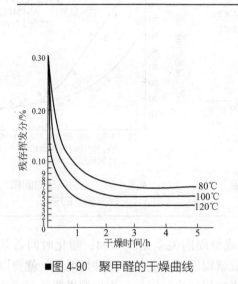

■图 4-90 聚甲醛的干燥曲线

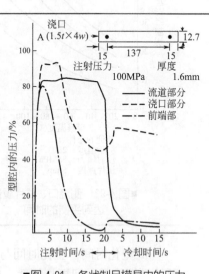

■图 4-91 条状制品模具内的压力动态情况（单位：mm）

④ 注射速率　在薄壁制品和多个型腔的制件成型时，要求制品尺寸精度较高，此时注射速率快些为好。反之，厚壁制品情况下则是较低的注射速率为好。因为此时容易发生喷射流。

⑤ 模具温度　聚甲醛的成型条件里面，模具温度的控制是最为重要的。通常模具温度标准的做法是 60~80℃。可是下面这样的场合则要设定 120℃ 才好：必须要有表面的光泽的场合；高温环境下使用并且尺寸稳定性十分重要的场合。

⑥ 成型周期　与成型条件之中的成型周期有关系的参数，包括注射时间、塑化时间、冷却时间等。

a. 注射时间和保压时间　根据成型机来设定时间时，方式各不相同，以下面的方式来考虑是比较好的。一般应满足下式：注射时间＋保压时间＞浇口封闭时间。

浇口封闭时间就是成型品达到一定重量的最短时间。符合这个条件的点的集合如图 4-92 所示的曲线。如果在浇口封闭之前结束保压，树脂就会从浇口里面逆流出来，尺寸和物性的偏差就会变大。图 4-93 表示了注射保压时间与尺寸偏差的关系。

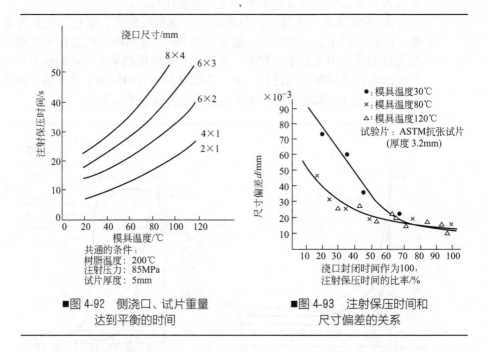

■图 4-92　侧浇口、试片重量达到平衡的时间
■图 4-93　注射保压时间和尺寸偏差的关系

b. 塑化时间　塑化时间与成型周期关系见图 4-94。塑化时间若是比必要的最短冷却时间更长的话，成型周期就会变长。这种情况下，就要以提高螺杆转速、使用较大的成型机来缩短塑化时间。根据成型机器的不同和复合动作的情况，在开模的时段还进行塑化的方式也可以采纳。

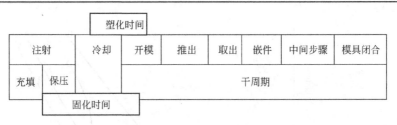

■图 4-94　成型周期的模型

c. 冷却时间　保压结束后，树脂在固化，成型品尚未变形，此时在最短时间内推出制品。冷却时间还受到制品厚度、脱模斜度、推出方式与位置、保压及模具温度等因素的影响。

图 4-95 是制品厚度、模具温度与中心凝固所需时间的关系。图 4-96 则给出了成型周期的推定值。成型周期，除上述成型条件外，还要受到模具、制品设计、成型机能力、所要求的品质等因素的影响。其他比如有无嵌件，自动化方式之类也是重要的条件。

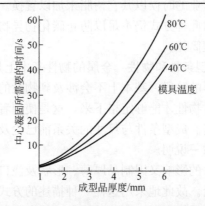

■图 4-95　制品厚度、模具温度与中心凝固所需时间的关系

⑦ 换料、中断作业和清理

a. 换料　将料筒中的非聚甲醛材料（比如在聚甲醛加工温度下会分解的树脂或是加工温度不同的树脂）交换成聚甲醛或反之，此时用来进行清洗的、中间的过渡材料应该是聚乙烯或聚苯乙烯。

b. 中断作业　筒体里面一直有树脂流动经过，为着在内壁面上做到完全清理干净，要将长时间运转后分解树脂形成的一层物质，慢慢地碳化掉。聚甲醛属于不易生成碳化层的树脂，但是长时间之后不可避免地要有所生成，碳化层在连续运转中不易剥离下来，但是作业终止时，会由于筒体温度下降而收缩发生剥离，重新进行作业时可能混进制品里，从而造成混入异物类型的质量问题。

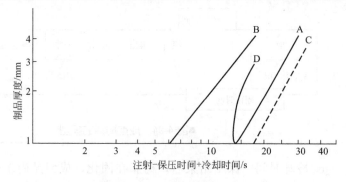

■图 4-96　成型周期的推定值

A——模具温度 80℃浇口厚度为制品厚度 70%，注射保压时间是 70%～80%浇口封闭时间

B——模具温度 40℃浇口厚度为制品厚度 50%，注射保压时间是 70%～80%浇口封闭时间

C——模具温度 80℃浇口厚度为制品厚度 70%精密成型，注射保压时间是 100%浇口封闭时间

D——模具温度 60℃浇口 $\phi0.8mm$(到 2mm)$\phi1mm$(3mm t)，注射保压时间是 80%浇口封闭时间

　　为了防止这样的异物的混入，作业停止时要将温度置于 150℃。并且最好能在停止作业的时候以其它树脂来加以置换。以聚乙烯或聚苯乙烯作为置换材料。在以此种方式仍不足以防止碳化物异物的混入时，就要以分解清扫的方式来处理简体。

　　(11) 成型条件和物性　金属的物性基本上是在冶炼环节就大体确定了，在此后的赋形的阶段，基本上不会涉及到物性的种种决定因素。而工程塑料则要在成型时物性才能够定格下来，这是使用者和加工者必须认识到的一项很基本的事实。成型条件与尺寸的关系前已论及，故仅需于此就成型条件与物性的关系做一说明。

　　成型条件的影响又因制品厚薄、形状及浇口设置情况而有所变化，较难做出一般定论。故此地采用这样一种描述的方式，就是先按照试条的实验结果对数据进行系统介绍，在此基础上，就实际制品的情况讨论的时候，再引入其它影响因素诸如品级、成型设备、模具、制品设计等加以补充。由于与一般影响的趋势情况有所不同的个案也是存在的，所以今后读者的实践中，对于此处所论及的变动关系，最好是在实际制品上试验验证之后再做认可。

　　a. 均聚甲醛　采用中黏度材料，以图 4-97 所示条件进行试验。对成型条件模具温度、简体温度、注射压力即保压压力、背压、注射时间、冷却时间等做出变动，评估物性的相应变化。实验的部分结果列于图 4-98～图 4-100。

　　从成型条件的三个方面来看，模温似乎是比较敏感的成型条件，相对而言注射压力能够产生的效应较弱。两个温度值对于伸长率的影响方向是相同的，幅度是相近的。

　　对背压、注射时间和冷却时间的影响试验同样地进行，结果表明背压的影响相当麻木，两个与温度有关的条件则有些关系。

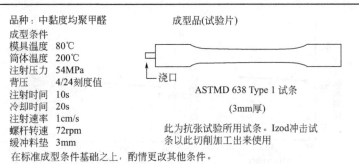

品种：中黏度均聚甲醛　　成型品(试验片)

成型条件

模具温度	80℃
筒体温度	200℃
注射压力	54MPa
背压	4/24刻度值
注射时间	10s
冷却时间	20s
注射速率	1cm/s
螺杆转速	72rpm
缓冲料垫	3mm

浇口

ASTMD 638 Type 1 试条

(3mm厚)

此为抗张试验所用试条。Izod冲击试条以此切削加工出来使用

在标准成型条件基础之上，酌情更改其他条件。

＊螺杆前进速率

■图 4-97　均聚甲醛的试样成型条件

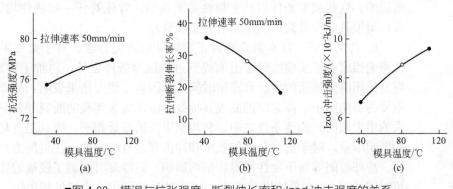

■图 4-98　模温与抗张强度、断裂伸长率和 Izod 冲击强度的关系

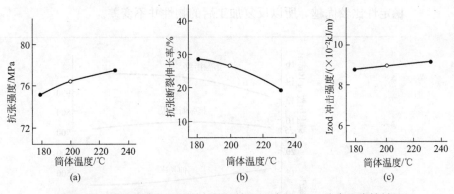

■图 4-99　筒体温度与断裂伸长率、抗张强度和 Izod 冲击强度的关系

可以从这几方面来表述均聚甲醛的情况：模具温度的影响相当大，模具温度高则促进了结晶的进行，此时抗张强度与冲击强度均变大，断裂伸长率则变小；料筒温度的影响不大，但是升高则有由热分解引起的黏度低下的问

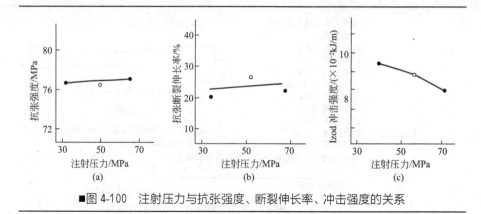

■图 4-100　注射压力与抗张强度、断裂伸长率、冲击强度的关系

题，使伸长率变小；注射压力、注射时间冷却时间对 Izod 冲击强度有一定的影响，这些成型条件对其它物性并无影响；背压对任一项物性均无影响。所以对模具温度及筒体温度须有妥善的管理。

b. 共聚甲醛　日本制造商以正交设计的研究方法，对于共聚甲醛的物性影响因素做了实验。除了上面提到过的成型条件之外，再加上材料品级、重复使用再生树脂的情况和滞留时间三个因素。研究结果表明：品级是最为重要的影响因子，高黏度的品级其抗张强度及抗张实验的断裂伸长率具有最大的增大倾向；成型条件之中，和均聚甲醛的场合相同，模具温度是最显著的影响因素，对于抗张及其伸长率和冲击都是有影响的；注射压力、注射速率、冷却时间等对于物性没有特别的影响，对冷却时间做了极端的处理（滞留时间 200s），未见特别的劣化；10 次的反复利用，也未见到劣化。

(12) 再生材料利用的问题　均聚甲醛再生次数与物性变化的关系见图 4-101。共聚甲醛的结果见图 4-102、图 4-103。由于整体来说共聚甲醛的热稳定性比较优越，所以反复加工后的物性并不变差。

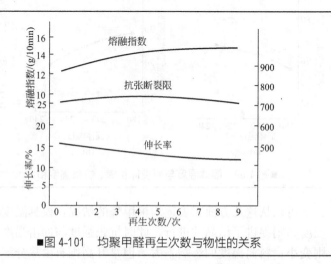

■图 4-101　均聚甲醛再生次数与物性的关系

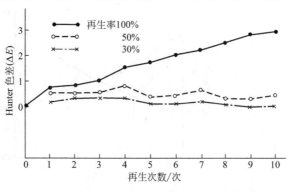

■图 4-102　共聚甲醛色差与再生次数的关系

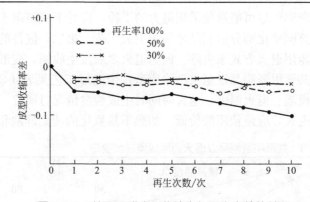

■图 4-103　共聚甲醛成型收缩率与再生次数的关系

　　对于再生材料的利用有下面一些注意点：通常的成型，可以拿 20％～30％再生材料与新材料混合使用，成型品的物性是稳定的；再生材料的混合比例必须按着色剂种类与数量、成型温度与滞留时间以及所要求的品质等加以调整变化，聚甲醛再生材料混入之后物性的变化首先是色相的变化，可以根据色相变化来大致地决定混合的比例；使用了再生材料之后易于混入异物而造成强度的下降，所以要注意再生材料的保管；使用粉体的时候螺杆的喂料会变差，这是由于堆密度变小体积变大，高精度成型的时候，宜再造粒一次，然后再使用为好。

　　25％玻纤含量的玻纤增强聚甲醛哑铃状试片长轴方向的成型收缩率及纤维长度与再生次数的关系见图 4-104，由于发生纤维的破碎，收缩率变大，强度也有所劣化。

　　(13) 退火　聚甲醛退火的目的主要是为了制品尺寸稳定，对于加工时残留较大变形的棒材制品，切削加工时会发生破裂，于是就需要进行退火。

　　在注塑的情况下，通常需要注意以下两点：第一，从生产方面来看，退火这样的步骤不是好的方法，在成型时要尽量调动模具温度及保压等手段来

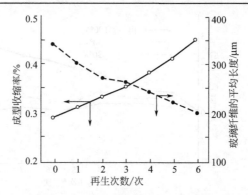

■图 4-104　25％玻纤含量的玻纤增强聚甲醛哑铃状试片长轴方向的成型
收缩率及纤维长度与再生次数的关系

减轻变形，尽可能避免采用退火的手段。设计上应该限于在厚壁制品或厚度有较急剧变化部分的制品才采用退火工艺。第二，嵌件的金属周边残留的变形不能用退火方式来去除。因为退火之后发生收缩，变形反而变大。

共聚甲醛制品以退火消除成型残余变形工艺见表 4-8，以盐酸浸渍法对不同模温、退火温度、退火时间时生成裂缝情况行研究。空气浴或油浴都可用于退火，应该使用酸价低、加热不易氧化的油如硅油和石蜡油等。

■表 4-8　共聚甲醛制品以退火消除成型残余变形

退火温度/℃	退火时间/min	模具温度/℃		
		30	80	120
80	10	×	×	×
	20	×	×	×
	40	×	×	0
	60	×	×	0
	120	×	×	0
	240	×	×	0
120	10	×	×	0
	20	×	×	0
	40	×	×	0
	60	×	×	0
	120	×	×	0
	240	×	×	0
150	10	×	×	0
	20	×	0	0
	40	0	0	0
	60	0	0	0
	120	0	0	0
	240	0	0	0

注：× 表示有裂缝，0 表示无裂缝。

以尺寸稳定为目的的退火，成型时应该尽量选用尺寸稳定的条件，以退火求稳定已是下策。为了尺寸稳定进行退火，应在比制品使用温度高出10～20℃的温度之下进行。通常是3～4h，使用热风循环干燥箱为多。退火后制品容易产生后收缩，应该注意以模具温度、退火温度来调整。

（14）成型缺陷的对策 聚甲醛成型的不良现象的原因及对策见表 4-9。这里的说法是一般的情况，对于高尺寸精度及高强度要求的场合，相应章节有所述及。

■表 4-9　聚甲醛成型的不良现象的原因及对策

不良现象	原　　因	对　　策
银纹	粒料中有水分 树脂过热分解 1. 筒体喷嘴局部高温 2. 筒体喷嘴有滞留	80～90℃干燥 3～4h 进行空打看熔融树脂的发泡状态 1. 降低温度消除过热 2. 清扫滞留部分用未滞留的树脂成型
变色	1. 树脂过热滞留时间过长 2. 随粒料卷入的空气无处逃逸	1. 检查筒体喷嘴有滞留的部分使用小容量注射机 2. 提高背压在料仓一侧脱气
局部变色乃至碳化	模具内脱气不充分 空气绝热压缩发热	模具结合面开出细缝状排气道
空洞及周围树脂碳化或银纹充填不全	模具内有树脂包裹空气继而发生绝热压缩	变更浇口位置使树脂能向各方向流动、修正芯部偏心或不均衡，降低注射速度
污点	异物及其它树脂的混入	清扫料仓、筒体和喷嘴，注意树脂储藏及投料进料仓的环节
暗褐色乃至黑色颗粒及小片混入	筒体内壁渐渐形成的由分解树脂构成的薄层剥离下来	筒体内壁清理
表面气孔及内部气泡	保压不充分凝固时收缩	延长保压时间。提高保压压力，防止喷嘴的热损失。扩大浇口。尽量减小厚度。在厚度大的部分设置浇口 设置料垫（cushion）
飞边	1. 合模力不足、注射压过高、注射速度过快 2. 模具磨耗	1. 加大合模力，降低注射压力及保压压力，降低注射速度 2. 更新模具
脱模不畅或脱模时变形	1. 需要加大脱模力 2. 模具与制品间发生负压 3. 对制品和模具之间密合部分脱模力作用不到 4. 脱模时制品尚未充分冷却	降低注射压力做出脱模的锥度 更好地打磨模具 安装消除模具内减压的装置 增加顶出销 降低模具温度 延长冷却时间
充填不足	1. 筒体温度过低流路冻结过早模具温度过低 2. 厚度过薄 3. 各型腔充填不均匀 4. 粒料供应不足	1. 提高筒体温度，扩大流路，升高模具温度，增加注射速率，做到模具内脱气良好 2. 增加厚度 3. 变更流路，确保各型腔的同时注入 4. 保证粒料供给

续表

不良现象	原 因	对 策
边缘部出现圆弧状条纹和麻点	1. 树脂温度低 2. 注射压力低 3. 注射速率慢	1. 提高树脂温度和喷嘴温度 2. 增大注射压力及保压压力 3. 高速注射
射流痕迹，浇口附近的模糊痕迹	先流入的冷却树脂在模具内在熔融树脂的推动下发生再次的移动	加大浇口 降低注射速率 变更浇口位置
流动痕迹	熔融物的流动反常 1. 制品截面的变化较剧烈 2. 尖锐的角部树脂流动反常	1. 不使截面积变化呈阶梯状，而是较为平滑 2. 将尖锐的角部加工成圆角
熔接缝	树脂会合时已冷却	提高树脂温度、模具温度，提高射速。扩大浇口
浇口附近的皱纹	保压未完成树脂温度已冷却掉	加大浇口
制品破损脆化	1. 喷嘴温度过低 2. 喷嘴与主流道通道套之间进入了冷树脂 3. 模温低，注射压过高以及厚度分布明显不均导致内部残留应力发生 4. 缺口效应 5. 过热分解 6. 混入异物	1. 提高喷嘴温度消除冷间隙 2. 防止喷嘴边沿的流涕样流体干扰 3. 调整注射压力和保压压力，厚度均一化 4. 模具的尖锐棱角部分倒圆角，注意浇口设计的修整防止飞边 5. 降低过热部位的温度 6. 筒体与喷嘴的清扫

(15) 模垢（MD） 模垢（MD）是附着于模具内壁上的污染物质。塑料成型，不论大小制品都有模垢的存在。

模垢会造成制品成型时尺寸精度变坏；型腔表面变粗糙，表面外观恶化，造成脱模不良；排气孔闭塞，气体的逃逸恶化，发生注射不足等问题。在湿度较大的环境里，模垢容易使模具发生腐蚀。模垢附着的地方主要是筋部和突出部的尖端部分，齿轮的齿顶，熔接缝等部位。

模垢产生的原因主要有以下两方面：第一，聚甲醛所含的添加剂在成型时释放出来发生附着，特别是润滑的品级、强化充填的品级等这种倾向较强；第二，成型时甲醛在模具表面再聚合，生成低聚甲醛，成为白色的蜡状物附着上去，特别是聚甲醛容易分解，添加添加剂及颜料的场合以及成型时预备干燥不足的场合容易发生此类情况。实际生产中常常两种现象同时发生。

为了减少模垢产生，在模具及制品的设计可采取以下对策。

① 预测树脂的流动状态、流动末端、融合部等，以求正确地设置排气孔。利用一切结构可能性如剖分面、突出的销钉来让气体逃逸。

② 就制品形状来说，厚度变化的分布、浇口位置的考虑，只要有可能就设计得能把气体尽量多地排出。

③ 尽可能在温和的成型条件下成型，在此原则下对于厚度分布及浇口的位置及数量等做合适的设计。

在成型条件方面需要考虑下面几点。第一，正确地进行预备干燥，对减少模垢的发生较为有效；使得筒体内温度尽量低、停留时间尽可能短，也有利于减少模垢的发生。第二，模垢产生与模温有关存在着两种倾向，就生成低聚甲醛的问题来说，模具温度低就较难生成；就添加剂释放出来的问题而言，模温高则就难以以模垢形态积蓄起来，必须就模具温度问题，按模垢发生状况进行判断。第三，为了方便气体逃逸，注射速率以慢些为好。

已有模垢附着的场合，用下面的方法来除去：用来溶解低聚甲醛的溶剂有苯甲醇、六氟异丙醇等，强效但处置较为繁复；过度附着的场合可以用不会伤及材料的竹、铜、黄铜等制成的刮拭工具来去除模垢。

虽有这一些对策，但是重要的还是少出模垢的产品品牌的开发。各家制造商中有下述的这类针对性举措。

① 开发低分子物和未反应甲醛含量较少的制造工艺。

② 开发热稳定化的反应工艺过程。

③ 开发低模垢的材料品级，宝理系列的 M9044 就是著名的 9004 对应的抗模垢品级。为了和廉价的国产品牌抗衡，现在又推出了新的系列成员。

4.3.3 挤出成型

和主流的注塑产品相比，挤出成型产品至今还是消费量较少的应用方面。聚甲醛的熔融黏度特性和收缩特性曾使其挤出成型有相当的难度。但这些技术问题现在已经不再是产品总量增长的主要障碍了，近年国外聚甲醛挤出材的绝对量有上升势头。

4.3.3.1 聚甲醛的挤出特性

(1) **熔融黏度** 熔融黏度对于挤出机的螺杆、模口以及树脂在模口的成型过程中的行为来说是十分重要的特性之一。塑料是黏弹性体，故有熔融黏性及熔融弹性的问题。在成型的过程中后者的特性是相当重要的。

用毛细管流变仪来测定聚甲醛温度、压力与熔融黏度的关系，结果示于图 4-105 和图 4-106。对于聚甲醛来说，高压毛细管流变仪是十分必要的能提供有效表征的硬件。图 4-105 和图 4-106 中给出了聚甲醛三个典型熔融指数树脂的流变曲线。可以看出它们与温度的依赖关系的差别不大，与高密度聚乙烯类似。可是就压力的依赖性而言，挤出规格的曲线很平，而吹塑级的聚甲醛的压力关系较之另两根聚甲醛的曲线，变得较斜（也就是黏度对压力比较敏感了）。从制造工艺来说，吹塑规格共聚甲醛不是单靠提高分子量来降低熔融指数，而是改变了成分。使得大分子产生了少许的交联，这就提高了熔融体的刚性，便于进行吹塑。从图 4-106 上的熔融黏度-压力关系曲线可以看出，曲线形态上与熔融指数略高的树脂产生较大不同。对压力的敏感性提高正是吹塑工艺所需要的。压力大时黏度变低，形态上更像通常拿来吹制瓶子的聚乙烯。熔融黏度的压力依赖性的描述方法还有一个，就是在熔融指数仪上测定荷重数值为标准荷重十倍（21.6kg）时的 10min 压出量与熔融指数值（荷重 2.16kg），其比值 $10X/1X$ 的数值可作为压力依赖性的参照。

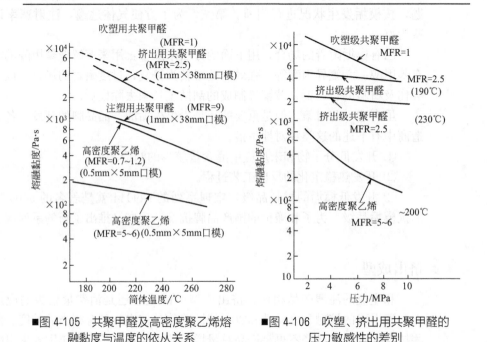

■图 4-105　共聚甲醛及高密度聚乙烯熔融黏度与温度的依从关系　　■图 4-106　吹塑、挤出用共聚甲醛的压力敏感性的差别

　　在牛顿流动的场合，$10X/1X$ 成为 10，聚甲醛和聚碳酸酯这个值是 15～20，它们具有近乎牛顿流动的特性。

　　表 4-10 列出这个数值。聚乙烯的 $10X/1X$ 值非常大，达到 60～90。也就是说熔融黏度的压力依赖性很大。这样的 $10X/1X$ 与巴鲁斯（Barus）氏效应的现象相关。所谓巴鲁斯氏效应就是指受压的熔融塑料从孔或狭缝里压出的时候，熔融体的直径和厚度比孔直径或缝宽要大的现象，它与熔融塑料的压缩特性有关，有时作为"熔体膨胀"来表述。熔融黏度高并且巴鲁斯效应强的材料，从挤出机的模口流出的熔融物较难牵引。因此从这点出发，和作为挤出用品级使用的、聚合度较高的树脂相比，吹塑成型用的品级比较易于赋形。模口设计螺杆设计中要用到剪切应力和剪切速率的关系，见图 4-107。

■表 4-10　不同塑料熔融流动指数的压力依赖性

树　　脂	荷　　重		10X/1X
	2. 16kg	21. 6kg	
共聚甲醛（MFR=2.5）	2.6	47.4	18.2
高密度聚乙烯	5.7	323.9	56.8
高密度聚乙烯	0.9	77.8	86.4
低密度聚乙烯	0.3	17.4	58.0
聚碳酸酯	3.1	50	16.1

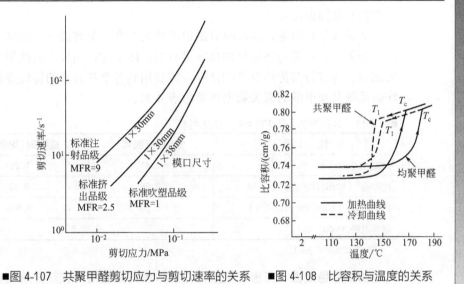

■图 4-107　共聚甲醛剪切应力与剪切速率的关系　　■图 4-108　比容积与温度的关系

剪切应力变大，剪切速率也就是流出量要变大。流出量达到某个值后挤出物的表面起皱，表面变得粗糙。这个允许的剪切应力数值是树脂的熔融黏度特性，与口模形状等因素有依赖关系。

高压毛细管流变仪挤出熔融高分子时，大部分高分子材料当剪切应力在 10^4 MPa 以上时能在表面见到粗化的异常现象，此时图 4-107 中的剪切应力与剪切速率的关系曲线成为不连续的，这个现象叫做熔体破裂。若是在挤出机头，就能看见料条变得有鳞片状表面。对于挤出成型，熔融黏度特性、巴鲁斯效应（熔融弹性，压缩性）和熔体破裂这些信息都是很必要的。

（2）熔融凝固特性　图 4-108 是比容积与温度的关系。共聚甲醛的熔点是 167℃，凝固温度 143℃，两者差为 24℃。一到凝固温度就开始结晶，发生急剧的容积变化，这个变化非常之迅速。这些都与聚甲醛挤出成型时的赋形过程有较大关系。

结晶部分的比容积 0.66cm³/g，非结晶部分则为 0.80cm³/g，差别不小。这是容积变化大的原因所在。190℃熔融体凝固，冷却 20℃，若不使产生应力，那么就约有 17％的容积收缩。挤出的制品的断面上如果有几何上的偏心分布，其间收缩率就会产生差别，挤出制品因此就会发生变形。就开车调试中的厚度调整而言，比之非结晶性塑料的场合，就需要更加用心，其道理就在于此。由于容积的变化大，在厚度大的位置熔融树脂的供应若跟不上就要产生缩孔。

由于凝固速率快，当内部还是熔融状态的时候，外部就先固化了，内里就会产生缩孔。用 T 形口模制造挤出板材时辊子表面温度不够高就不易得到品质好的挤出材，也是这个道理。

考虑到熔融树脂凝固时要发生成型变形，为除去成型变形而选用的退火温度将与凝固温度有关。

结晶性塑料熔融，凝固时有融解潜热的存在。融解潜热与熔融树脂温度的上升无关，后者与挤出机加热容量有关，冷却时在须导出的热量中占有很大比重。为进行与传热有关的计算，需要用到各个热方面的特性数据。标准注射品级共聚甲醛的有关数据可参考表 4-11。

■表 4-11　共聚甲醛 （MFR＝9） 的热性质

性　　质	常温时 (固体)	成型时 (熔融体)
密度 / (g/cm³)	1.41	1.20
比热容 / [kcal/(kg · ℃)]	0.35	0.63
传热系数 / [kcal/(m · h · ℃)]	0.20	0.098
融解潜热 /(kcal/kg)	39.0	

注：1kcal＝4186J。

(3) 热稳定性　在螺杆里塑化，在口模内定型的时候热分解变色都会成为问题。在挤出工程中之所以会有这种问题，与死角的存在有关。树脂在死角的停留时间会变长，这会发生在大直径元材和板材的中心位置。比如说，与通常会考虑到的时间内的热稳定性相比，在更长时间里热分解造成的减重、聚合度下降及变色等方面都会更成问题。于是就有必要研究长时间的热稳定性。

与物性劣化相比，变色问题首先只是外观问题。就聚甲醛而言，先是考虑一般稳定剂之类原因的变色。还有就是和注射模具中生成的模垢一样的模垢问题。

4.3.3.2 挤出机

螺杆型式是挤出机选用中需要注意的问题。挤出型材一般是用单螺杆挤出机。由于螺杆构型与挤出量、挤出量的稳定性、塑化的均匀程度关系密切，所以挤出机的型式十分重要。

现在螺杆的型式有许多种，有多种差别极大的结构。而对于经典形式来说，螺距和槽深也有各种做法。对于聚甲醛来说，一般是要用固定螺距的、进料段和计量段做成不同槽深的全螺旋形式螺杆。要像尼龙那样，希望它具有较短的压缩段。例如仅 1~2 个螺距的急压缩段，或是 3~4 个螺距的准急压缩段。挤出特性与螺旋的槽深、压缩比、长径比、压缩部的长度和计量段的长度等因素有关。

(1) **螺旋的槽深**　挤出成型制品的形状、挤出速率等都是不得不要考虑的，对一般的直径而言，按表4-12关系去决定计量段的槽深。

■表4-12　螺杆计量段槽深　　　　　　　　　　　　　　　　　　单位：mm

螺杆直径	30	40	50	60	90
计量段槽深	1.8	2.0	2.2	2.5	3.2

(2) **压缩比**　注射成型机的螺杆压缩比约为2左右。材料混配时可以用各种双螺杆挤出机或是压缩比为3.5～4的单螺杆挤出机来挤出，型材挤出一般则要用3.5～4的压缩比。挤出速率高的场合，槽深小而压缩比又不大的话，就不可能达到均匀的塑化。

(3) **螺杆长径比**　普通螺杆的长径比L/D为20～25。因目的而定，有时也用长径比特别大的螺杆。如果是排气式挤出机，总长径比就用得要大些。至于计量段的长径比，从挤出量的稳定性考虑，以偏大些较好。

(4) **螺杆形状与挤出量**　牛顿流动的场合，挤出量Q有下面的关系：

$$Q = \alpha N - \beta(\Delta P/\mu) - \gamma(\Delta P/\mu)$$

这里α、β、γ都是螺杆的形状系数。N是转数，ΔP是口模内的压力，μ是树脂的熔融黏度。挤出量与螺杆的回转数成比例。等式右边的第二项对应于螺杆的螺旋槽内的逆流；右边第三项对应于螺脊（即螺旋顶部）与筒体内壁之间的间隙里面的逆流。若此两项变多，挤出量就变少。像从该关系式能够看出的那样，当压力较高、黏度较低时，这些逆流就增多。螺杆形状与挤出量当然也有关联。此外向着料斗一侧的逆流增多的话熔融体就会流向进料器，而当筒体温度过低时，熔融体就会在此凝固。于是挤出量就发生波动，最终螺槽会发生堵塞。对于这个反流来说，熔融黏度是一个较为次要的影响因素。就螺杆的扭矩问题来说，黏度低些是有利的。在电机相同的情况下，低黏度树脂比高黏度度树脂，挤出量会多些。而就黏度的压力依赖性而言，压力使得黏度变小，同一台电机之下挤出量就要变大。反过来说，相同的挤出量，当加工压力依赖性大的树脂的时候，较小的电机就能胜任。

(5) **筒体的温度设定**　一般来说粒料的堆积流动性良好，所以进入性能良好，所以料斗一侧设定温度要低些。进入压缩段要开始熔融，所以需设定在高于熔点的温度之下。在计量段为了把熔融体温度弄得均匀一些，要设定在比熔点高出20～30℃的温度。不过当螺杆内发生如上所述的逆流，挤出量不稳定的时候，就要把料斗一侧的温度提高到熔点以上，此时把筒体前端的温度略微向下设定些为好。这样的设定对低黏度品级常常是更为有效。

4.3.3.3　板材挤出

聚甲醛以图4-109所示流程进行板材的挤出与成型。关键是口模设计要保证板材的厚度均一，针对较高的结晶速度给辊子表面一个合适的温度设定。

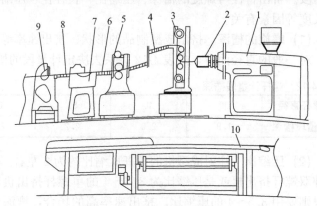

■图 4-109　板材挤出一般流程

1—挤出机；2—口模；3—光轧辊；4—输送及冷却；5—牵引辊；6—输送辊；

7—裁边；8—输送辊；9—切断机；10—制品收集

(1) 口模　板材成型用的口模，有多种形式：鱼尾式、T 形集流槽口模、衣架式口模和螺旋式口模等。

① 鱼尾式口模　图 4-110 是工作原理的图示，鱼尾状的模腔形状在中部提供较大的阻力，向着两端部逐渐变小。如此处理设计，目的是得到横向上流量均一从而厚度均一的板材。

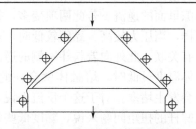

■图 4-110　鱼尾式口模工作原理

② T 形集流槽口模　如图 4-111 所示，挤出机里的熔融树脂首先进入集流槽。由于口模唇部阻力较大，熔融树脂充满，压力上升，然后在口模唇部一侧流出。用节流杆调节宽度方向上的挤出量分布，以此来达到厚度均一的目的。

③ 架式口模　如图 4-112 所示，为着板材厚度均一，流到衣架形状的集流槽的熔融树脂在扇形部分被调节着流量，最终到达了口模的唇部。将衣架式口模，T 形集流式口模和鱼尾式口模组合的方式也可以考虑。这种形状的口模在聚氯乙烯上用得很好。

④ 口模唇部的开启量　从口模挤出的熔融状态的板材在收取辊上凝固、成型，此时收取速率比挤出速率快些，就会在收取方向上有所延伸。成为厚

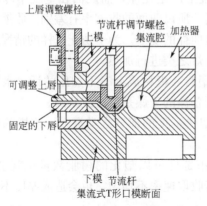

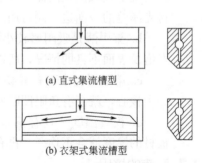

■图 4-111　集流式 T 形口模结构示意图　　　■图 4-112　衣架式口模的结构概念

度比口模的唇部开启量为薄的板材。例如当使用口模的唇部开度 3mm 以上的口模，可以成型厚度 1mm 或 0.5mm 的板材。可是这种场合在挤出方向上延伸的倍率是不同的。延伸倍率大的时候，在挤出方向与与此成直角的方向上的各向异性变大，这是加工时板材破损之类问题的主因。因此以厚度 1mm 的场合为例，口模唇部开启度约为 1.2mm（最大 1.5mm）为好。

(2) 收集辊　收集辊是直径 15～20cm 的三个辊子或者直径 50～60cm 大辊一个，见图 4-113 和图 4-114。

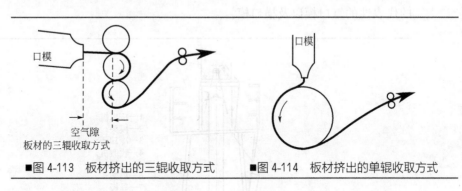

■图 4-113　板材挤出的三辊收取方式　　　■图 4-114　板材挤出的单辊收取方式

① 辊子表面温度　聚甲醛的结晶速率较快，若辊子表面温度低，被挤出的熔融状态的板材接触到辊时，立即凝固收缩不能够成为较好的板材。为此辊子表面温度应调至 130～135℃，最低 125℃。为此辊子应用高温油或蒸汽之类进行加热。必须要在辊子全长上把温度控制在一定的水平上，表面温度偏低则板材表面光泽会变得不均匀。

② 空气隙　聚甲醛既具有上述的熔融黏度特性，为了防止向下挤出时发生厚度的不均一，空气隙需要足够小，挤出机模口熔融板材接触到辊子之前的距离要做到尽可能短。

③ 提高板材品质的方法

a. 接触到辊的板材在高温辊上产生光泽，而反面在空气中冷却故光泽不好。板材两面的冷却速率不同，所以两面的收缩率有差别。收缩率相对大些的辊子接触面在内侧会发生弯曲样的变形。为了防止这样的情况发生，板材光泽差的一面这一侧可用红外灯之类进行加热。

b. 聚甲醛是吸潮率较小的塑料，板材成型时不加压的话，水分会引起发泡及表面不良的情况，所以预备性的干燥是不可或缺的。

c. 熔融树脂中若有异物或塑化不良的部分之类混入，这样的东西成为一个核心，就会有鱼眼凹陷发生。

d. 模具温度一旦有偏差，用螺杆可以塑化的树脂数量也就会有偏差，板材的厚度就会不均一。再有若收取速率不均匀，也会造成厚度不均匀。

4.3.3.4 膜的挤出

板材的挤出使用的衣架式等口模也能用于 0.5mm 以下薄膜的制造。可以选择口模唇部开度，从膜的厚度及延伸倍率来定制形状。

薄膜的加工方法，一种是以上述方式挤出所得的板材以双轴拉伸的方法得到膜的过程，另一种是吹膜法。经济的和规模的方法当属以衣架式口模为代表的 T 形口模法及以吹膜法为代表的方法。吹膜法制备聚甲醛薄膜，可以用与加工聚烯烃和聚酰胺等树脂一样的设备来进行，而螺杆的形状则使用聚甲醛使用的形式。

作为参考，图 4-115，图 4-116 分别是吹膜法薄膜加工装置及其中所用的代表性的直口模以及横口模。

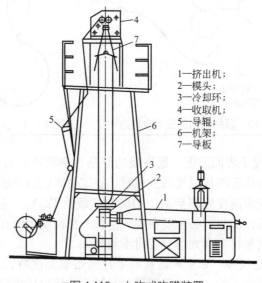

1—挤出机；
2—模头；
3—冷却环；
4—收取机；
5—导辊；
6—机架；
7—导板

■图 4-115 上吹式吹膜装置

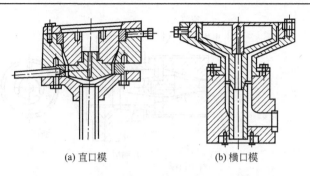

(a) 直口模   (b) 横口模

■图 4-116 聚甲醛薄膜制造用的两种吹膜用口模

聚甲醛结晶度较大、结晶速度快，所以通常不透明。而厚度薄且又以急冷条件制膜时，就能够得到透明的薄膜。使用图 4-117 中的急冷装置可以用急冷法把聚甲醛加工成透明膜。

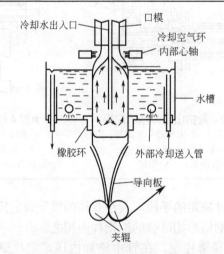

■图 4-117 下吹急冷吹膜装置

4.3.3.5 小直径管的挤出

管的挤出，按直径及管壁厚度有不同的成型方法。此处所谓小直径管，指外径 5mm 左右，壁厚 1.0~1.5mm 的管子。

(1) 口模 大小直径的管子口模的构造原理相同。有直口模、横向头口模和旁路口模三大类（图 4-118~图 4-120）。

小尺寸管挤出时管内压力若与大气压相同则形状不保，大尺寸管冷却定型面须与管外表面密合，也必须有带压力空气导入。

小口径管一般是使用直口模，模孔直径 9~10mm。口模直径与制品直径比一般约为 2。

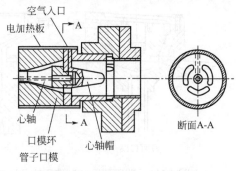

■图 4-118 管挤出用直型口模

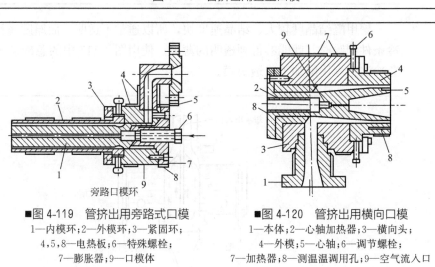

■图 4-119 管挤出用旁路式口模
1—内模环；2—外模环；3—紧固环；
4,5,8—电热板；6—特殊螺栓；
7—膨胀器；9—口模体

■图 4-120 管挤出用横向口模
1—本体；2—心轴加热器；3—横向头；
4—外模；5—心轴；6—调节螺栓；
7—加热器；8—测温温调用孔；9—空气流入口

（2）**尺寸决定的手段**　大小直径的管子确定尺寸的方法各种各样，应按与挤出制品的情形相适合的原则择而用之。

a. 按外径来控制，在管中施加内压，定尺赋形模口的内面与其密合，以此来赋形。

b. 同样按外径控制，但是是以定尺口模的真空使管子的外表面与口模的内表面密合，以此赋形。

c. 孔内使用挡板，以此方式控制外径。

d. 心轴进入管内以此控制内径。小口径管的尺寸控制见图 4-121。这种赋形的做法要点如下。控制尺寸的孔板，厚度在 3mm 以下较好。要不使水从此处泄漏出来。直径则基于对于收缩问题的考虑，例如直径 5mm 的管子，孔取 5.3mm 为好。熔融状态的管子在经过此地决定尺寸时，赋形的孔的内表面与管子一脱离接触水就会泄漏出来，于是就按此控制挤出速度和收取速度。赋形板孔一接触到熔融状态的管子，管子表面就要变得粗糙。水槽长度宜短不宜长，约两米合适。空气隙以短为好。一般取 30～50mm。

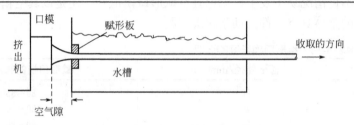

■图 4-121　小口径管的尺寸控制

　　e. 挤管品质的改善　小直径管的问题首先是圆度问题。聚甲醛成型收缩率较大，而其变化是依厚度而变。若厚度不均匀则收缩率也就不均匀，圆度也就变差了，也就是说关键在于厚度均匀性的控制。

　　管子表面普遍粗糙的情形，在塑化不均匀时较容易发生。而塑化不均匀的时候可以见到挤出机的出口处熔融树脂一般是不透明的。如果在长度方向上，管子表面于同一个位置上发生连续缺陷的话，那说明板孔的内面有部分的接触。原因可能是挤出机内的死角处的分解。直径变化的比例偏大则在挤出方向上定向严重。管子将变得易于被压扁。

4.3.3.6 大直径管的挤出

　　与小口径管并无大的差别，但是由于厚度等原因，赋形的做法有不同之处，见图 4-122。

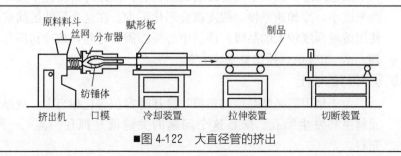

■图 4-122　大直径管的挤出

　　(1) 口模　与小口径管的挤出相同，直口模和旁路口模用得较多。

　　(2) 赋形方式　外径 20~60mm、厚度 3~4mm 的管子，外径的控制方式是在管内加压进行一般的控制。为使孔的内面与管子密合，使用较低的压力时管子表面的平滑性较好，也能比收缩率大的时候有更好的圆度，内压则以 0.25~0.3MPa 为好；由于管内为赋形而存在较高内压，挤出机口模与赋形的口模之间设了空气隙，于是管子有可能破裂，所以两个口模之间要用隔热材料密切地插入；收缩率根据挤出条件而变动，上述尺寸条件之下，管子的收缩率约 3.5%~4%，亦即外径 20.0mm、40.0mm 赋形孔的内径按 4% 取，成为 20.8mm 和 41.6mm；赋形口模的长度与挤出速率、口模内的摩擦阻抗等因素有关，大致按表 4-13 来取；若赋形口模内压太低，则上述不良情况易于发生。无论真空赋形口模也好，还是以真空箱方式实现冷却槽的整体真空，都无助于解决问题。

■表 4-13　赋形口模长度的选取

管子外径/mm	赋形口模的长度/mm
20	30～35
40	50～55
60	80～85

4.3.3.7 细元材的挤出

(1) 直径 3.5mm 左右的小直径元材　小直径元材成型的关键是棒材（线材）中心缩孔问题的解决。由于直径小，不用赋形的口模，以赋形板的方式来控制尺寸。对于线材制造来说冷却水槽的温度已不是关键，熔融状态的细棒（线材）一进入水槽表面马上就生成固化层，而其中心部位仍为熔融状态。冷却的进行之中，在中心部位的熔融树脂马上就靠到固化层上发生凝固，而中心就生成了缩孔。为了降低冷却槽里面的凝固速率，一般使用甘油浴或者乙二醇浴，浴温为 125～130℃。槽的长度与与挤出速率有关系，在此温度之下直到中心部分凝固槽内的制品得以保持正常。前述的直径比仍是 2，就是说为得到 3.5mm 的细棒，开孔是 7mm。

(2) 直径 7～8mm 的元材　前面的直径区间里，不用特殊的化学品丙三醇或乙二醇，而以空气冷却的做法也有，但此时挤出速率慢，而聚甲醛熔融强度小，冷却速率慢，圆度就会恶化不少。在这个尺寸区间挤出成型，须使用熔融强度较大的品级。棒材中心凝固需要时间，故冷却部分长度要提高到 5m，相应地直径比要变成 1.5。

4.3.3.8 棒材的挤出

由于聚甲醛是结晶性的塑料，冷却时容积变化相当大，故厚壁板和粗的元材极易发生缩孔。防止这个问题的关键就是抓住一点——冷却中的补充料。

(1) 粗圆棒内的凝固情况　定型口模中的熔融树脂在内壁上冷却凝固是向着中心部位进展的，在压力作用下，缓缓地前进着。从图 4-123 可看出这个过程，熔融部分是一个圆锥形区域。固化层厚度较薄时在内压作用之下，会发生破损，也就是说要必须是充分固化了的，耐得住相应压力的固体层才可以被推出。里面的锥角对于共聚甲醛来说大约是 16°。

(2) 尺寸控制方式　从图 4-124 中可见，为使凝固而减少的容积得到补充，要在离开水槽的位置上用制动作用来提供背压，如此才能够得到没有缩孔的元材。内表面与元材之间存在着摩擦力，其大小根据定型口模的长度与元材的直径、挤出量等情况来决定，较长的定型口模有可能使摩擦力过大。

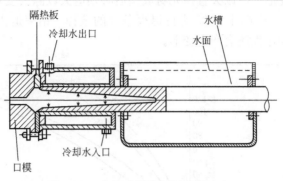

■图 4-123　定型口模内的树脂状态变化

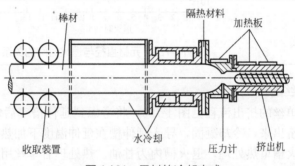

■图 4-124　元材的冷却方式

关于元材芯部凝固时间的影响因素，有这样的一个关系式：

$$t = 7.7R^2(T_S + 252)/(316 - T_C)$$

式中　　t——凝固时间，min；

　　　　T_S——元材初期温度；℉；

　　　　R——元材的半径，in；

　　　　T_C——模具温度，℉。

在元材初温 180℃，模温 30℃ 条件下，求得下面的结果：元材直径分别为 20mm、50mm、100mm、150mm 时，凝固时间分别为 3.3min、20min、81min、183min。由此可知随直径变大所需要的凝固时间将急剧增大。例如 150mm 的元材需要 3h，这个温度和时间树脂已经发生变色了。

凝固时间和挤出量决定之后，就可以计算出口模长度。例如直径 20mm 的元材挤出速率 2kg/h，3.3min 通过口模，口模长度约 310mm。生产时若挤出量变少，可以设置多个较短的口模。

(3) 退火　元材加工出来后要发生变形，或者说在残余应力存在之下发生应变，在机械切削加工之后就要发生裂缝以致破坏，总之切削之后的制品会有变形。所以大直径元材成型后必须退火以除去变形，退火温度为 145～150℃。参考图 4-125 进行退火条件的选择。结束退火时必须缓慢冷却，否则冷却过程还会产生变形。

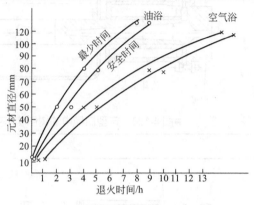

■图 4-125 元材直径与退火时间的关系

4.3.3.9 单丝的挤出

单丝的挤出流程见图 4-126，将考虑到延伸倍率后定下粗细的单丝从挤出机挤出来，冷却凝固，导入延伸槽在延伸温度下加热延伸。延伸结束的丝在退火槽里热处理，退火槽内为甘油。热处理后单丝用水洗，以绕线管为单位收集起来。

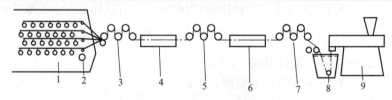

■图 4-126 单丝的挤出流程

1—收取装置；2—碎丝收集辊；3—第三辊架；4—热处理槽；
5—第二辊架；6—延伸槽；7—第一辊架；
8—冷却槽；9—挤出机

(1) 口模 聚甲醛单丝成型用的口模如图 4-127 所示。经过与挤出机轴线成 90°的喷嘴进行挤出。共聚甲醛经孔径 3.5mm 的喷嘴制作出 0.5mm 的单丝。口模上有很多个孔，单丝粗细偏差的主要原因之一是由这些孔流出的流量偏差。每个孔的流路要能够同样地被加热，这在设计中十分重要。鱼雷体的端部像个子弹头，流路到此成为环形的沟；然后是一块带环形分布小孔的孔板，截面上正好显示出两个孔，就是喷嘴。

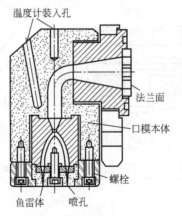

温度计装入孔

法兰面

口模本体

螺栓

鱼雷体　喷孔

■图 4-127　聚甲醛单丝成型用的口模

　　(2) **冷却槽**　喷嘴的孔径约 3.5mm，以水急冷容易造成缩孔，这在延伸的时候会成为问题，用水较难达到消灭缩孔的结果，甘油浴温度 80～100℃较为合适。

　　(3) **延伸槽**　延伸温度与塑料的玻璃化转变温度和熔点有关，温度过低则不能均一地延伸，温度过高则延伸倍率过大使得强度和弹性难以提高。共聚甲醛是在 145～155℃的甘油浴中，得到 6～9 倍的延伸，延伸槽的长度以 2m 左右为好，这样的条件之下，得到的单丝直径约 0.5mm。延伸倍率的变化是以延伸槽前后的导丝轮的圆周速率的比率的变化来实现的。

　　(4) **退火槽**　延伸的单丝里面残留着应变所以需要退火。调整退火槽前后的导丝轮的速率，使得单丝前行中上面的张力不受影响。退火槽长度 1m 左右为好，也和延伸槽一样使用甘油浴。

　　(5) **水洗槽**　为了在洗净后把单丝收取在线锭上，退火之后单丝要通过水洗槽。

4.3.3.10　线缆包覆

　　使用挤出机给电线表面加上可塑性的被覆层的过程称之为线缆包覆。图 4-128 和图 4-129 给出了口模的结构概念。聚甲醛并不被用来作为电线表面包覆材料使用，只是采用这项工艺，用在其它一些场合，比如记号笔的笔芯。在挤出专题里面已经述及，具体来说这个截面是齿轮状，多股合并成一根就构成很多的毛细管通道供墨水流通。对这个一束细丝的包覆，就是使用电缆包覆的工艺。又如汽车压力油路的管道就是聚甲醛细管挤出成型工艺制造的，而其表面则要用线缆包覆工艺再上一层聚丙烯之类的包覆层。此外为改进单根或多根金属线的表面摩擦特性，会用表面涂布工艺进行聚甲醛的包覆。此时金属与聚甲醛之间的密切附着就成为一个问题，而使用低黏度聚甲醛和口模涂布方式就是一个较好的解决方案。

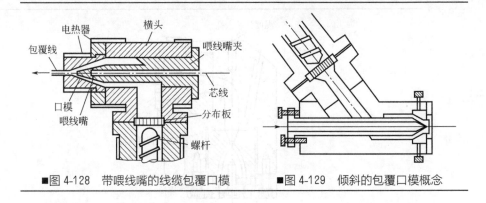

■图 4-128　带喂线嘴的线缆包覆口模　　　■图 4-129　倾斜的包覆口模概念

4.4 聚甲醛树脂的二次加工

关于聚甲醛的二次加工性能，首先需举出这个品种在这方面的三个特殊之处。

①由于大分子上缺少亲水或亲油的结构，常规的印刷、涂装和化学处理都不易进行，涂装类的二次加工就需要有专门的表面处理步骤。②超声波、摩擦或加热之类物理结合较容易进行。③机械加工性能十分优良，聚甲醛易于以传统的机加工手段来处置。

4.4.1 表面装饰

4.4.1.1 涂装

聚甲醛耐溶剂性能好，不含亲水性结构，所以它与一般商业涂料及印刷油墨之类的结合很差，难以使用常规的装饰和标识工艺。一般概念下的涂装作业，制品表面的预先处理是不可缺少的，比如使用酸腐蚀或特殊的预涂涂料的方法。

（1）表面处理

a. 预涂涂料处理　涂布特殊涂料后，以一定的温度和时间处理，以形成一定厚度的预涂膜，这种方式需要注意特定温度带来的变形及收缩等问题。日本"关西ペィント"出产的专用预涂涂料和稀释剂以一比一用量配合，以喷涂方式涂装，热处理过程条件是 $135℃±5℃$，30min，硬化时间19min。形成的膜厚为 $10\sim15\mu m$，需注意制品加热时是有热收缩的。

b. 酸腐蚀法处理　共聚甲醛酸洗条件见表 4-14。此时要注意衣物皮肤的腐蚀问题。同时由于酸处理后有微裂纹的存在，还要进行退火处理。可以参照为了其它目的而进行退火的条件实施。

■表 4-14　共聚甲醛酸洗条件

重铬酸混合液酸洗	无机混酸酸洗法
液体组成（质量分数）：98% 硫酸（精制）78%~83%	液体组成（质量分数）：98% 硫酸（精制）46.1%
重铬酸钾 3%~5%	36% 盐酸 4.3%
水 19%~12%	水 49.6%
酸洗时间室温 10~15s	酸洗时间室温 5~7min

(2) **主涂层涂料**　主涂层涂料不同的树脂类涂料，比如邻苯二甲酸树脂涂料、蜜胺醇酸树脂涂料、聚氨酯类涂料、甲基丙烯酸甲酯涂料和硝酸纤维素漆。

(3) **表面保护性涂层**　对金属型涂料来说，还常要施以通常做涂膜保护用的外层涂料，一般采用硬质表面所用的透明外层涂料。

(4) **涂膜性能**　涂膜性能评价的方式与涂料行业的一般做法一致。要从初期性能（包括致密性和涂膜硬度）、耐久性（包括耐磨耗性、耐温水性、耐热性和热周期处理后的外观及致密度变化）、耐药品性（包括耐油性、耐涂膜保护蜡性、耐酸性、耐碱性、耐挥发油性）三大方面去评价。

4.4.1.2 印刷

一般印刷方法主要有丝网印刷和含浸印刷。聚甲醛涉及的印刷方法则包括表面涂料印刷和含浸印刷。

为了使油墨的致密性良好，制品表面宜做下述几种之中的一种处理：火焰处理、等离子体处理、电晕放电处理。

用以上的高能处理方式，制品的表面产生了亲水性的基团 COOH，改善了附着性。适合共聚甲醛印刷的油墨实例见表 4-15。

■表 4-15　适合共聚甲醛印刷的油墨实例

编号	油墨类型	日本编号油墨实例	热处理
1	环氧基料　热硬化型	マーケム 7224	150℃/30min
2	环氧基料　热硬化型	マーケム 7204	120℃/40min
3	改性聚氨酯　双（液）组分硬化型	タンボR'	150℃/20min
4	环氧基料　双（液）组分硬化型	SS-25-000 系列	70℃/10~20min
5	甲基丙烯酸甲酯基料　自然干燥型	マーケム 8850	常温干燥 再130℃/30min

对于表 4-15 所列的三家日本厂商供应的油墨，以丝网印刷工艺及含浸印刷工艺涂装后的实际考核分成六个项目，包括玻璃胶带黏压后急剧剥离、刮擦实验、耐候性、耐醇性、耐洗涤性和耐碱性。

含浸印刷可以用盖印章的过程来比喻，见图 4-130。在聚甲醛的含

浸印刷中使用升华性分散染料作为特殊油墨，它在制品里面浸透到
$10\mu m$ 的深度处，适于对耐磨耗性有要求的应用。某些电子电气用途的
硬件要印刷文字在外部，要求耐久性好的印刷技术，以电晕放电方式来
进行前处理。

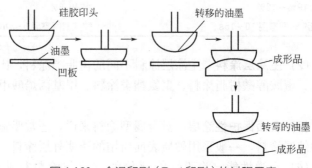

■图 4-130　含浸印刷（Pad 印刷）的过程示意

　　含浸印刷有热转印法和直接法两种。前者的原理是升华性分散染料制造
的油墨从转印纸上经过一定时间热压（160℃，0.1MPa）转移到聚甲醛制品
上。应该说是油墨中的染料浸透到树脂中去（图 4-131）。直接法则是使用
特殊油墨用丝网法或是含浸法直接印刷，然后热处理150℃，5min，染料升
华渗透实现了印刷。直接法的工艺过程见图 4-132。热处理后印刷面残留的
油墨用三氯乙烷之类溶剂洗净。

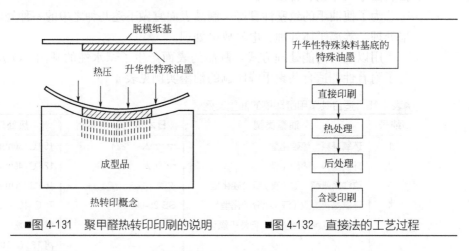

■图 4-131　聚甲醛热转印印刷的说明　　　■图 4-132　直接法的工艺过程

4.4.1.3 热打印

　　聚甲醛的热打印和其它品种的塑料如聚苯乙烯、ABS 等相比较，条件
范围较窄，要注意两点：转移膜的选定和转移条件（热板温度、加压力、加
压时间等）。国外市场上聚甲醛使用的代表性的热打印用箔有多种产品和不
同颜色，见表 4-16。也可查到相应的环境试验效果数据。

色调	制造商			
	アドミラル	高桥箔粉	ジィ・アイ・ティ	クルシ
金	246R			
银	719EQ，719A	PC-446		
白	25827R，25827R	ND-4000		PO-911，ZR-911
青	6051R，C-52Y		FA-3	
红	3651R，56Y			
黑	1051R，69Y			PO-912
黄	2540R，69Y			ZR-913

4.4.1.4 染色

聚甲醛没有表面活性，所以不能够像尼龙那样进行自由的染色。曾为此开发了专门的分散染料和均染促染助剂。在需要颜色的场合，用颜料而非染料进行的色料或色母料施色是更为广泛的做法，各公司也都有色料与色母料的供应。另外在此再介绍一种与颜色有关的技术，对于由鲜明两色组成的、有磨耗发生的带图案或字样的按钮类制品，比如汽车仪表板上的某些开关，为了达到黑白分明的图案不因磨损而消失，会用极其复杂的双色模具来两次注射形成有深度的双色结构。对于没有精密成型可能性的材料，这种工艺是谈不上的。

4.4.1.5 电镀

(1) 电镀原理　聚甲醛电镀的基本原理和 ABS 树脂的电镀一样，要先进行成型品表面的粗化，然后以还原触媒的黏着来进行化学电镀。再以此时得到的金属化层为电极来进行电气电镀。成型品的表面粗化，在 ABS 的场合，是橡胶粒子的分解溶出；而在聚甲醛的场合，是利用了球晶与非晶区域在耐药品性上的差异，侵蚀掉表面上没有生成球晶的部分。制品内部发育着大的球晶，接近表层的球晶尺寸较小，或者说表层附近球晶的发育不全，与模具表面直接接触的表面层存在着见不到球晶的层次。这样的结构上的差异，是在熔融的聚甲醛冷却过程中生成的。

为了得到镀层较好的电镀制品，关键是制品表层附近的球晶结构的控制。看不见球晶的那一层要尽量地薄，不完全球晶要达到最表层附近。这样对制品进行腐蚀时，就能够得到结合力好的粗化表面，这个分层结构的模式见图 4-133。内部的较大球晶是相当发达的。接近表层则球晶尺寸开始变小。最终接近表层的位置球晶的发育相当不完全。与模具直接接触的表面层则是完全不见球晶的一层。

为得到对球晶的控制，有必要从成型条件和材料两个方面进行考虑。

① 成型条件　以较高的模具温度、减少冷却时间来促进结晶化，使表层附近也能生成球晶。模具温度控制在大约 110～130℃，模具温度较高时，成型周期变长，对于电镀件来说表面外观十分重要，对于带来具有特殊光泽的外观这样的目的而言，这是必要的。

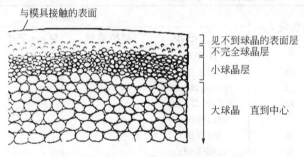

与模具接触的表面

见不到球晶的表面层
不完全球晶层

小球晶层

大球晶 直到中心

■图 4-133 聚甲醛制品断面构造的模式

② 材料 加快结晶化的速率，与共聚甲醛相比，均聚甲醛更容易制得良好的电镀制品。均聚树脂的电镀用品级的组成配方适合于将粗化表面的晶粒尺度控制在适度的范围里。

(2) 均聚甲醛的电镀作业 其标准的条件示于表 4-17。

■表 4-17 均聚甲醛电镀标准条件

编号	工序		处理液	处理条件		目的
				温度/℃	时间/min	
1	退火		—	150	30~60	除去成型后的残余应力
2	以碱脱脂		水性脱脂碱液	60~70	10	洗净
3	酸洗腐蚀		硫酸磷酸混合液	40	适宜（5~10）	表面活化、生成附着的着力点
4	中和	不水洗	3%（质量分数）氢氧化钠溶液	30	数秒	停止酸腐蚀
5	热水洗		热水 pH8~9	80	5	长期维持物性
6	催化剂		市售品	30	4	提供触媒
7	增速剂		4%盐酸溶液	30	4	使触媒活化
8	化学镀镀镍		碱性化学镀镍液	35	适宜（5~15）	提供导电性
9	电镀		—	—	—	表面装饰

均聚甲醛电镀的实际工艺过程，有这样一些步骤：热风退火、碱性脱脂液脱脂、特殊配方液体腐蚀、以苛性钠与温水洗涤中和、以 ABS 专用药剂涂布触媒、以 ABS 专用药剂活性化、化学电镀镍、铜镍铬电气电镀。表 4-17 中，除了中和与热水洗两步之后不进行水洗外，每步工序之后都要水洗。

由于铜会影响电镀制品的长期耐热性，促进聚甲醛的劣化，所以化学镀使用镍而不使用铜。较适合的腐蚀时间，要根据成型品表层的厚度而作变化。腐蚀时间会影响到电镀产品的镀层附着力和光泽，腐蚀时间和附着力的关系显示极值，故不能腐蚀过久，曲线示于图 4-134。

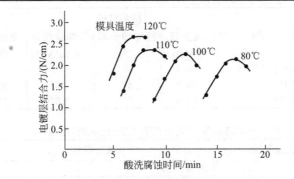

■图 4-134　聚甲醛电镀时镀层附着力与酸洗腐蚀时间的关系

(3) 电镀品的性能及用途　聚甲醛的电镀制品具有良好的力学强度、刚性和耐热性。表 4-18 给出了均聚甲醛电镀制品一般物性。

■表 4-18　均聚甲醛电镀制品的一般物性

物性项目	ASTM 方法	电镀品	电镀前参考值
抗张强度/MPa	D638	64	64
伸长率/%	D638	3	14
弯曲强度/MPa	D790	148	110
弯曲弹性系数/$\times 10^4$MPa	D790	1.35	4
Izod 带缺口冲击值/(kJ/m^2)	D256	4	5
热变形温度（1.86MPa）/℃	D648	173	139

(4) 干式电镀　干式电镀有溅射和真空沉积法两种，一般是洗净制品的表面做基底涂层，在其上形成的金属膜就作为表层。但是对于聚甲醛，若以通常的方式作业，基底层的密合程度是不好的。和涂装的场合相同，为了在聚甲醛的表面进行活性化不得不实施前处理，前处理包括预处理剂处理和酸处理两个方式。

预处理剂处理是先用丙酮或是三氯乙烯对制品进行脱脂，再用预处理液进行涂装。然后进行 15min 常温的干燥，再进行基底涂料的涂装。

酸处理法的做法是先对制品进行退火，条件为 145～150℃，60min；继而用丙酮或三氯乙烯脱脂；然后是酸洗腐蚀，使用无机混合酸洗液，25℃，5～10min；中和用 10％的氢氧化钠，25℃，约 5min；然后是温水水洗，15～20min；80℃干燥，10min。基底涂料涂装，也是藤仓化成公司 Exp1245。涂装后 120℃干燥，60min。溅射靶材可以是铬镍铁或者镍铬，3～500A。表层涂料涂装藤仓化成的 Exp1380。干燥条件是 80℃，60min。

共聚甲醛溅射加工后的物性见表 4-19。

共聚甲醛溅射方式干法电镀制品检验的性能指标值示于表 4-20。

■表 4-19　共聚甲醛溅射加工后的物性

制　　品	抗张特性			弯曲特性	
	抗张强度 /MPa	拉伸伸长率 /%	拉伸弹性系数 /$\times 10^3$ MPa	屈服应力 /MPa	弯曲弹性系数 /$\times 10^3$ MPa
未进行溅射加工的制品	63.3	66	2.77	94.5	2.73
单面处理制品	63.9	62	2.87	92.7	2.67
双面处理制品	63.9	57	2.87	99.4	2.89

■表 4-20　溅射法共聚甲醛干式电镀制品的检验结果

试验项目	试验条件	外观	密合性
外观	裂缝、白化、平直	○	
初期密合性	横向刮擦		○
耐热性	80℃,5h	○	○
	80℃,500h	○	○
	80℃,1000h	○	○
耐温水性	40℃,240h 浸渍	○	○
耐湿性	40℃,98% RH,150h	○	○
	40℃,98% RH,240h	○	○
耐碱性	0.1mol/L NaOH 室温 24h 浸渍	○	○
耐酸性	0.1 mol/L H_2SO_4 室温 24h 浸渍	○	○
耐油性（发动机油）	室温 24h 浸渍	○	○
耐溶剂性（沥青清洁剂）	室温 24h 浸渍	○	○
耐油性（汽油）	室温 24h 浸渍	○	○
耐油脂性（润滑脂）	室温 24h 浸渍	○	○
耐油性（刹车油）	室温 24h 浸渍	○	○
对周期热处理的耐受性	-30℃,7.5h; 室温,0.5h; 80℃, 15h 四个周期	○	○
耐候性	人工气候老化箱500h	○	○
	1000h	○	○
表面硬度	铅笔硬度试验	H~2H	
耐磨耗性	平面滑动，宽棉布＃40，200g 荷重 3 万次	不露出基质	

注：○为外观良好，密合性横向刮擦试验（酸处理法）。

为了真空沉积法的实施，在以和溅射工艺相同的前处理之后，以常规方法实施基底层涂覆、真空沉积和表层涂覆即可。

4.4.2　连结与结合

在其他工程塑料品种的后加工题目之下，可能不必有这个话题。对于在机械结构上有广泛用途的聚甲醛，这个话题是必须有的。

连接或者说结合，它的方法有化学的、物理的和机械的三种方式。

化学的结合一般使用溶剂与黏合剂，但是聚甲醛有着优良的耐溶剂性，使用溶剂不行。黏合剂结合由于表面的亲和性较差，所以不能够指望有多高的强度。若在设计上可能的话，当以采用物理的及机械的结合为佳。

物理结合方法有超声波熔接、旋转摩擦熔接、热线热板熔接、热风熔接以及感应加热熔接等。聚甲醛力学强度高，熔接时发泡现象也少，易于施行这类的结合方法。这些方式之中，唯以超声波熔接有可大量施行、经济和简便等几方面好处，所以常被采纳利用。

机械结合方法有螺栓连接、压入接合（press fit）和揿压结合（snap in）等方式。不同结合方式的取舍原则见表4-21。

■表4-21　聚甲醛结合方法的取舍

特征\\方法	形状的制约	不同材料结合的可能性	结合部外观（凹陷）	强度	作业可行性	结合的成本
黏合剂结合	○	○	△	× *	×	×
超音波结合	○	×	△	○	○	○
回转摩擦熔接	×	×	×	○	○	○
热板结合	×	×	△	○	○	○
热风焊接	△	×	○	○	×	△
热线熔接	△	×	○	△	△	△

注：○为优，△为良，×为一般，*表示需要前处理。

4.4.2.1 黏合剂结合

（1）**前处理**　聚甲醛表面亲和性差，故通常的黏合强度甚低，为此黏合面必须施行前处理。粘合面用三氯乙烯或苯等有机溶剂洗净后，再用下面的方法进行打毛或是表面处理为妥：以100号砂纸进行机械打毛，量产情况下则可只对结合面打毛；以火焰处理、电晕处理及等离子处理等方法进行表面活化；进行特殊预处理。

表4-22是前处理条件与结合强度的关系。由其中可见的结果可知，预处理按电晕放电方式的话，直到母材被破坏的强度水平，结合面都是好的。还有就是像试条那样形状简单的能够得到高的强度，如果结合面形状复杂的话，由于结合面的均一加压不易实现，会有强度不十分理想的情况，对此也须给以注意。

■表4-22　各种前处理情况下黏合剂的结合程度

前处理	后处理	抗张剪断强度/MPa	备注
未处理	—	1.7	结合面分离
砂纸打毛	—	3.6	结合面分离
打底液	—	11.6	100%母材破坏
打底液	热老化80℃ 250h	12	80%母材破坏
打底液	温度处理40℃ 95%~100% RH 200h	14.7	100%母材破坏
电晕放电	—	12.6	100%母材破坏

注：聚甲醛试片厚度3mm，宽度20mm。处理条件说明如下：

1. 结合面前处理　未处理（仅仅脱脂）、砂纸打毛（400号砂纸打磨）、打底液（东亚合成化学制造的打底液以毛刷涂布）、电晕处理；

2. 黏合剂　东亚合成化学制造的氰甲基丙烯酸酯系黏合剂；

3. 结合方法　重叠结合面20mm×12.5mm。

(2) 黏合剂的选择 适用于共聚聚甲醛的黏合剂列于表 4-23。聚甲醛之间的结合的情况下黏合剂选择自由度甚大，不同材料结合情况下，就要视具体材料来进行选择。表 4-24 是聚甲醛部件之间的结合强度。结合面以砂纸打毛，任一种黏合剂都能得到较高的强度。

■表 4-23 共聚甲醛黏合适用的黏合剂

与聚甲醛黏合的对象	黏 合 剂			
	环氧系	氰甲基丙烯酸甲酯系	丁腈橡胶系	硅橡胶系
共聚甲醛之间	○	○	△	—
热固性树脂	○	—	—	—
热塑性树脂	○	△	—	—
软聚氯乙烯	—	—	△	—
橡胶	—	—	○	—
玻璃/陶瓷	△	△	—	○
木材	○	—	—	—
纤维	△	△	—	—
金属	○	△	○	△

注：○为良，△为可行，—为不可行。

■表 4-24 共聚甲醛黏合强度

黏合剂	黏合方法 / 黏合面处理 \ 试片厚/mm	部分叠合*				端部结合**
		1.0	2.0	3.0	5.0	8.0
氰甲基丙烯酸甲酯系	未处理	9	15	8	5	52
	打毛	23	27	36	44	53
环氧系	未处理	9	15	20	18	36
	打毛	19	25	28	28	57
改性聚甲基丙烯酸酯	未处理	7	14	12	20	23
	打毛	21	23	27	27	25
氯丁橡胶系	未处理	12	11	8	8	10
	打毛	20	22	22	19	10

试片为标准品级 20mm×70mm；破坏值，＊抗张剪切强度，＊＊抗张强度；未处理指仅用丙酮脱脂；打毛为 120 号砂纸环形研磨带打毛。

表 4-23 中结合方式见图 4-135。

■图 4-135 聚甲醛部件之间的结合方式

4.4.2.2 超声波结合

超声波结合是利用超声波振动的能量，使结合面上的树脂发生熔融的结合方法，具备以下的特征：结合强度高；结合面上不需要洗净等前处理工序；花费时间短，操作性好。所以这是聚甲醛采用得最多的结合方式。

作为结合面之间在相同材质情况下以发热来结合的方式之一，传递结合是最为常见的一种。此外直接熔融黏合，铆接，嵌入法都有应用。

（1）装置及用品 超声波熔接机各家制造商都有高性能的机型出售，并无特别限制。只是由于聚甲醛是结晶性的树脂，需要较高的能量才能使结晶融化。根据结合的面积，应选择功率有富余的机器，DUKANE（杜肯）和BRANSON（必能信）是两个主要的品牌。

装置的面结合的成败，受输出的振动头及接受平台设计的影响很大，特别是在加压方向上，振动头与接收平台的平行度是十分重要的。

（2）成型品及结合部的设计 设计在基本方面与其他塑料没有特别不同之处。但聚甲醛有下面一些特性：它的弹性率相对较高，震动的耗损不少，容易融化；由于是结晶性树脂，需要较大的熔融能量。振动输出头到结合面的传送距离以短为好，相变温度范围较窄是结晶性材料的共性，在设计后面带来一些相应注意点；需要注意成型的尺寸误差以及变形等；不同材料对适用振幅有不同的要求。聚甲醛方面的种种特殊性问题，应咨询资深的硬件供应商。

图 4-136 是各种结合部的情况，要与制品的形状和结合部的形状相对应，选择合适的设计。

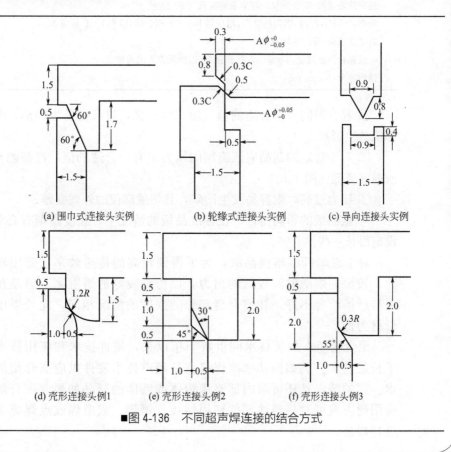

■图 4-136 不同超声焊连接的结合方式

(3) 黏合条件与强度 黏合条件包括熔融时间、施加压力和出力（输出功率）等。

图 4-137 是试片的形状，图 4-138 是实验结果。由结果可知，条件选择适当就能够得到相当高的强度，外观等问题也有讲究。以下各点可参考。

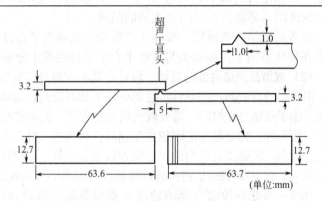

■图 4-137　　　　超声波熔接试片的测试

超声波熔接机:ブランソン超声波溶接机 8700 型

功率:20kHz,声源:铝制标准型,增压器 booster:耦合棒(倍率 1∶1,振幅 20μ)

熔接部结构:导向连接方式

熔融黏合强度测定:autograph 抗张强度(以抗张方式测剪切力),

拉伸速率:10mm/min

① 黏合时间有个合适的值。短则强度低，过长则易生凹陷，并且在角部位易生裂纹。

② 对于特定的制品应该施加的压力也有个合适的值，过高则易生凹陷或强度降低（图 4-139）。

③ 压力过高，则容易发生凹陷，且熔融部位的外观变差。

④ 就品级的影响而言，在标准品级的情况下，黏度高则有必要把时间设定得长一些。

对于玻璃纤维增强品级，为了得到较高的传递效率，要用较高的压力、较短的熔融时间较低的出力，以得到较好的熔融物。但是在熔融面上与纤维结合不好，和熔合缝部分的强度的情况相同，此处强度一般比母材为低。

聚合物超声焊接技术问世数十年以来，硬件技术和应用技术已经有了长足进步。例如振动摩擦焊接就是超声技术硬件供应商介绍的更新技术。它的特点是还可对内部充满粉体或液体的制品如墨盒进行焊接。而应用超声波可对热塑性部件使用熔接、铆焊、成型焊或点焊等多种方法进行焊接。

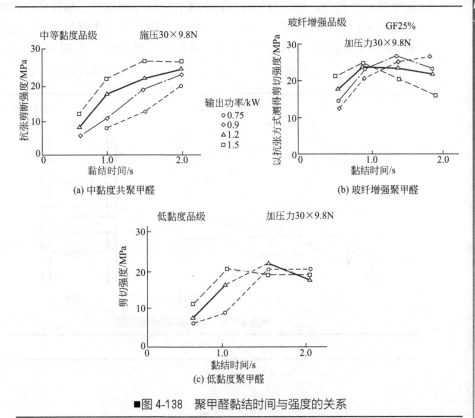

■图 4-138　聚甲醛黏结时间与强度的关系

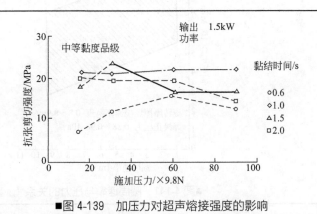

■图 4-139　加压力对超声熔接强度的影响

4.4.2.3 旋转摩擦熔接和振动摩擦焊接

旋转摩擦熔接是对相同材料进行以摩擦产生热的摩擦焊。

回转摩擦熔接最初一直是使用市售的金属专用的特殊装置，很长时间都没有塑料专用的设备出现，十年前有了直线往复摩擦熔接机（Mecasonic 制造的 SMF 摩擦焊接机），所以那之后可行的场合已经不限于回转体结构了。

聚甲醛刚性较高，熔融时的特性特别适合回转摩擦熔接。熔接的条件中，回转速率和荷重较为重要。像图 4-140 中显示的那样的几何条件下，都能够实现 30MPa 的强度。圆周速率越高，越能在较低面压下实现熔接。图 4-141 以图形方式（打斜线的区域）给出了这个线速与压力条件的范围。

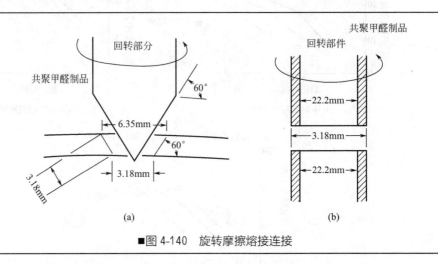

■图 4-140　旋转摩擦熔接连接

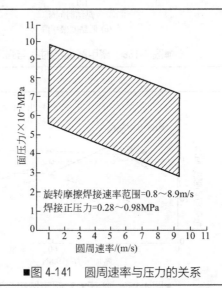

■图 4-141　圆周速率与压力的关系

基于振动摩擦的摩擦焊接设备已成系列，掌心大的部件和近两米的大件都能有合适的设备。与此项新技术相比上面对原有技术的介绍只有原理上的意义，而真正的实用技术和装备主要应该在当前的（振动摩擦及超声）焊接装备供应商那里找寻，杜肯（DUKANE）之类厂商能提供完整解决方案，而且在中国有不错的技术支持，网上有丰富的资源，此处对技术细节拟不做继续展开。

4.4.2.4 热板熔接

热板熔接用于聚甲醛效果较好，国内应用时间也较早。先将被熔接的两个面与热板接触，直至熔融，再向两个面接触加压，成为一体。文献介绍过的专用机械是由德国一家公司制造的，型号是 HV-4920。聚甲醛熔融时发泡少，热板上黏附也少，所以热板熔接性良好。

结合部的形状若为平面熔接时难以避免凹陷的发生。图 4-142 所示两种设计上面是基本形状，下面是能把凹陷隐藏起来的结构。热板的接触时间和热板温度是聚甲醛熔接的重要条件。图 4-143 以独特方式表示了获得较好结果的条件区间。该图是针对制品厚度 3mm 情况的例子。图面上出现一些数字，表示了该条件下黏结强度占断裂屈服限的百分率，称之为熔接效率。

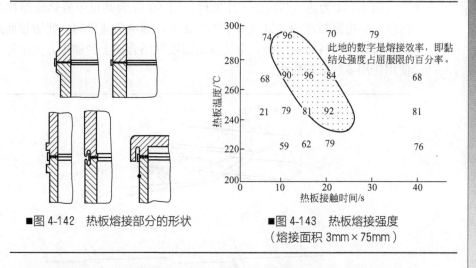

■图 4-142　热板熔接部分的形状　　　■图 4-143　热板熔接强度
（熔接面积 3mm×75mm）

从表 4-25 上可见到黏度及添加物的效应趋势，与前文中所见相似。

■表 4-25　热板熔接的强度

共聚甲醛品级	标准溶解强度/MPa	共聚甲醛品级	标准溶解强度/MPa
中黏度品级	58～64	25％玻纤增强	36～43
高黏度品级	60～65	10％氟树脂充填	35～41

4.4.2.5 热风熔接

聚氯乙烯等材料可以用热风熔接法焊接，聚甲醛也可以如此焊接。只是使用氮气比用空气来产生热风为好，如果使用空气，聚甲醛容易发生热氧化，发生甲醛的气味，因此热风的温度范围就比较窄。表 4-26 是聚甲醛热风熔接的条件。

■表 4-26　聚甲醛热风熔接的条件

项目	过低及过少的影响	适当的范围	过高及过大的影响
气体温度/℃	熔融过慢	空气 290～310 氮气 290～330	明显有分解气体发生
气体流量/(L/min)	熔融过慢	28～270	熔融状态难以控制
熔接棒的直径/mm	过早熔融、熔接中分解 气体发生显著	1.2～3.2	分解气体有所发生难 以充分熔融
喷孔直径/mm	未作实验	2.4～3.2	熔融过慢熔接困难
熔接速率/(cm/min)	—	23～38	强度不足熔融不充分

　　热风焊接的硬件厂商现在也有以微型的挤出过程来提供熔融树脂的焊接技术及硬件商品。此时热风只是环境温度的保障手段之一而不是热量的主要来源。聚甲醛制品通常较小，这种工艺用的还不多，但理论上这也是可以大规模采用的。

4.4.2.6 热线熔接

　　图 4-144 为热线熔接的工作原理，图 4-145 为共聚甲醛热线熔接的结合强度。将电阻较高的镍铬线置于熔接面上，通电急速发热，使熔接面熔融完成黏合。其条件包括线径、金属线的温度和结合面上的加压力大小等，一般使用使用 80/20 镍铬线。

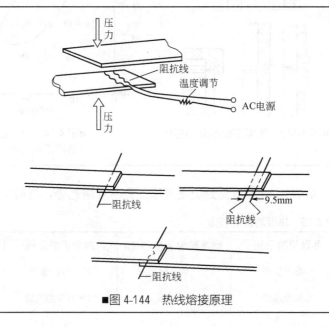

■图 4-144　热线熔接原理

4.4.2.7 金属的后内嵌

　　成型时使用内嵌件时，会有模具损伤、成型周期变长等问题，因此出现了后内嵌的技术，包括：嵌件用加热元件加热到熔点以上进行压入（热压入法）；嵌件用超声波压入（超声波嵌入法）；嵌件以高频感应加热再压入（高频嵌件法）；胀拉专用内嵌件的内嵌方式。

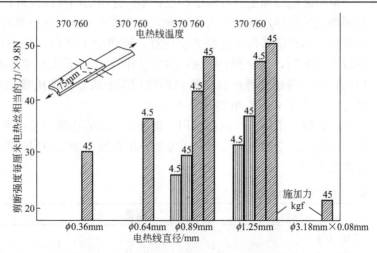

■图 4-145　共聚甲醛热线熔接的结合强度

4.4.3 机械加工

　　聚甲醛的机械加工包括车、铣、拉、磨、锯断或剪断等，金属加工的方式都能使用。聚甲醛机械加工可在下面的场合实施：从元材板材出发，加工出测试用的模型；对注射成型的制品进行机械加工，提高其精度；切削出螺纹、开孔等机械后加工；切掉浇口或是对其痕迹进行消除。聚甲醛机械加工和加工条件列于表 4-27。

■表 4-27　主要树脂供应商提供的标准的机械加工条件

加工方法	工具	切削速率	进刀	备注
锯	标准 14TPI 往复齿或圆锯 粗齿谷底宽	30～90m/min	适中	高速回转刃口锋利则能得到光滑断面
钻孔	尖端角 118°离去角 12° 尖端角 90° 离去角 10°～15°厚壁 尖端角 60° 离去角 10°～15°薄壁	1500r/min 3000r/min 900r/min 4500r/min 1200r/min	适中 20mm/s 0.5～1mm/s 20mm/s 2～3mm/s	均聚甲醛 共聚甲醛 共聚甲醛 共聚甲醛 共聚甲醛 中高速情况下需冷却
车	一类至三类特殊工具钢、三类四类高速钢、大量切削场合碳化钨钢	均聚 210～260m/min 共聚 100～200m/min		高速时冷却，吃刀深度 0.4～5.1mm，必要时支撑
绞孔	膨胀铰刀	适中		中高速冷却
刨	标准	按黄铜进行		
铣	单头铣刀	按黄铜进行		
攻丝	标准	按黄铜进行		冷却
打磨	150～300 布轮打磨头，轻石粉末，水	1000～2000r/min		施小压力，制品回转

聚甲醛机械加工具有以下特点：塑料之中切削性最优者；和其它的塑料相同的是热传导性较差，为使切削时发生的摩擦热不致积蓄起来，对刀具的刃部形式和切削条件的选择需要注意；被切削工件由于是挤出成型的而残留较大变形时，退火处理是必要的，切削加工后退火能够消除残存的加工应力；聚甲醛耐油性优良，所以即使切削油或是其他机械油之类附着在工件之上，也不必担心龟裂及外观不良。

(1) 锯 带锯、圆锯都可用于锯加工，锯的速度不是很重要，但几何特性如齿的倾斜空隙之类要有利于摩擦热的散发。聚甲醛用的两类锯的刃口标准见表4-28。

■表4-28 锯刃的标准尺寸

项目	圆锯	带锯
离角/ (°)	10~15	30~40
前角/ (°)	0~15	0~15
每英寸相当的齿数/个	3~10	3~10
速率/ (m/min)	1000~3000	500~1500

(2) 钻孔 使用标准的钻头，前端角118°，孔深超过钻头直径2~3倍时，就要算是深穴。需注意发生摩擦热的问题，摩擦热一旦过剩切削面就会熔融，表面变粗，孔径尺寸精度就会恶化。对策有：①以水或切削油冷却；②使用锐利的工具；③分成几次而不是一次完成，钻头反复上下。

(3) 车 像黄铜的情况一样，研磨较好。为进行切削加工应使用大的离角并带有适当的断屑槽。作为切屑条件，应使用高速的回转和小的进刀量，最后得到残余变形甚少的表面状态。图4-146是标准的刀具形状，表4-29是临界的前攻角。

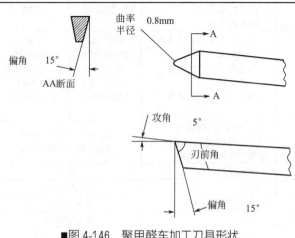

■图4-146 聚甲醛车加工刀具形状

■表 4-29 聚甲醛切削的临界前攻角

切削速率 /(m/min)	进刀量(最小)/mm		
	0.05	0.10	0.15
50	19°	15°	13°
100	17°	14°	11°
200	15°	11°	8°
400	13°	7°	4°

(4) **绞孔** 实际上是以膨胀的原则来工作，故实际属扩孔。由于有弹性回复的因素，故有尺寸不足的倾向。所以一般是留有 0.1～0.2mm 的过盈量。

(5) **攻丝** 直径超过 10mm 的轴，以车加工可做许多事，包括切削螺纹。小于这个尺寸的阴螺纹，用攻丝盘进行绞丝。需以水或油进行冷却，带走摩擦热。

(6) **打孔** 通常用曲臂油压机来打孔。板厚 0.5～1.5mm 时为好，更厚的板会发生裂纹。所以宜在预热到 90～110℃ 时进行为好。打孔时冲头的刃口做成 5° 的程度，冲头与模口的间隙为板厚的 5％～6％。

4.5 制品设计

以聚甲醛制造零部件特别是工业用零部件，首先要选择具有制品所要求性能的品级，从材料力学的角度确定形状。此时需要考虑成型、加工、装配来决定形状，防止不良结果，控制成本。这几项都是很基本的事项，会影响到使用塑料制造的部件能否成功。

4.5.1 明确对性能的要求

对于部件使用时的温度、应力、环境条件、法规方面的限制、使用的时限等方面必须作明确的把握。比如，塑料的热老化寿命当温度提高 8℃ 时，就要减半。最高的使用温度是定为 100℃ 还是定为 120℃，塑料的种类选定方面就会产生极大差别。在使用金属的场合这样的温度差是可以不予考虑的。而在使用塑料的情况下，参数可用的条件区间相对狭窄，故对许多方面都要有细致的预测。装配状况下的实际使用也是必须进行的。

4.5.2 材料选择

明确了所要求的性能，就能选择适合的材料，为此需要全面把握材料特性。

(1) **需要对于塑料和金属的不同之处充分地注意**　与弹性有关的设计问题是个变形量设计问题。再一个重要的方面就是破坏强度问题，可参见第 3 章的表 3-5 拉伸强度方面聚甲醛与金属和其它通用工程塑料的比较表。塑料力学性质的绝对值比金属要小不少，可是考虑比强度，就和金属处于同一水平了。对于弹性系数，考虑比刚性，金属比塑料大。塑料中聚甲醛的使用温度范围在高弹态，即橡胶态里面，此时的力学性质的温度依赖性特别大，设计时如何取值相当重要。另外，力学性质的时间依从性十分强烈，对蠕变变形、应力缓和、蠕变破坏的情况必须预知得十分清楚。环境的条件对耐久性关系很大，在热、药品、紫外线、应力和电等因素的复合作用下，预测寿命是要慎重的。聚甲醛表面硬度小导致容易被划伤、易于燃烧，而添加难燃剂又会带来其他的问题。

(2) **成型条件与材料特性**　部件设计要使用按标准试验方法测定的数据，对定向造成的影响以及增强非增强的情况有所不同之类问题，都要做考虑，所以问题就较为复杂了。尖锐部位的应力集中对于金属和合成材料都是存在的，而融合缝的问题就是塑料特有的了。在这个意义上说，使用数据也不是简单的采用，而是要在运用相关知识的基础之上做出适当的判断。

(3) **形状设计**　设计塑料件和非塑料材料的思路是不一样的。基本的原则有 13 个方面，大都和变形问题有关，具体是：厚度的取值及均一；形状对称问题；筋的设置问题；L 字截面的直角度问题；渠道型（即 n 型）的截面的变形问题；细长圆筒形变形问题；尖锐角部问题；脱模锥度问题；深孔问题（包括排气问题）；自攻螺钉的轴孔结构问题；带嵌件制品；尺寸公差问题。

(4) **考虑装配的设计**　装配方式要求对性能、成本、选材、形状决定同时进行考虑。可能涉及这样几点：为减少零件个数进行一体化的成型，合理地在装配中利用弹性，为避免润滑脂的使用而采用润滑品级，比较使用嵌件和后期压入的方式，有气密性要求或机械结合较适宜的部件，要考虑结合部的设计，对须考虑蠕变破坏的装配方式考虑螺纹连接，聚甲醛制品与金属部件有装配关系的需考虑热膨胀率差的问题并考虑对策，使用胶黏剂时要考虑它的耐久性等。

(5) **典型结构的设计**　聚甲醛作为唯一大量用作结构材料的工程塑料品种，有些典型结构的设计已经积累了相当多的经验。初涉此道的新手是有参考材料可找的。包括齿轮设计、螺纹（包括管用的螺纹）设计、利用材料弹性的设计包括压入式结构的设计和轴承结构的设计。各大公司的技术支持都已经覆盖了这些问题，包括网上的数据库。

4.6 聚甲醛树脂加工工艺的新发展

以下涉及的三方面新工艺产品，未就加工技术做展开，只就特点或品级做些介绍，目的在弥补概念上的空缺。

4.6.1 滚塑

滚塑技术是制造中空产品的技术。我国 20 世纪 70～80 年代才开始有这种加工产业。而聚甲醛是各塑料品种之中，较迟才有滚塑加工工艺及应用的一个。

Aadvark Polmers 公司是在滚塑工艺专用树脂领域中较为活跃的美国公司，它的滚塑用聚甲醛品级 Aartel® actals 在数年前推出，其原树脂由顶尖共聚及均聚树脂制造商提供。人们知道，在排放等方面加州大气资源管理局 CARB 认证比美国环保署 EPA 认证更为苛刻，而该公司的非增强滚塑用聚甲醛的耐渗透性符合和超过了 CARB 现行规范要求。ETO 是成型-填充-封口包装系统的意思，是有灭菌要求的包装的必要形成方式，该树脂能够经受蒸汽反复消毒，进行 ETO 包装并具有高温及潮湿环境下的良好尺寸稳定性。不难想象在高科技时代对材料要求的背景下，这是极有价值的特性。滚塑用聚甲醛在二次加工和后步装饰作业方面性能表现出色，它能够印刷、涂层、电镀、锯、磨、铣、钻、攻丝及用常规的和数控的装备加工；也可以黏合、焊接及用通用的聚甲醛加工技术加工。滚塑聚甲醛产品能以大量的配方形式提供、适合不同应用的要求，各种改性剂、稳定剂、添加剂都可以设计在专用配方里面以适合特定用途。推荐过的均聚树脂滚塑用品级有 Aartel® 2000（常规低黏度）、Aartel® 2100（中黏度）、Aartel® 2100UV（抗紫外线的中黏度品级）。共聚树脂则有 Aartel® 800（通用型）、Aartel® 800AM（抗微生物生长）、Aartel® 820（低黏度、薄壁及快速成型用）、Aartel® 820UV（低黏度抗紫外）、Aartel® 8501M（中度增韧抗冲击品级，具备抵抗弯曲及冲击负荷的柔顺性）、Aartel® 100D/S（新的导电品级，用于在燃料处理系统具有弥散静电荷作用，在拥有常规品级出色性能的同时，并对于热的柴油具有抗性。）Aartel® 1000 也是抗冲击品级。

4.6.2 合金

树脂的合金，在聚甲醛长期的发展中，似乎鲜有突破。但是对于滚塑品级却有些具备新意的内容。

注册为 Aardalloy® 的系列合金，用在需要提高抗冲击水平、增加强度重量比、降低摩擦与磨耗、提高连续工作温度、延长耐受高温的经受时间、改善延展性、抵抗苛刻环境的场合。该公司系列合金的基底树脂包括聚甲醛尼龙和聚酯。均聚甲醛合金有：Aardalloy® 3300POM Alloy，中等黏度，温和地增韧，以弹性体及冲击改进剂改性以减低缺口敏感性并改进伸长率，化学抗性及燃料渗透率维持在非合金水平上。Aardalloy® 3326 POM Alloy，高黏度，极端增韧，冲击及伸长率改进较大，具有高温下对化学品和燃料的抗性。潮湿环境仍能有较高的尺寸稳定性和低蠕变，在这点上优于常规聚甲醛。适合于制造燃料箱和燃料系统部件，包括高温下的液力系统容器。

4.6.3 聚甲醛泡沫材料

这个领域不算太新，但一向谈论较少，故择其要者做些说明。与金属材料相比较，塑料的短处之一，是弹性系数太低。要把塑料做到具有像金属制品那样的刚性的话，厚度将需要非常地厚，于是想到泡沫材料。发泡成型制品的特点归纳如下。

① 相对于单位重量的刚性提高了。

② 能够低压成型，可以用合模力小的成型机成型投影面积大的制品。

③ 得到含大量气孔的制品。

④ 可以期待有较好的隔声效果。

负面的情况是冷却时间长，成型周期长，制品的表面状况不是很好。表4-30 和表 4-31 表示了非增强与增强共聚甲醛不同发泡率之下的物性变化。

■表 4-30　共聚甲醛发泡制品的物性变化率　　　　　　　　　　　　单位:%

性能	未发泡品	减重 20%	减重 30%	减重 40%
拉伸强度	100	87.5	66.3	51.3
伸长率	100	51.6	38.7	31.6
拉伸弹性系数	100	—	70.7	—
弯曲强度	100	87.0	83.0	67.5
弯曲弹性系数	100	84.8	81.8	66.7
落锤冲击强度	100	29.9	32.2	27.4
热变形温度				
1.86MPa	100	97.5	90.0	85.0
0.46MPa	100	98.4	98.4	95.3

■表 4-31　25%玻纤含量共聚甲醛发泡制品的物性变化　　　　　　　单位:%

性能	未发泡品	减重 20%	减重 30%	减重 40%
拉伸强度	100	62.5	53.8	25.0
伸长率	100	62.7	66.7	32.7
拉伸弹性系数	100	—	56.8	—
弯曲强度	100	70.8	58.3	33.8
弯曲弹性系数	100	74.0	62.5	37.5
落锤冲击强度	100	65.2	68.8	66.7
热变形温度				
1.86MPa	100	98.8	95.7	83.3
0.46MPa	100	99.7	100	98.5

悬臂梁的挠度与弹性系数成反比例，发泡材料和发泡前的材料有这样的关系：

刚性倍率＝实体材料的挠度/发泡材料的挠度

$$＝(E_2/E_1)(实体材料的密度/发泡体的密度)^3＝(E_2/E_1)(发泡倍率)^3$$

式中，E 是弹性系数。

就是说在发泡两倍的情况下，发泡体的弹性系数变成一半时，刚性倍率是 4，挠度减少为原来的 1/4，这就说明了结构泡沫的意义所在。

(1) 发泡材料性能要点　发泡聚甲醛是以分解型发泡剂来发泡成型为结构泡沫的。从发泡剂的分解温度、气体发生量以及对树脂的影响等方面考察，选定的发泡剂是叠氮碳酰胺。其添加量根据发泡倍率在 0.25%～0.5% 的范围之内选取。影响发泡制品性质的因素包括发泡倍率、发泡构造（包括内部及表层的构造特征）和制品的形状等，其中发泡倍率最为重要。

表 4-30 和表 4-31 把未发泡的物性作为 100，表示了发泡后的相对数据，也就是保持率。可以见到热变形温度这个项目两者差别不大，降低的程度也小些，抗张和弯曲强度的降低程度是增强树脂方面更大，而落锤冲击强度则有相反的情况。重量减少率25%～30%的情况下，保持率的情况。大致为表 4-32 中这样的水平。

■表 4-32　发泡材料的物性保持率

性能	非增强树脂	含玻纤 25% 品级
弯曲特性	80%左右	60%左右
拉伸强度	70%左右	50%左右
热变形温度	90%～95%	约 95%

但是落锤冲击强度的保持率随着重量减少率的递增则完全不变差，增强品级约为 65%，非增强品级约为 30%。非增强树脂伸长率问题则当略有发泡时，缺陷易于发生，所以保持率就变小了。减重 30% 的树脂的发泡后强度水平见表 4-33。

■表 4-33　低发泡共聚甲醛 （减重率 30% ）的一般性质

性能	普通品级	含 25%玻纤增强品级
相对密度	0.99	1.13
拉伸强度/MPa	378	734
弯曲强度/MPa	636	1329
弯曲弹性系数/GPa	189	524
热变形温度		
4.6MPa	153	162
18.6MPa	97	153
成型收缩率/%	2.3～2.9	0.9～1.2

结构泡沫材料的吸音性优良，常被考虑在振动条件下工作，此时的重要特性便是疲劳强度了，见图 4-147。减重率 25% 的万次反复应力保持率 60%～70%，绝对值约为 200MPa。

发泡结构具有隔声效果，声音的振动通过各种板材的时候衰减情况的结果示于图 4-148，可看出聚甲醛结构泡沫的降低分贝效果是非常出色的。

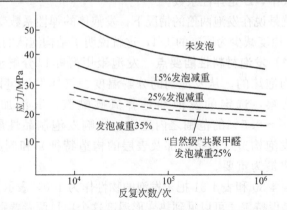

■图 4-147 发泡共聚甲醛（25%玻纤增强）的疲劳特性

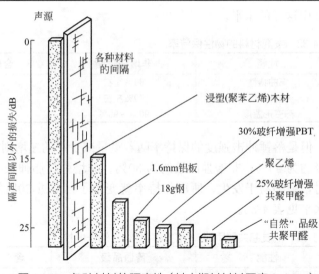

■图 4-148 各种材料的隔声性（其中塑料材料厚度 6.4mm）

(2) 成型的要点 聚甲醛结构泡沫从原理上说，是使用分解型发泡剂的 "short shoot" 方法。重要点在于要做到均匀地发泡。也就是说，制品形状、主流道、流道等的设计和成型机的能力都是关键点。

① 厚度薄，发泡不易均匀，5~10mm 较为相宜，6mm 左右最好。

② 流动距离关系到发泡的均一性，所以浇口位置十分重要。

③ 需要较高刚性的时候，加筋构造常被考虑。筋的厚度比起一般制品要薄些，当筋成为流路，就能有助于均匀地发泡。所以在制品较薄时就会为这个目的而设置筋。

④ 流道和主流道做得粗些有利于充填速度加快，通常直径为 15~20mm，流道内流速为 20m/s。

⑤ 为加快充填速率常把浇口做大，为使流动距离能够缩短，常用多点浇口。此时必需为均一的发泡考虑到浇口的平衡。

⑥ 由于型腔内要发泡，所以就有空气的排气问题，要求把排气沟设计好，这关系到充填时间的缩短和均一的发泡。

⑦ 由于发泡恶化了传热，故需要给以足够的冷却时间。

⑧ 已述及只需要较小的合模力，但发泡制品一般体积较大，所以发泡专用的成型机变得较为庞大。为着发泡均一，发泡专用机一般都装备着大的缓冲容器。由于成型周期较长，又不希望发生导致树脂分解的后果，所以必须防止发泡剂在流路中的滞留。

参 考 文 献

[1] Alex Forschirm and Francis B. McAndrew, Acetal Resins, Joseph C. Salamone , Professor Emeritus, University of Massachusetts, Lowell, Volume 1, Polymeric Materials Encyclopedia, CRC Press, 1996, p. 6-p. 20.

[2] 杜邦公司, Delrin 均聚甲醛成型指导.

第 **5** 章 聚甲醛树脂的应用领域及对树脂的要求

中国的工程塑料应用始于军工，军工方面则实际始于仪表类应用，20世纪 60 年代，通用工程塑料品种开始现身市场，聚甲醛和其它新材料曾经被这一应用领域的专业人士及主管部门寄予希望，用以改变胶木仪表一统天下的状态，直到今天精密机械领域的结构材料，包括不属于精密机械范畴但特别讲究尺寸精度的各种合成材料结构部件，都是由聚甲醛唱主角的。

聚甲醛能够在许多应用里面替代金属，原因在于综合性能优异，体积成本低、制品重量较轻、加工工艺简单和获得必要附加性能的可能性。

聚甲醛作为一种工程热塑性树脂，在多种应用之中，能够在各种条件下、在较高负荷下，提供可以预见到的性能，已经有近 50 年的纪录。聚甲醛的独特之处之一在于，它不但是传统材料的一般替代材料，而且是摩擦副材料的首要选择，其自润滑特性为无油环境或容易发生早期断油的工作环境下摩擦副材料的选择提供了独特的价值。虽然现在已经是进入了各个领域，支持应用的主要特性也有各种各样，但这方面曾经是中国开始初期应用时的主要切入点。

由于聚甲醛是一种高结晶性的聚合物，具有较高的弹性模量，很高的硬度与刚度。可以在 $-40 \sim 100℃$ 长期使用。而且在耐受重复冲击时，强度变化很小。在反复的冲击负荷下保持较高的冲击强度的同时，还能在较宽温度范围内保持强度值不受温度变化的影响。

材料的抗疲劳性主要取决于温度、负荷改变的频率和加工制品中的应变点。聚甲醛是热塑性材料中耐疲劳性最为优越的品种，因此特别适合做经受反复外力作用的齿轮类制品和持续振动下的部件。蠕变是塑料的普遍现象，蠕变特别小是聚甲醛的特点，其他品种与它相比落差较大。在较宽的温度范围内，聚甲醛能在负荷下，长时间保持重要的力学强度指标水平，使它足以替代有色金属铜、锌和铝。与此同时，聚甲醛的回弹性和弹性模量也都比较好。同时具有这两方面的特性，在所有工程塑料的范围之内，也是聚甲醛所独有的，这使它可作为各种结构的弹簧类部件的材料使用。由于聚甲醛是高结晶性的，因此能够抵御许多种的溶剂，其熔体的黏度很低，因此易于以注塑成型工艺来加工，这也是这种树脂的主要加工方法。在冷却时树脂会迅速地回到结晶状态，此时就能被从模具中拿出，从而就得到了比较短的模塑周期。聚甲醛发生结晶时，伴随着收缩现象，共聚物收缩率达到 2%，这一点在模具设计中必须考虑。

最具有商业上的重要性的一点是，热塑性工程树脂之中聚甲醛按体积计算，成本最低。

5.1 不同国家和地区的应用分布

5.1.1 应用开发的三个阶段

"世界上单个工厂规模最大的聚甲醛制造商"这个记录在较长时间里面一直是由日美合资的宝理公司所占据的。一个国家里面有着最多的不同公司，用各自开发的技术制造着基本相同的聚甲醛产品，这个记录的保持者迄今为止也是日本。以巨量的终端产品出口来维持一个世界最大的聚甲醛树脂的国内市场的，也曾经是日本。

下面从日本业界的应用开发历程，来对此话题做些背景情况的定性描述。北美、西欧除了细分数字有所不同外，情况和时间进程与日本都有相仿之处。

1962~1975 年是聚甲醛的开发期。这个时期还没有形成工程塑料的概念。当时是把尼龙、聚碳酸酯和聚甲醛等品种称为特殊树脂，也没怎么特别考虑它们在工业领域中的使用。先行的供应商是宝理和杜邦的远东日本分公司，都曾为应用开发煞费苦心。首先是从物性出发，设想替代黑色金属和有色金属，但因为对于塑料各方面特点的认识不足，所以多按照和金属零件相同的考虑来进行形状的设计，所以失败的案例甚多，之后才逐渐有了一些认识。然后形成比较可行的做法。

① 用聚甲醛切削加工制作与对象制品形状类似的模型，然后进行实用评价。把握原有产品"聚甲醛化"时的可能情形及问题，从而在设计中考虑之。

② 向用户提供制品设计所必要的数据，并授以正确的设计方法。目前已形成一整套计算机辅助的程序化分析评价体系，主要涉及模具流动分析、传热分析及变形预测等。全世界所有的资深工程塑料制造商，现在都有这样的完整体系。

③ 对塑料的特点（轻量化、形状的随意性以及装配方式的合理化）加以利用来做出部件整体塑料化的考量，提出所谓整体设计（total design）的方案，辅之以经济性的考虑进行设计。

这种应用开发的方法，作为日本工程塑料技术服务的模式，也被用于其它的工程塑料的应用开发工作。

1975～1985 年为成长期。用户对聚甲醛树脂的认识改善了，同时以音响器材、录像机和汽车等为中心，对聚甲醛的需求急剧扩大，为了进行这方面的应用开发，开展了包括从材料到成型加工技术的开发。

① 开发了录像磁带卷轮用品级，汽车内装饰部件用的耐候品级，机械部件用的高润滑品级等适合这些用途的专门品级。

② 为在录像机（VTR）的滑轮、齿轮、磁带卷轮方面使用聚甲醛，需要做到加工技术的高精度化，包括对成型机、模具、制品设计、成型操作、检测操作的要求等在内的各个方面的技术开发。

③ 宝理开发了外嵌件（out-set）成型技术，用于录像机、音响系统等的基板类成型，它是将在金属基板上许多精确定位的有传动关系的装配部件，通过流道的关联一次注射成型。这样的技术的开发成功曾经是产品量产的关键。

④ 由于聚甲醛的表面活性低，不能简单地进行印刷、涂装和打印等表面装饰，故从材料及配方方面进行了改良，这样的新品级能够在汽车、电气、电子等用途方面使用。

这个时期出现的大宗用途及主要相关技术有以下方面的内容：录像机卷轮用品级（磁带卷轮用品级，精密成型技术）、音响机底座（外嵌件技术成型技术）、汽车车门的内外把手（耐候品级，镀膜和涂装技术）。

1985 年到现在为聚甲醛产品的成熟期。聚甲醛在汽车、音响、录像机等方面的用途成为一个基础，最终打开了在计算机、办公机械等方面的用途。研究人员进行了适于这些种种用途的材料以及成型加工技术的开发工作，如高滑动、消音品级的开发以及要求微米级尺寸精度的超精密成型技术等的开发。此外对于已经成熟的用途，针对高性能化和性能的多样化、降低成本等较高的要求，继续从材料和成型两个方面进行技术开发。

5.1.2 各地区应用量分布

欧洲聚甲醛的应用分布见图 5-1。1979～1989 年日本聚甲醛需求及出口的状况见表 5-1。1986 年后出口急剧增加，究其原因，这个时期日本国内部件制造商开始向海外迁移，此时日本的产业有着结构开始变化的倾向，亚洲的新兴工业经济区域的工程塑料市场开始成长扩大亦为重要因素。日本聚甲醛 1985～1989 年的用途分布见表 5-2，其中电子电气和汽车运输机械两项占全部需要的 70%。

1989 年、1990 年美国聚甲醛的应用见表 5-3。从中可看出，美国的日用品、机械部件和运输机械用量较大，电子电气的则比例偏低。合理的解释是大量出口的录像机、磁带录音机和收录机之类产品的产量日本要比美国多

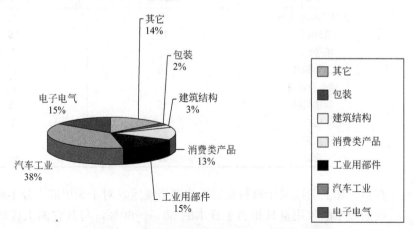

■图 5-1 欧洲聚甲醛按应用领域分类的消耗量

数据来源 德国塑料杂志（Kuststoffe）2008 年 10 月

■表 5-1 聚甲醛应用进入成熟期的时段日本聚甲醛需求及出口的状况

类别	1979 年	1980 年	1981 年	1982 年	1983 年	1984 年	1985 年	1986 年	1987 年	1988 年	1989 年
内需/t	37500	44400	52000	51300	63100	68900	78200	80500	81700	89900	92300
与上年比的增加/%		18.4	17.1	−1.3	23.0	9.2	13.5	2.9	1.5	10.0	2.7
出口/t	6000	5800	6200	8700	10300	13100	14300	20800	26400	31400	33300
与上年比的增加/%		−3.3	6.9	40.3	18.4	27.2	9.2	45.5	26.9	15.2	9.5
合计/t	43500	50200	58200	60000	73400	82000	92500	101300	108100	120300	125600
与上年比的增加/%		15.4	15.9	3.1	22.3	11.7	12.8	9.5	6.7	11.3	4.4
出口所占比例/%	13.8	11.6	10.7	14.5	14.0	16.0	15.5	20.5	24.4	25.3	26.5

■表 5-2 日本聚甲醛 1985～1989 年的用途分布　　　　　　　　　　　　　　单位：%

用途	1985 年	1986 年	1987 年	1988 年	1989 年
电子电气部件	48	47	47	45	47
汽车和运输机械	25	27	27	28	29
机械和精密机械	11	11	11	10	10
建筑材料	7	7	7	8	8
型材和其他	9	8	8	9	6

■表5-3 1989 年、1990 年美国聚甲醛的应用分布　　　　　　　　　　单位：kt

用途	1989 年	1990 年
家电与电动工具	6	6
日用品	14	15
电子电气	2	1
工业部件	16	17
管件及建材	5	2
运输机械	15	16
出口	2	2
其它	5	5
合计	65	64

得多。加上美国关于材料难燃性的严格规定，对于聚甲醛十分不利。美国同期的聚甲醛年用量只相当于日本的 50％～60％，与其它的工程塑料的情形有所不同。

关于消费的细分问题可以说，只有很少的领域聚甲醛没有大的应用，比如电气工程产业，因为这里的材料需要暴露在高电压和大电流下而聚甲醛的有效阻燃剂还没能见到。另一方面聚甲醛常常被用在在低电压范围内用于信号传递的电子器件方面，此时是没有大电流的，这种应用不需要材料有自熄性。表 5-4 给出了 2009 年斯坦福报告中的不同国家及地区的聚甲醛需求量。

■表5-4　2009 年不同应用领域全球各大地域聚甲醛需求量　　　　　　单位：kt

应用领域	美国		欧洲		日本		中国		总数	
汽车	30	24.39%	58	35.80%	53	52.48%	32	12.40%	173	26.86%
电子	7	5.69%	17	10.49%	18	17.82%	95	36.82%	137	21.27%
消费品	22	17.89%	14	8.64%	5	4.95%	62	24.03%	103	15.99%
工业应用	31	25.20%	25	15.43%	8	7.92%	8	3.10%	72	11.18%
流体器材	18	14.63%	7	4.32%	8	7.92%	10	3.88%	43	6.68%
家用电器	7	5.69%	10	6.17%	3	2.97%	7	2.71%	27	4.19%
其它	8	6.50%	31	19.14%	6	5.94%	44	17.05%	89	13.82%
合计	123		162		101		258		644	

以中东石油资源的使用为契机，日本经济特别是石油化工逐渐起飞。之后在整个 20 世纪 60 年代日本化纤产品和音像设备风靡世界，与此过程同时，就是整个磁记录技术与相关产业经历过的起飞和部分衰落的全过程，磁记录相关产业里聚甲醛曾有大量的使用。特别是每个标准尺寸录像磁带盒使用的聚甲醛树脂，总量比之录音磁带要大出很多，涉及聚甲醛的许多技术创新，如外嵌件技术及高流动性和抗静电聚甲醛的施展特殊性能的案例，对后来的技术进步无疑是重要的技术储备。

借着 IT 产业起飞的势头，日本数码产品再次风靡世界，在胶卷照相机里面，过片机构中的小模数齿轮之类部件等，聚甲醛有一定的用量，在机械部分应该有所简化的数码相机和闪存摄像机里面，仍有聚甲醛的不少应用。图 5-2 显示数码单反相机的内部结构，这类精密机械产品中的聚甲醛使用，已经在许多产业的历史上留下了印记。

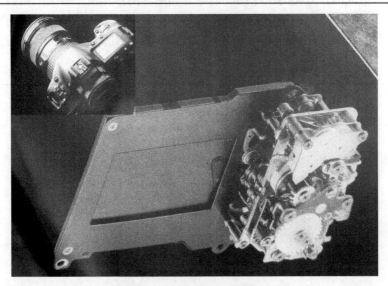

■图 5-2　单反相机的内部结构
注：左边的光学系统只能看见一个方框。它就是正对着镜头的部分，右边的机构基本上就是机身里面的全部机械部分

　　注塑成型和精密成型技术对聚甲醛的应用量的增长十分重要。作为合成材料，其加工的高精度化，要求一系列的条件，包括对成型机、模具、制品设计、成型操作、检测操作的要求等各个方面进行技术开发，这是个持续多年的大系统工程，例如现在已经有了一次注射量小于一颗塑料颗粒的注塑机。这就是在上面罗列的诸项之中，成型机这一项中的新进展之一。

　　2010 年 10 月号上欧洲（德国）塑料年度文章提到至今杜邦、泰科纳和 BASF 占据全球聚甲醛制造能力的 43％。文献着重提到汽车上的燃料模块和其它一些部件使用的聚甲醛带来了汽车这个领域用量的增加。特别是由于中国地区汽车产量的增加很大，使得在汽车上面消耗的总量增加很大，在包括日本的亚洲全体之中，汽车领域对聚甲醛的需求达到了 30％，而在欧洲和美洲汽车领域都达到 40％以上。

5.2 划分用途分类所依据的实用功能特点

　　在不同的应用领域观察聚甲醛的应用，可得到因时因地而异的数量结果。对获得应用的技术原因，或者说在特定类型制品上所利用的突出指标方面，则都是有所侧重的。从这个角度来归纳共性所在，得到的结果是跨领域的结构件类别。比如在中国的机床行业里，曾有滑轨类部件的试用；而汽车天窗的滑轨，就与之有着功能和被利用的特长上的共同之处。由碗状球关节组成的、万向的机床润滑剂导管和袖珍的照相机三脚架的结构，则完全就是相同的东西。从这种认识出发将能更有效和主动地推进应用的实现，达到在各个领域推动技术进步的目的。图 5-3 是制造商反复在不同场合介绍的金属化品级的应用。

(a) Hostaform®LX90Z门把手，注射级金属色，
UV稳定(也提供非UV稳定品级)

(b) 本田思域汽车的门把，金属色聚甲醛案例

■图 5-3　各类聚甲醛门把手

　　在了解了聚甲醛一般物性和加工性能的基础上，对实际应用中有意义的单项特征表述如下。

　　(1) 力学特性优良　因为具有强力而坚固的结晶结构，所以强度和刚度均出色。

　　(2) 在应力下长时间的耐受性　耐疲劳性、弹簧发条样的蓄能特性、耐蠕变性等长时间耐久性出色。

　　(3) 耐摩擦、磨耗特性优良　具有自润滑性，适合凸轮、齿轮和滑轮等要求耐摩擦、磨耗特性的用途。

　　(4) 耐受各种液体介质性出色　对于有机溶剂和油等物质的耐受性非常

优良。

(5) 耐寒与耐热性很好　可在−40～120℃温度范围使用。

(6) 尺寸稳定性好　吸潮后的尺寸变化、蠕变和二次尺寸变化等都小，所以尺寸稳定性好。

(7) 成型加工性好　熔体流动性好，结晶速率快，易于成型。

由于具有以上这些特征，所以能够代替金属及各种热固性树脂来使用。同时它也具有下面的缺点：①易于燃烧，②耐候性不是很好，③黏着性不好，④表面难于进行修饰。

第④项问题只是相对而言，相关章节已经介绍了许多装饰技术。上述四条缺点之中其他三条都有了不错的对策，使应用者可以不感到那是较大的问题。最新的德国塑料年度文章中对聚甲醛缺点的表述只是两条：首先，聚甲醛密度为 1.4g/cm³，密度较大；其次是至今没有开发出成功的阻燃配方。

5.3 聚甲醛在各行业的应用情况

德国《塑料》杂志认为聚甲醛是一种只以具有定制某方面性能的混配物形式供应的工程塑料。并列出混配物的几个种类：以抵抗酸和氧化作用为目的的稳定化品级、紫外光稳定品级；用于需要有出色滑动性能在抗磨耗场合使用的改性品级、抗静电及导电品级、低翘曲的矿物填料充填品级、玻纤增强的高刚性品级等。这样的描述过去不多见，值得国内新的制造商思考。笔者认为这种表述之所以深刻，就在于它体现了聚甲醛问世以来在其发展长途中积淀下来的东西，虽只是概念，却有实际的道理。如果没有这些"定制的"特点（主要是这些配方或增强手段在聚甲醛这个品种上，所赋予的和所能实现的特点）聚甲醛在目标市场的生存的基础就几乎不再存在，而不可能成为通用性最强的通用品种。聚甲醛基础树脂和它的实际形态之间的关系，在其它通用品种的对应关系中，除了PPO以外，并不是如此的确凿和强烈（PPO则更为极端，只以改性形式存在，纯树脂是不能加工的，也就不能找到应用）。

随着聚甲醛绝对用量的增长，应用技术不断拓展着新的空间。在任一行业的特定具体应用，都是基于该部件所用到的树脂品种一个或多个特有优点。抓住了所需功能这个要点，就能把基于各个具体改进方向所得到的、各个类别的改性品级，撒布到不同的应用领域中去，从而产生更多的积极成果。我国制造规模的迅速发展，必将促使人们在这方面更自觉地实施推广应用的正确战略和工作方式。以金属化问题为例，制品具有金属效果的专用品级，既用在体育用品方面，也在汽车上用作一些想给人以金属质感的部件上，图5-3中金属化外观的塑料门把手就是采用这个材料。在这个问题上，提供均聚树脂的杜邦公司，走的则是另一条路线，使用专利的一揽子"解决方案"，包括特殊的适于进行"金属化"的品级树脂，以及以特殊涂料进行的涂装作业。

5.3.1 汽车部件

（1）减重大目标下的应用 汽车工业是塑料应用话题方面最有意义的一个领域。为了说明这个领域的个性问题，先要从整个工程塑料的视角来为关于聚甲醛的内容提供完整的背景。对减重的苛求是聚甲醛需求稳步增加的主因之一。在近年的汽车工业里，用高性能材料取代金属是压倒一切的需求。而降低二氧化碳排放的法规、更为苛刻的尾气排放标准以及降低燃料消耗的要求则是其出发点。在汽车上使用聚甲醛，使得零件个数和装配及装饰步骤都获减少，能够在获得功能上好处的同时节约成本。

2010 年欧洲业界谈论这个话题的一篇综论，使用了一句比喻性的卷首语："置换金属，通向未来汽车的道路是用工程塑料铺就的"。下面这个事实可当作对这句话的注脚：到 2008 年，欧洲已有 15％的新汽车是用聚合物制造的，而且份额还在继续上升。车内部散布着的个别零部件的塑料应用是早就有的，所谓用聚合物造车，这里谈的是指合成树脂进入了车身的材料领域。

2007 年底欧洲立法要求 2012 年汽车每公里 CO_2 排放量定为 120g，这意味着每百公里只消耗 5L 汽油或者 4.5L 柴油。为着达到欧盟的长期减排目标，即在 2050 年将二氧化碳排放量减少 60％～80％，那么在 2025 年必须达到汽车每公里二氧化碳排放量 60g，于是车辆的减重变得十分重要。专门的材料辅之以新的工艺，这两条能够帮助车辆达到理想的重量水平。

为了瘦身不能付出牺牲功能、舒适性和安全性的代价，在这方面国外在有关方面（汽车、工程塑料）都比我们经验丰富。他们的根本认识是：最终要的是"可持续的移动能力"，而其代价应该是承受得起的。所以汽车制造商和他们的供应商也把眼光转向易行的工艺和更高效的生产过程。

2003～2008 年，金属材料价格上升了 400％以上。2007 年 5 月～2008 年带粉末涂层的钢材的成本增加了 74％，而同期镁铸件则增加了 194％。此种背景下，汽车结构在成本效率方面的创新目标，每每能够从使用聚合物这一招来达到。金属钣金工件需要多个步骤：板材下料、冲压、修整、装配、涂装和得到最终制品。改走合成材料路线后，步骤大减，工程塑料粒料注射成型一步成为最终制品。

在共聚甲醛树脂上实现的高品质金属化效果的方式，不需要附加的施色作业、附加涂层和真空金属化（指真空镀膜一类工艺）等多个步骤。这些步骤是以往为获得这样的金属外观所必需的。用了共聚树脂的解决方案之后，从注塑模具脱模之后立即就得到具有所有要求的性质的成品。除了省去了附加加工工序之外，也省去了与这些诸多步骤有关的处理、运输和品质控制的成本，而且环境的负担也大为减轻了。因为在这些过程中使用一些有害环境的物质，曾经是无可避免的。比起材料成本的节约来，这些方面加在一起可量化的成绩，多半毫不逊色。图 5-4 和图 5-5 是所有当前制造的汽车都会用到的燃油泵。不过后者中是特殊的油箱结构。

■图 5-4　Hostaform13031 制造的汽车燃油泵

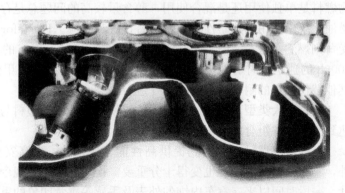

■图 5-5　剖开的大型油箱

注：结构决定要在不同位置设置多个燃料泵系统，它们利用了
聚甲醛的耐蠕变、耐溶剂性及制造精度等特点

工程塑料在汽车工程中的使用能够改善成本是基于以下几个方面。

- 在许多案例中，具有较低的采购成本。
- 部件更为紧凑。
- 更高效的生产（更少的加工步骤、功能的集约化）。
- 更短的装配时间。
- 装饰成本的降低和能对成品快速地进行最终的修整。
- 较低的空间需求（比如不再需要喷漆工作房）。

- 降低相关的电气功率需求。
- 更快的上市时间。

在按千克计算特殊品级树脂的价格有时候是要超过金属，这会由于较低的总成本而有所补偿。一般来说，如果最终制品得到了20%的节约，塑料对于金属的置换就能被认可。

目前聚合物已成为推动汽车工业开发创新的一个重要因素。节约燃料、燃料系统未来的安全解决方案、发动机舱的改善、安全系统和电子系统，在这几方面越来越成为变革的关键。

整体而言，聚合物比之金属密度小很多，而且能够经受不同物质的作用、腐蚀，能够耐260℃的高温，不导电或者基本不导电。还有许多其它优点。众多具有各种特殊性质的高品质的塑料品种合在一起，确保了汽车制造的不同细分领域都能够在改善成本效率方面和其它的目标方面受惠。

(2) 燃油系统改良中聚甲醛的特殊意义 包括生物柴油和乙醇汽油在内的生物燃料里面的醇类、醚类或甲酯类等组分，对于密封材料和聚合物制成的部件损伤极为强烈，并能引发降解的过程，最终导致部件损坏。Delrin560HD是为此类用途专门开发的均聚甲醛特殊品级，它甚至于能够用于热柴油的场合。这个品级已经成功地用于燃油供应系统的部件。

如若欧盟严格执行其目标，生物燃料的比例必须增加到10%。不论生物燃料是单独使用还是混合使用，醇含量较高的问题总是存在的，目前汽车燃油系统中使用的热塑性材料将与替代燃料反应。Hostaform聚甲醛能够经受苛刻燃料及乙醇、甲醇混合物，甚至是在−40～80℃的范围里，经受过5000h的独立长周期实验。截至2008年末，泰科纳就聚甲醛对生物柴油和其他替代燃料的耐受性的研究尚在进行中。

(3) 三大类型部件改进中的地位 使用高性能的塑料与复合材料，可以达到不同部件组合的优化。

新的汽车设计，在达到提供高性能、低排放、更高安全性这些目标之外，具有吸引力的外观也变得十分重要。换言之必须实现令人感到愉悦的设计。一段时间以来，汽车内饰的外表及手感等感觉印象的重要性开始变得像引擎性能和车身风格那样，为人们所看重。而工程塑料及其他合成材料的使用使得所有这些都变得更为可能：诸如金属般的感觉、柔软触感之类，尤其是生产中在满足这些要求的时候，对细节的精确重现更是塑料加工的强项。

改进了抵御紫外线能力的聚甲醛品级树脂为装饰性外观性的汽车零部件提供了长效的高品质美感，如用于车内音响系统的网状喇叭面板，空调排气口的格栅等。

表5-5是汽车三大类型部件最新的材料创新成果。和其他材料放在一起，聚甲醛并不逊色。在结构性组件、功能性组件、装饰性组件三方面都有案例。

(4) 与汽车大幅减重及破坏吸能有关的内容 已有的成果目前与聚甲醛关系较少，此类的聚甲醛复合材料目前正在研究中，玻毡增强热塑性塑料

■表 5-5　以塑料或复合材料对汽车三类组件的优化案例

材料	结构性组件	功能性组件	装饰性组件
PBT 材料（塞勒尼斯）		电子控制单元（ECU）组件的壳体、燃料过滤器、雨刮臂	
LFT（塞勒尼斯）	前端模块组件、车顶模块组件、仪表板、车门组件、框架和雨水流道	电子油门踏板、（涡轮增压）进风冷却器、齿轮拨杆	阳光车顶（阻风板）、车顶组件
LFT 压制成型（Compel）	车底防护板		
PPS（Fortron）		冷却剂泵、驻车制动系统、水泵、进风口模组、（涡轮增压）进风风管	
LCP（Vectra）	灯壳体	空调及压力传感器、前大灯	
聚甲醛（Hostaform）	车身顶部模块（滑轨）、仪表板	燃料供应单元、电缆夹、控制按钮、方向机上的开关组	门把手、天窗

（GMT）及长纤增强塑料（LFT）等技术与方法对聚甲醛复合材料的开发都有很好的启发。

5.3.2　电子电气领域

电子电气领域（包括办公机械）聚甲醛的用量在日本占到总量的 45%～47%。聚甲醛部件的结构分为三个类型，图 5-6 是台式及便携磁带录音机，它们的机芯有相同的尺寸，核心是聚甲醛的外嵌件。

（1）**有摩擦磨耗要求的用途**　齿轮和凸轮这样的有反复应力作用的，并有摩擦磨耗要求的部件，这些用途利用到聚甲醛的自润滑性、耐疲劳性和耐摩擦磨耗性。

磁带录像机（VTR）是 DVD\VCD 问世之前的视频信号源录像磁带的录制和播放设备，每台磁带录像机聚甲醛用量约为 200g，它的磁带盒中也有聚甲醛带轮。

（2）**底盘底座类的外嵌件成型**　见图 5-7 和图 5-8，一些消费电子产品，都是利用聚甲醛的种种特性，设计出结构模式后才得以量产的，使底板上大量需要精确定位的部件和复杂的传动机构，降低了生产成本并扩大了制造规模。电子电路的集成化引出来了印刷电路板的概念，外嵌件则是板状机械零件集成方式的基础。

这一类用途除了利用聚甲醛的优点之外，还利用到外嵌件（out-set）成型

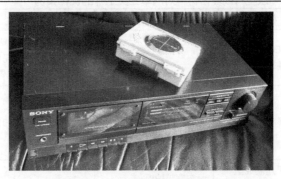

■图 5-6 台式及便携磁带录音机

注：因为是同一个组件用于不同的音响产品，这两个录音机的机械机构其实是一样大的，
所以台式机箱体里面几乎是空的，都是基于文中所提及的聚甲醛应用技术制造。

■图 5-7 JVC 录像机里涡轮蜗杆机构、外嵌结构的底板、
齿轮和凸轮都是聚甲醛（白色和浅灰色）。

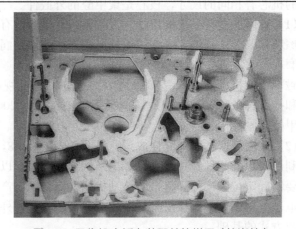

■图 5-8 录像机底板在装配前的样子（外嵌件）

技术的一些特点。其它章节已经介绍过嵌件的含义，在热固性塑料制件的内部放一个黄铜的轴孔或螺孔，解决塑料和金属功能结合的问题，这样的结构就是嵌件，也称之为内嵌件（in-set）。精密机械中间常有这样的结构要求，例如便携收录机（walkman）的底板上要固定许多有装配尺寸关系的轴孔基座之类部件，利用外嵌件技术，让流道来连接这些不同位置的小部件，也就是在不同位置上，由塑料的部分结合在底板上成为一个整体。金属件在内嵌件的场合是嵌在塑料的里面的，而在外嵌件的场合，金属件成为塑料部分附着的基底。熔融的塑料要在模具里面在连接各点的流道里面流动。就形成一个长长的流道。这块金属底板通常是钢做的，会有许多冲孔预先加工出来，成型时整块板置于两部分模具之间进行注塑的步骤。脱模后是一个整体的制件。

冷却后的塑料紧紧地附着在钢板的不同位置上，产生较大的内应力。所以对聚甲醛来说就需要有抵抗应力开裂的能力。

不难理解，材料还需要一点点的缓和应力的能力。熔体冷却固化体积收缩，会产生内应力。聚甲醛的结晶结构中有一定比例的无定形相的存在，起到内增塑作用，或者说某种晶格间的内润滑作用，此时就起到了作用。聚碳酸酯诞生的时候，非常容易发生应力开裂，水分是重要诱因之一。

聚甲醛粒料在送去注塑前也需要干燥。但是不像聚碳酸酯那样，干燥稍不到位，制品就会开裂，看上去就像内部有裂纹的琥珀饰品那样。

（3）利用撬压式装配能力 见图 5-9 和图 5-10，聚甲醛特有的一种制品结构类型就是提供撬压式的装配关系的部件，提供一种锚固的功能。这种制品已经普遍用于箱包带上的插入式紧固件。汽车座舱和行李舱的内层材料都

■图 5-9　各类紧固件

■图 5-10　聚甲醛箱包配件

用一种外形类似图钉的塑料件来固定，它比真正的图钉在钉的根部多了一个锚固用的止动结构，相应地，在被固定的毡或合成革材料的另一面，则有一个结合件，供插入固定，使用这个结合原理的结构可以千变万化，构成了一大类聚甲醛应用。

这种用法对的材料弹性、抗蠕变性和耐疲劳性要求很高。否则无法满足长时间的工作要求，导致制品变形，从而失去固定的功能。

（4）家电领域及其他消费品部件　汽车内外装饰件上特殊品级树脂的成功应用，同样可以在消费品上实施。发达国家运动器材是树脂材料较大的应用市场之一。例如滑雪板上的捆紧件与扣紧件，使用的是具有金属外观的聚甲醛树脂品级，不需要后续的上色、装饰过程。

洗衣机主轴上的行星齿轮是一组聚甲醛件，见图 5-11。洗衣机在中国

■图 5-11　洗衣机的行星齿轮机构

和亚洲的大量制造也和该项应用的普遍实现同步,因为家电的开始普及恰在聚甲醛应用量大增的时期。

5.3.3 工业部件

用于工业部件制品的聚甲醛树脂品级开发成果丰富,大大拓展了经典品级以往在工业方面的有限应用。例如图 5-12 中的 Hostaform ®S2365,机械强度高,可以注塑也可以吹塑。对于先已进入了工业应用的尼龙,表现出成本优势和工艺优势。

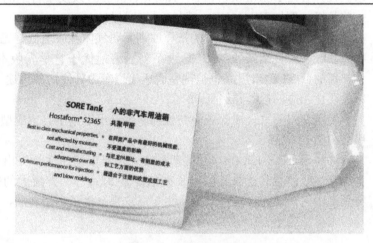

■图 5-12 非汽车用的油箱
注:采用 Hostaform ®S2365 品级树脂制造

杜邦为食品工业的传送设备开发了 DelrinMTD 品级,它含有特殊金属填料,只要有碎片碎粒从部件上掉落下来,它们就能够被大多数的金属探测器所发现。这种品级的树脂当然需要符合食品药品工业的特殊要求,该品级已获得美国 FDA 的批准文件。

2010 年上海国际橡塑展上,泰科纳推出了第三代增韧改性聚甲醛品级和第二代低甲醛释放品级产品。第三代增韧改性聚甲醛树脂熔接线品质得到了改善,表现在强度上,提高了部件的可靠性和冲击强度,从而使减震性改善明显;更高的强度保持在卡扣设计上改善了安全性。第二代低甲醛释放品级产品在工业、汽车内饰和医疗用制品方面潜力巨大。

2009 年底泰科纳推出了紫外光可检测聚甲醛品级 MT 8U05,它符合 GMP 标准,可用于制造医用器械,符合医药和医用技术的要求;可消毒,具备生物适应性。

5.4 应用领域的新要求

老资格的聚甲醛制造商一直在应对应用领域的新需求。有了前期艰难的过程，现在他们对新要求做出反应可以说是驾轻就熟。

车辆上的燃油系统中的聚合物部件在行驶中可能积聚静电电荷。为了消除静电荷的危险，现在可以借助于石墨或是碳纤维制得导电性可调的聚甲醛品级，可靠地释放电荷，以此来满足美国汽车工程师协会（American Society of Automotive Engineers）关于燃料供应系统导电材料新指导原则的要求。杜邦公司 Delrin 300ATB、100AS、300AS 以及泰科纳的 Hostaform 的一些品级（例如 EC140XF）就是这样的材料。

未来汽车工业更为严厉的指导原则需要气体释放更低、无气味的聚甲醛树脂品级。泰科纳新的 XAP 品级系列显著地优于它早先版本的释放数据；杜邦新的低 VOC 聚甲醛也被调整成适于汽车内件使用的用途，它们的 VOC 释放要比相应的标准品级低 90%。

美国宾州一家公司不久前与杜邦联手推出了用于真空成型的片材用均聚甲醛树脂 DelrinFS。

2010 年 Kunststoffe（德国塑料杂志）年度综述文章提出今后若干年中世界聚甲醛树脂制造数量的增长率估计是 3%～5%，最大的需求来自亚洲特别是中国，认为中国迄今为止主要需求来自电子和消费品，未来若干年内总需求会持续增长。

5.5 聚甲醛树脂的毒性及使用安全

聚甲醛不仅用于工业用途，美国食品药品管理局通过用模拟食品的溶剂做萃取实验以及动物喂料实验，制定过就聚甲醛与食品、药品、肉禽反复接触的规定，被美国权威机构列入可用于饮用水材料的清单。

但是在加工过程中操作温度过高或物料在机筒内停留时间过长就会有一定的甲醛释放出来，对人体造成伤害。

根据日本食品卫生法，塑料被列入"器具和容器包装的规格基准"之中。1982 年厚生省将此基准以 20 号通告改定。除了一般规格之外，聚甲醛还有适用于特定塑料的个别规格分类。

表 5-6 列出的是甲醛为原料制造的合成树脂适用的规格，表 5-7 列出厚生省 20 号通告用甲醛制造的（个别规格）合成树脂的实验结果。

聚甲醛的包装通常为内衬聚乙烯的多层复合袋，每袋 25kg。国内外厂商也会使用 1t 的软包装或散装槽车。贮运过程应避免日光直射和潮湿。应储存在避光、干燥、清洁的室内，但不得靠近热源。

■表 5-6　甲醛为原料制造的合成树脂适用的规格

项目	树脂		个别的规格
			甲醛为制造原料的合成树脂
材料试验	镉铅		—
	二丁基锡		—
	磷酸甲酚酯		—
	氯乙烯单体		—
	偏氯乙烯单体		—
	挥发组分		—
溶出试验	重金属		4%醋酸60℃，30min，10^{-6}(100℃以上使用时则为95℃，30min，10^{-6})
	锑		
	锗		
	蒸发残留物	正庚烷	
		20%乙醇	
		水	
		4%醋酸	60℃，30min，30×10^{-6}
	高锰酸钾消耗量		—
	苯酚		水，60℃，30min，5×10^{-6}
	甲醛		水，60℃，30min，4×10^{-6}
	甲基丙烯酸甲酯单体		—
	己内酰胺		—

■表 5-7　厚生省 20 号通告用甲醛制造的 （个别规格） 合成树脂的实验结果

项目	试验方法	规格值/$\times10^{-6}$	结果
重金属	金属硫化物比色分析	≤1	合格
蒸馏残留物	蒸馏残留物重量分析	≤30	合格
苯酚	三溴基酚比色分析	≤5	合格
甲醛	乙基丙酮比色分析	≤4	合格

5.6 聚甲醛树脂生产和加工中的安全与防护

均聚甲醛和共聚甲醛的分解产物都是甲醛，这个问题上，均聚产品制造商提出的对策似乎更为详尽。温度是造成聚甲醛分解的主要原因，而温控故障、测温点连接不良、指示值不正确、加热元件损毁和开机中的温度突升都容易造成温度升高。分解还可能是周期拖延、死角（料筒、螺杆、止逆装置处）、喷嘴堵塞（金属或高熔点树脂）、各种异物及污染物等引起。

甲醛气体的大量产生在加工中的征兆有喷嘴流涕冒泡、树脂变色、喷嘴有熔体喷溅、异味刺鼻、成品气纹过多（制品或模具表面上的白色滞留物）、螺杆被气体向后推等。国内开发阶段曾有过挤出机头长时间过热，造成金属部件被压力推动飞出击伤人的事故发生。在树脂生产中，伴随管长时间加热造成甲醛物料气化压力吹开法兰，也是可能的事故。燃爆事故发生的危险是存在的，二氧五环的危险性很高，曾在某中试装置发生液滴被车辆热表面引燃的事件。

(1) 安全分类归属 聚甲醛在日本问世十多年后，以制品厂的火灾为契机，开始有了聚甲醛的火灾危险性定位。聚甲醛属"可燃性固体类"中的"合成树脂类"。按照 JIS K 7201 标准，固体临界氧指数（LOI）小于 26 的"不燃性和难燃性"物质，聚甲醛的固体临界氧指数（LOI）小于 26，指定为"特殊可燃物"，储量在 3t 以上的设施就要向所在地区的消防署备案，对储藏场所的消防设备也得满足具体的规定。

(2) 关于 UL 的相关信息 根据 1991 年版 UL Yellow Book，聚甲醛长时间实验的相对热指数（relative thermal index）见表 5-8。

■表5-8 聚甲醛的 UL 热指数 单位：℃

项目	品级 类型	共聚甲醛		均聚甲醛	
		非增强	玻璃纤维增强	非增强	玻璃纤维增强
电气的		105~120	105	105	95
力学的	冲击	90~95	90~95	85~90	85
	非冲击	90~100	95~105	85~90	90

(3) 成型的作业环境 聚甲醛成型时，微量甲醛气体的发生是不可避免的。通常的成型作业中，成型车间设有换气设备，能满足生产的要求。当成型温度过高或是作业中断时，就要注意换气的措施。

甲醛对于眼、鼻、咽等均有刺激性，个体之间差异很大，一般 $(0.2\sim0.3)\times10^{-6}$ 就能够感知其气味，安全限界浓度是 2×10^{-6}。如果能感受刺激性气味，对成型现场进行换气，就能够确保安全。

与此相关，"低甲醛散发的"品级在近二十年中已经大行其道。特别在汽车工业中，已经有了系列的各功能品级的相应牌号，这些品级在作业环境下的甲醛释放情况大有改善。

(4) 聚甲醛树脂生产产生的污染及其治理 工程塑料制造作为一类工业技术，通常被视为高科技领域。国外的装置设计与建设中，对于环境友好的问题，都给予了相当的重视，所以基本上都做到比较清洁。

中国国内的聚甲醛大装置，装置设计中的三废处理装置，多不是完整地来自技术转让方，而是国内设计与采购。但就废水等所有排放物的处理而言，均能够找到专业的公司，或在设计院的工作之下，达到符合法规的排放要求水平。

甲醛制造通常放在聚甲醛规模装置的附近，国内则基本上是放在同一个界区之内。甲醛生产的污染及治理问题很简单，正常运行并无不良排出物，仅开停车检修等过程有排出物需处理。

聚甲醛制造流程中气体系统的尾气处置，在氮气气氛保护的大原则下，基本上只是以氮气为主的尾气，然后进入焚烧系统，其中的变化无非是在各个处理小系统之中的分配考虑。

二氧五环的制造过程中，有的工艺产生较多废碱液。提取有机馏分后用于可用之处或再浓缩使用是可行的。有的三聚甲醛纯化技术方案也涉及低浓度碱的产生，需要落实处理方案，在严厉的环境管理之下，稀醛及废碱的胀库都会带来困扰。

稀醛回收在许多技术里面都是借助于加压蒸馏，残液中的有机物靠后面的处理解决。甲酸的中和在合适位置进行，所以塔器及其再沸器的材质及腐蚀问题都需要小心处置。

5.7 聚甲醛树脂及其复合材料的循环利用

聚甲醛树脂的加工制品，一般都为零部件，单件重量一般都不大，一般难以进行分类之后的回收。聚甲醛也是容易受到异物影响，使物性发生严重劣化的材料，所以从制品的使用后废料来回收树脂、然后进行再次利用的代价相当高。只有像聚甲醛制的传送带之类数量相当集中并且单纯的废料才有可能比较安全地分拣出来。

如果能够做到可靠地收集纯净的回收树脂，破碎后再利用是可能的。事实上在树脂贸易中，就有进口的聚甲醛回收树脂，浇口或成型废品的粉碎料有相当大的数量，应该只是来自成型企业的，一旦进入了使用的环节，回收树脂的品质便难以保证。

目前科研人员已经开发成功了从聚甲醛树脂出发，经过特殊的加热处理进行回收的工艺，最终得到类似原油或重油状态的物质。一般的聚合树脂（聚烯烃类）以这种类型的过程来处理，以获得类似油状物质的过程，也是早就开发出来了。

三聚甲醛制备过程当采用硫酸作为催化剂时，理论上可以在合成釜内基于酸解来消化聚合物，包括塑化状态的树脂，在利用规模达到某个量级的阶段或许能够成为一种可以考虑的方案。

参 考 文 献

[1] Frank Sendler, Polyoxymethylene (Polyacetals, POM), Trend Report, Kunststoffe international, 10/2008, p. 93-96.

[2] 小出基，ポリアセタール，2009 年日本プラスチック产业の展望，プラスチックス，2009 (1)，p. 77-79.

[3] 高野菊雄编. ポリアセタール树脂ハンドブック. 日刊工业新闻社，1992.

[4] 姜博文. 甲醇生产与技术，2010 (1)，p. 33-41.

[5] 柳泽孝文，ポリアセタール，2009 年日本プラスチック产业の概况，プラスチックス，p. 67-68.

[6] Dirk Smeets, Tilo Vaahs. Polyoxymethylene (POM), Kunststoffe international, 2010 (10), p. 96-98.

[7] Gerhard Reuschel, Jürgen Hess, Plastics in the Fast Lane, Kunststoffe international, 2009 (6), p. 46-48.

第6章 聚甲醛树脂的最新发展及展望

6.1 概况

6.1.1 全球的宏观背景

石化行业的大规模重组是近年全球化工格局的变化之中最重要的内容。石化市场中亚洲的消费份额已经从 15％增长到 35％，进而上升到 50％。作为总体过剩的阶段，产能方面情况是欧美大量关停，主要是由于欧美设备老旧技术落后，而中东继续新增。图 6-1 中反映中东地区计划或已经存在的聚烯烃装置分布，在伊朗、伊拉克、科威特、沙特阿拉伯、阿联酋和卡塔尔六个国家里密布着约 50 个聚烯烃大装置，聚甲醛至少有两个项目个案也在中东。

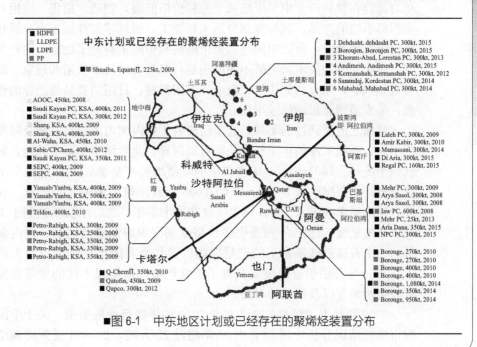

■图 6-1 中东地区计划或已经存在的聚烯烃装置分布

聚甲醛是石化-煤化工的跨界产品，与石化业息息相关又不完全统一。它仍是欧美日石化和合成材料巨头企业的增长点，在中国它却是地地道道的煤化工产品。算是刚刚进入煤化工下游产业的企业能进入的、不多的产品中的一个。从甲醇国内供应能力增加幅度来看，开拓我国甲醇用途，解决下游产品千军万马过独木桥的局面，关键恐怕还是在化工以外的下游市场，其中燃料领域被寄予厚望。

从大型化工的产业分布来说，中东和亚洲都凸现为猛增之地。但在需求方面，重点则在亚洲。

6.1.2 中国近期情况

在亚洲重要性上升的大势中，中国已成世界聚甲醛最大的消费国。2007年统计数字是 25 万吨/年。2010 年表观消耗 31.4 万吨。其中进口 22.3 万吨。

近几年国内消费增长速度加快的原因，定性地说不外乎以下这三方面。第一是国民经济的整体发展所导致的用量增加，其中分为两部分：随着世界性、总体性的进步，聚甲醛在一国经济总量中典型的、必要合理份额有所增加。与聚甲醛问世后的前五十年情况相比有了变化。这是科技的发展进步使然，反映了宏观经济里面材料领域结构构成的一种渐变；其次是中国作为越来越大的经济体，它的绝对使用规模数量处于快速增长之中，世界性的普遍危机也不能影响到它绝对地增加的态势（出口导向型的那部分除外）。第二，相对而言在材料产业中聚甲醛属于原料价格低廉，制造、销售、应用各环节利润都不错的产品。其特殊部分是来料加工，塑料零部件加工出口属相对的劳动密集型产业，所以中国进口聚甲醛树脂中的来料加工比重一向较大。第三，应用领域的技术新突破不断出现是材料消费增长中长期的现象。新消费领域如汽车，原有的如建筑、家电、农用器材、日用消费品等产业的快速发展，带来消费总量的持续增加。

就像之前见到过的那样，起步阶段若干年内国内因起算时间及时段的选法不同，不同来源的年增长率数字可以迥异。此后增速实际上趋稳，数字也就归于统一。1991～2008 年进口量的年度增长率是 20.4%，这是一个值得认真看待的数据。表 6-1 是 1994～2008 年我国聚甲醛进口及产量。在此之前，国内需求在进入 5000t 以上（这花了十多年）之后很快就达到了 1.5 万吨以上的量级。1995 年则是甲醇价格重创聚甲醛制造商之后、国内制造商最后一次有接近往年水平的产量。此后就是原有国产树脂退市消失的过程了。2004 年开始引进规模装置有了正常产量，市场根本性的变革就发生在此表格所覆盖以及稍前的时段。

2009 年日本《塑料》杂志对于 2010 年年度行业展望里，关于中国聚甲醛市场的情况分析中说到了 2007 年超过 25 万吨，2008 年受到影响增速放

■表 6-1 1994～2008 年我国聚甲醛进口及产量

序号	年份	进口量/t	产量/t
1	1994	19410	537
2	1995	26420	1944
3	1996	39410	655
4	1997	57000	655
5	1998	63400	45
6	1999	90600	50
7	2000	108300	1200
8	2001	109000	2100
9	2002	125800	2500
10	2003	142700	3000
11	2004	188500	14500
12	2005	180300	25000
13	2006	172200	62000
14	2007	180700	77600
15	2008	189300	102600

缓，是 26 万吨。这一年由于汽车方面的需求增加，在本地产能增加情况下，没有导致从日本输入的增加。

日本文献中提出 2009 年中国的总能力数字 15 万吨。在这个时间点对 2012 年的预期是 25 万之数（实际数字却可能在 50 万吨）。国外文献对国内真实总规模难以把握可以理解。国内情况的关注者都知道，这一个时间段中各家的计划尚未尘埃落定。有消息称山东东辰集团与新疆生产建设兵团农一师阿拉尔市 2010 年 7 月已举行过合作建设 4 万吨/年聚甲醛项目签约仪式。这意味着新联化的共聚甲醛项目再次启动了。此前各地此伏彼起的建设意向看来还不会止于纸上，兖矿、开滦、丰喜、介休、呼伦贝尔之后，中部和南部也还有正在酝酿中的后继者。

6.1.3 世界近期情况

2008 年金融风暴以来，树脂生产和需求都受到影响。2009 年国内咨询机构有预测认为 2010 年已有的产能在未来两三年内都能够满足市场需求。全球未来几年消费增长年均 3%，由于美国欧洲汽车制造业和电子电器行业等领域的低迷，需求的年增长率分别会是 2.8% 和 2.5%，日本会继续徘徊。但中国及亚洲其他地方放缓后的需求年增长率在 2009 年末的估计数还是 6%。在原该继续低迷的氛围下 2010 年国外出现了聚甲醛供应短缺价格走高的情况，原因可能多种多样。

世界性的需求在 2001 年发生过负增长，主要与 IT 产业的状况有关，此后逐渐恢复。2007 年中国、日本都达到 10% 的增幅。日本文献中关于对聚甲醛 2008 年预测消耗量的说法是，全球市场 80 万吨，日本以外的亚洲市场

39 万吨，日本市场 10 万吨。而制造能力的相应数字分别是 93 万吨、34 万吨和 16 万吨。原来有评论认为 2008 年实际值与 80 万吨需求期望值相比将略有不足，结果是反而超出了 82 万吨。并且日本以外的亚洲的需求比例超过了 40％。加上日本就超出了 50％。日本以外亚洲的制造能力接近全球的四成。2008 年日本以外的亚洲在供需（预测）两个数值之间有个小小的差距。

除了泰科纳欧洲制造能力的四万吨（因迁厂而计划的）提升之外，近几年国外制造能力的变数，还有 2010 年 4 月塞拉尼斯和沙特基础工业公司（SABIC）共同宣布双方合资企业——国家甲醇公司（Ibn Sina）将在沙特阿拉伯建造一个 5 万吨的共聚甲醛（POM）生产装置。此外据了解实际上至少三菱系统在中东，台塑在台湾都会有新建或扩产动作。

日本《塑料》杂志 2010 年度的预测文章中把蓝星集团的产能说成 5 万吨（多算 1 万吨），对于云天化说成 3.2 万吨。各地区聚甲醛树脂需求量及 2008 年产能见表 6-2。

■表6-2　各地区聚甲醛树脂需求量及 2008 年产能　　　　　　　　单位：kt/年

地域	2003	2004	2005	2006	2007	2008	2008 产能
美洲	165	171	175	177	180	185	167
欧洲	170	176	180	185	188	193	266
日本	87	90	93	91	93	94	164
亚洲其它部分	216	247	282	316	328	349	412
合计	638	684	730	769	789	821	1009

表 6-2 中给出的这几个地区 2008 年当年实际需求量与本地区当年的制造能力相比，只有北美是能力略小于（10％）需求的，欧洲略有净出口能力。日本和日本以外的其它亚洲国家和地区从数字上看净出口能力相仿，后者包含中国这一部分，云天化和蓝星这两家中国企业现在都有了出口的业务。到 2010 年四季度为止上海蓝星和云天化是国内仅有的两家本土供应商，云天化的年出口量已经首次实现了 1 万吨。

6.1.4 亚洲其他地区

2008 年日本五大通用工程塑料产量 100 万吨，在塑料总量 1304 万吨中占 8％。实际在 2005 年即已饱和。此前国内制造能力的增加已告结束，开始转向国外去制造。就亚洲而言，日本以外的地区以及中国大陆，都是转移的目的地。这是该国情况的大背景。

同期电子电器、办公机械制造商的需求尚属稳定，汽车领域情况向好。由于燃油系统开始大量使用聚甲醛，特别还由于中国汽车产量有增，所以汽车制造产业的份额相对变大。2008 年前日本汽车及输送机械的份额已达 50％，而 2008 年升至 56％。包括日本在内的亚洲，该领域需求已占总量的 30％，虽不及欧美（40％）之高，但是与以往相比已有显著变化。电子电器、产业机器和用于各个工业领域的份额较高，亚洲地区的需求构成仍具有独特性。

20 世纪 90 年代后期到 2006 年之前，日本聚甲醛国内的需求是一次下降后又回升的曲折。2006 年首破 10 万吨年消耗量，2007 年又开始减退。2008 年刚好一点，下半年又减速，此后在恶化的世界经济里面日本聚甲醛的消耗数字继续下跌。2009 年末对下年度的展望文章中还提到日本 2009 年前三个季度先是受经济减退的影响产量调低，然后是中国扩大内需，对华出口有回升，产量上升较大；第三季度因为对其国内省油汽车给以减税这类措施使得又有较大恢复等等；而再后来文献的信息表明，由于世界性危机的影响，日本聚甲醛到此不但没能走出谷底，2009 年的制造和需求量又有较大的下跌。

按 2008 年文献该年日本国内需求约 103500 吨。但据 2010 年所见数据，2008 年只有 100922t。加上 2009 年数据，内需已跌落到十年前以下水平，见表 6-3。

■表 6-3　日本国内聚甲醛需求情况变化　（内需＝销售－出口＋输入）　单位：t

项目	2001 年	2002 年	2003 年	2004 年	2005 年	2006 年	2007 年	2008 年	2009 年
生产	116149	129725	135744	154391	141498	143430	144987	141069	82719
销售	114114	132422	137344	142702	142262	149444	146562	136823	91562
出口	52842	69650	76066	90275	67334	66360	66056	56374	37509
进口	16458	19845	19926	22582	18983	23014	22013	20473	12101
内需	77730	82617	81204	90009	93911	106098	102519	100922	66154

除了宝理之外，与日本企业相关的生产能力情况是：2008 年旭化成均聚共聚两种聚合物本土能力的总量是 4.4 万吨/年，三菱在泰国已是 6 万吨/年，而本土仍为 2 万吨/年。对 KEP 在韩国的能力有 8 万吨/年和 9 万吨/年（2007年）两种说法，韩国 Kolon 已从之前的 2.4 万吨/年增为 6 万吨。技术也已从东丽手中买断。韩国 LG 名下的能力仍为 2 万吨/年，因装置出售之故此数据现在应只包括其混配能力。台塑 2 万吨/年，台湾的宝理 2.6 万吨/年。

6.1.5　制造技术新的提升

尽管数十年来新技术开发成果不断出现，在老制造商规模滚动发展的过程中，较难于实现彻底技术更新。我们能够见到国内第三批建设中所用技术的原型（出自韩国，具有日韩血统）比之第二批建厂所用技术的原型（它与赛勒尼斯曾用的技术相关联）简洁不少，就是例证。泰科纳公司在德国的共聚甲醛制造基地，预计 2013 年新厂制造能力将从 10 万吨/年提高到 14 万吨/年（此装置是在 2004 年扩到 9 万吨/年的），甲醇也会在新装置就地制造。新一代单体分离精制技术在先前以局部改造方式投用的基础上，将在新装置中重建。若还有其他工艺段落的变动，将达到前所未有过的技术提升。此外，泰科纳还有在亚洲制造液晶聚合物和聚甲醛的新计划。考虑到美国本土德州 Bishop 的共聚甲醛制造能力不过只是 10 万吨/年（2004 年扩到 10 万吨年），三年之后再看各方未来在中国的实际布局，原来的扩张意图会不会继续下去，尚未可知。这两项举措是老牌制造商的生产装置更新技术的契机，能够带来竞争力多大的提升值得关注。BASF 在路德维希港的装置，也将从此前的 4.1 万吨/年在 2010 年提升到 5.5 万吨/年。这些情况表明国外企业对该产品仍在发展，且技术有新的提升机会。

6.2 树脂工业面临的挑战与机遇

6.2.1 路线竞争

宇部技术曾引起对甲醛共聚路线的期待。聚甲醛生产对单体纯度要求高，聚合物又需经严格的稳定化处理，致使工艺流程较长，因此很长时期内无法像从烯烃生产聚烯烃那样从便宜的甲醛生产出便宜的聚甲醛。但实际情况却是从 20 世纪 70 年代至今聚甲醛人民币价格基本未变，也就是说数十年来聚烯烃和聚甲醛的相对价格实际却是向着后者降低的方向发展的。从那时到现在，有大量的技术进步发生在三聚甲醛路线方面，这条路线已经有了太深的基础。采用甲醛路线的均聚甲醛制造商有杜邦、旭化成，其产品生命力无法与共聚相比。虽然杜邦若干年前在均聚甲醛生成条件方面报道过足以颠覆现状的成果（从常温水溶液中获取到可用的高聚物），但至今仍只是一个未来可能的突破口。唯一的非三聚甲醛路线的宇部兴产路线共聚甲醛技术，由于几年前 LG 的产品调整拿掉了 POM，已成绝响。这样一来，主要由于石化资源稀缺性更趋尖锐和市场对该树脂价格定位影响的实际结果这两个因素的作用，三聚甲醛路线继续主导下去的局面可能就难有变化了。

6.2.2 聚甲醛的新起点

聚甲醛树脂产业化已经有五十多年历史，直到 20 世纪 80 年代后期，工程塑料及其合金的制造，都是化学工业里面的重要高科技领域，是各有关公司的核心技术和看家业务。拥有这一领域业务的欧美大公司，都曾是顶级的公司。但是化学工业在上世纪末开始的整合浪潮，把这些最强大的公司都卷了进去。在工程塑料历经其发展的前五十年之后，人们见到其制造业务开始离开原创公司之手或开始经各种途径扩散开来。本书开头部分谈到了赫斯特从巨无霸到消失的演变。这其实可算是一个趋势的典型或缩影：为了把公司的关注转向以生命科学产业这样高盈利的领域，传统化工领域的业务纷纷被出售。现在连通用电气这样的公司都整体出售了塑料业务，其塑料业务售予沙特基础工业公司（SABIC）。

这个进程，迄今并未表现为产量下行的趋势，只是换了制造厂的拥有者而已。就以赫斯特来说，接近 20 世纪末的两三年里，本来公司管理层对聚甲醛有着像样的发展计划。见诸报导的有在世界的发展、在亚洲的发展，甚至在上海的发展，建装置的计划等，公司重组后，一切重新决策。

制造业向中国的转移已经波及聚甲醛制造。如果说这些年世界的化工是一个有序而迅速的变局，那么在中国就聚甲醛而言此变局的态势，应该说不是十分地有序。或许可以说制造业向中国的转移，在聚甲醛这个领域，在中国的这个发展阶段，就是取了这样的模式作为其机制和形式。碳一化学和传统石油化工角色转换过程中的具体事件不一定会符合人们的理想。但当甲醇价格随着油价走高的大势继续不变，立足于石油及天然气甲醇的树脂制造商，至少就已进入中国的这一些外资企业来说，面对廉价的煤化工路线的后起者，会不会促成一个撤走退出的冲动？还是继续做大？或许就是维持现状？中国的制造商如何面对这种局面？

两三年内，国内企业总生产能力会成为过去不会想象到的一个大数，这已经是个定局。作为身处这一领域的企业，应该如何自处？聚甲醛七成产量是基本品级，仍是个未被撼动的基本局面，但基本品级也讲究润滑、低甲醛逸出与抗模垢等功能，国产树脂这方面水准还不够，目前只能以较大数量的低价品牌面对市场。于是外国制造商可以牺牲一部分利润，以低成本的类似成分树脂相对抗，价格也低到对用户有吸引力的程度。这样外商就有可能维持低价与非低价两块的产品优势。由此看来基本品级的基本功能的提高，使用户喜欢用，才是国内制造商应有的对策。数量已经摆开了阵势，质量再上去一些，话语权就有可能变得大些。2010 年初有一篇国内综述文章提出五条行业发展思路。①在蒸汽甲醇价格低廉地区建设聚甲醛装置；②采用先进技术，这两条可以说目前情况大致就是如此；③加强国际交流合作；④瞄准国外市场；⑤树脂厂应大搞基本树脂以外的产品，称之为生产改性一体化模式。后三条之中第③条谈到对此时"国外技术厂商纷纷来华洽谈"的机会，应加以把握。此中笔者以为值得注意的是：对技术提供商的能力能否满足建设及运行的需要，其把握判断对于建设业主来说相当重要。

6.2.3 关于过热之议

现在看得见的是上马了很多的项目，对此难免受到负面的评说。但是目前并不存在一种有力机制，让同质的企业能在共同的导向与判断之下，却不做出相同的动作。大搞煤化工的形势下，作为下游可办的事，聚甲醛项目自然会被较多地想到。只有当采用煤制油、煤制天然气和甲醇制烃类这类技术的完整产业链成形理顺之后，后石油化工时代的重化工才会走上更为稳定与健康的道路。其它不少合成材料可能需要这条战略通道的打通才能彻底告别高价和低迷。现在这条路中国人才刚刚打通，并领先世界，初步有了大的煤制甲醇和大的甲醇制烯烃，20 世纪 60 年代初，国内开发者曾正确地指出，从煤和石油都能够搞聚甲醛是其亮点，也就是不需要那条通道的打通。通过近期难以抑制的聚甲醛制造总量跃升的过程，我国聚甲醛树脂的制造规模很快会达到 50 万～100 万吨/年，在全球总量的构成之中握有自己的一块，相关企业中的有一些，尽快实现不亏损的目标是当前主要的课题。生产迅速走上稳定盈利之路，要靠正确的战略和行动。通过新品级的建设积小胜为大胜，是可行的和必要的。老品级质量的提高，则是最急迫的。依靠改性制造大宗用量的新品级来大幅度扩大用量的概念，目前还显得不太实际。但反过来说，对于有些企业，这个思路就意味着好的商机。比如昔日在通用树脂工程化方面曾有建树的企业，在早已开始顾及工程塑料并且已经成就斐然的当前，在总量更大的聚甲醛方面说不定能够成就一番更大的事业。制造商与之建成战略合作关系一定会是一条双赢之路。

6.2.4 建装置只是博弈的开始

进入该领域的新企业，摆脱低价竞争困境是首要课题。除高黏度品级市场向好的现实商机外，还有探索低端树脂品种传统应用的途径。前文曾提及纵向比较聚甲醛当前价格相对低廉。在常规合成材料价格高企的时代，这是把聚甲醛推向低端市场的极佳条件，为此有效发挥长项，避免以自身的固有弱项直接面对恶劣环境当作为一个原则。

回顾发展过程，二十多年的萌芽状态之后，国内市场树脂需求增速陡升。20 世纪最后十几年直到进入新的世纪，全世界制造商的产品都曾在中国市场以低于欧美日原产地的价格出售，价差曾是百美元数量级。垄断主体们的策划与默契绝非臆想，目的就是延缓国内制造能力的形成。

化工流程部分的制造技术只是聚甲醛制造技术的一部分。对材料性能表征、添加剂效应及其应用技术研究等与树脂品级开发技术相关的领域，除云天化以外的多数企业目前还处于无暇顾及的状态。在国内原有合成材料制造行业，能够在工程塑料制造及市场开发（应用技术）两条战线胜任的、有现成经验的人才几乎没有。这是新的产业，老企业基本上没有在大装置上干过这个方面工作的成批人才，同类企业中的人才流动提供了一种重要的良性作用，应善加利用。中国现存的大学及科研机构能否把它们的一臂之力在增强企业核心竞争力上面产生出效果来，非常值得期待。

中国聚甲醛行业真正的规模发展比本领域开创性的国外公司迟了二三十年或更多。据说在日本，在他们的薪资状况之下，几十年间，品级与应用开发人才对企业来说，就从稀缺变成了累赘，高薪资的团队甚至被比作为企业的癌症，可见他们发挥作用的过程会很短就能取得效果。笔者在国内的早期开发经历基础上，1987年在世界工程塑料的佼佼者美国通用电气公司塑料集团的应用、生产、技术服务和相关产业的企业及用户集中的十多个州考察过近两个月，对于宝理三菱旭化成及日本制造聚碳酸酯的几家公司也做过专业性的访问。笔者认为中国的创业条件将好于过去，就员工队伍来说，需要的是一个在树脂合成和市场开发两个方面有合理智力结构的队伍。前一方面顶尖人员的培养基于新建及滚动发展过程中的巨额学费，因为此时硬件平台的规模已经远大于一两千吨的中试平台那个时期了。后一方面的学费代价相对而言则还是小得多，在技术和市场两类人员比例上，基于需要，后者的绝对量要大得多。在高度市场导向的合成材料行业的发展环境与工作现实中，这两支队伍都将能够成长起来。

聚甲醛属于高技术产品，和其他工程塑料一样，它的技术原创性开发均在一流大公司进行，而且不少是两家公司强强联合的结果。材料科学方面的学术及技术基础和制造技术有联系又相对独立，但它与核心竞争力关系密切。中国制造企业中的多数，能够单单基于外来制造技术的基础或仅仅基于其某种浓缩的表达形式或早或迟初建制造系统，但在此之后，必须补上这一部分空白，其中当然就包括品级体系建设的部分。实际上就是要把企业在化学工艺技术基础以外的基础建立起来。

6.2.5 创新能力的建设是现实的需要

品级建设与工艺的改进无疑是生存需要引出的主要课题，目前尤以前者为重。剖析技术曾是开发及制造企业较大的困扰，在树脂的助剂判定方面苦无良策。新品及研发除了专用助剂的广泛探索外，此问题今日仍是建立系统品牌的关键之一。

6.3 工业新进展及发展展望

6.3.1 技术层面

6.3.1.1 品级方面

制造商技术层面的持续进展，在流程技术方面局外人难以了解；品级方面信息则必有详尽披露，以便让用户了解。有关章节的相应部分已涉及过各公司新品级方面的举措及动向,此处是拾遗补漏的若干信息,从中可以注意到,环绕聚甲醛的创新性研究,仍然很有空间。泰科纳属本品种的领头羊,在 2010 年的欧洲塑料展会上,品级的进一步拓展方面有所展示,对此在德国塑料杂志的专辑上有概括罗列:在新近引入的 S 类型树脂(即弹性体改性的品级)的基础上,开发了 Hostaform XT20,成为这个系列的新成员;与其它高度抗冲击的共聚甲醛相比,改善了抗冲击性,此外滑动行为以及对燃料的化学抗性均获改善。Hostaform HS 系列为适合汽车中的结构件、消费品及体育休闲产品、洁具及饮水器件使用的品级,作为高强度系列成员,其突出之点在于它将优良的机械性能与化学抗性结合了起来。此外泰科纳还推出一款用于吹塑成型的 Hostaform 树脂,可用于要求有优良的对燃料的化学抗性、抗气体渗透性,同时还要求高强度的场合。

(1) BASF 公司近年开发出一种吹塑级的共聚甲醛树脂,具有非常高的熔体强度,可以用于挤出吹塑成型,与聚乙烯容器相比,用此方式加工所得的容器对于各种气体如氧气、氢气和二氧化碳的屏障能力非常好,甚至可以用热的蒸汽进行消毒。BASF 之外,吹塑级共聚甲醛方面的新品级也有出现,具有过去未能实现的性质组合,比如高强度和抗渗透性的结合。在泰科纳方面适合制作燃料箱体的对应品级是 Hostaform BM,这里对熔体的流变性能做出了优化与调整是一项关键,以往这不是吹塑级聚甲醛所能实现的应用。

(2) 日本综述文章提到,作为高附加值的品级,基于聚甲醛是结晶度较高的材料,开发出了可以控制结晶度和结晶状态来实现较高强度的品级,以及改善了柔软性的品级和改善了耐蠕变性的品级等,它们是具有一定特殊性能的材料,适合于某些特殊用途,能用以制造出一些新的制品。

(3) 汽车制造业里面,随着人们对于环境问题的重视,降低车内挥发性有机物质即 VOC 的观念深入人心。多年来甲醛的污染为普通人所高度关注,能抑制甲醛产生的聚甲醛品级的开发,成为各大制造商的重点,相应成果已在汽车的内装饰领域得到大量应用。这个领域还不限于普通的品级,玻璃纤维增强和改进了润滑性的特殊品级也都有了低 VOC 树脂。通过这样的车厢内用材的"低 VOC 化",2007 年 4 月以后出售的新车以自主标准的方式作为起始,当年就形成一个数千吨的市场。在中国,车辆内 VOC 的测定方法已经公告出来,并在 2008 年有了相应的法规。甲醛的释放量约为原品级的 1/10。宝理 XAP 系列,旭化成 Z 系列,三菱 LF 系列都属于此类产品,这已成为一个重要的细分市场。以旭化成的 Z 系列为例,它以自己的独特技术实现甲醛的低发生量,同时以甲醛捕捉剂来吸收发生的甲醛,物性在高刚性和低 VOC 品级之间比较,完全一样。这个进程延续到当前,一直有新的成果出现。

(4) 高抗冲聚甲醛先在均聚树脂开发成功。共聚树脂的相应品级紧随其后问世,但许多年中并未像最早报道中预期的那样以此造成面目一新的应用形势。

现在泰科纳这个产品系列的最新成员 Hostaform S 9362 和 S 9363 如同已经问世的 S 9364 一样，与以往的相应抗冲击牌号相比，性能更好。能够很好地满足一些要求苛刻的汽车、安全保护、工业及体育用品方面的应用。比如结构改进的高抗冲击 S 9364 树脂抗冲击性能提高了 75％，同时熔合线强度提高了 300％。两个新的牌号在加工效率方面的改进，缩短了 40％的冷却时间及减少了导致无效时间的模具占用；与市场上相应品级相比更高的热变形温度（HDT）、更高的弹性模量和更高的强度，可用于制作具有特别化学抗性的扣紧件和对物性要求较高的工业类产品。

鉴于不断增加的零部件安全要求的问题，特别是汽车结构或是工业上不成功个案所涉及的问题，2010 年末泰科纳又开发了新的抗冲击聚甲醛混配物，它们之中最前沿的是 XT20，它是最近推出的 Hostaform S 9362、9363 和 9364 系列的进一步发展，该品级聚甲醛进入到了抗冲击尼龙 PA66 所占据的领域。泰科纳新一代 S 系列的品级根据具体的牌号不同，可以提供比之其他的抗冲击改性聚甲醛，或是改进较多的冲击强度（Hostaform S9364 和 XT 20），或是提高较多的生产效率（Hostaform S 9362、Hostaform 9363）。注塑成型时冷却周期能够加快 30％，同时它的滑动摩擦特性会更好，化学抗性例如对燃料的抗性也会更好。

（5）聚甲醛制品可在无润滑条件下运转，优良的摩擦磨耗特性，赋予它在特定应用中的地位，如办公机械和音响器材等领域，轻量和低噪声是金属齿轮所不能企及的特征。近年在分贝数值特别低的低噪声化方面，在高扭矩和高耐久性方面有所要求的摩擦磨耗特性方面的改进，有实质性进展。在相应章节里我们知道与聚甲醛对磨的材料的种类对摩擦磨耗行为有影响，聚甲醛之间对磨时的磨耗特性相对较差。三菱的 WA-11H 就是高性能化的耐摩擦磨耗品级。从普通品级 F20-03、传统的耐磨耗品级 FX-11J 和 WA-11H 的比磨耗量来看，就与标准聚甲醛之间对磨而言，以常规品级自身的磨耗量为100，就自身的磨耗量而言传统的耐磨耗品级约为 30，与之对磨的约为 5、6；新品级则微乎其微，似乎 1 都不到。就对磨的聚甲醛而言最多是 1～2。另外考核了同材料聚甲醛对磨，及与 45# 钢和增强 PBT 对磨。结果很好。其有趣之处在于，①与传统耐磨耗品级相比，同材料磨耗无改进、都相当好，比标准的品级相比则都要好上百倍，说明这不是此番改进的重点。②对 45# 钢，自身磨耗反而是传统抗磨耗品级最差，约为 6～7，标准品级和新品级都是 3左右，也不是改进之处。③对增强 PBT 对磨结果，传统耐磨耗品级为二十几，新品为 5 以下。

（6）对具有抗微生物特性的品级，可以进行调节使之适于医用、盥洗器具、厨房用品和体育用品上。此外，通过各种差异化的手段，可能使抗热性得到某种改善的聚甲醛品级，也可能是专门设计来适应特定的汽车上的应用场合，所有这些方式，将会成为在汽车工业里面推动应用量增长的强劲动力。

6.3.1.2 聚甲醛替代其他合成材料

通常都有性能和成本的双重优势，使得材料选择的天平偏向聚甲醛。首先是其它通用工程塑料，再就是其他某些有特殊特征然而基本特性欠佳的材料。对聚甲醛来说进入大宗应用的品种间的时间差起了很好的作用。比如尼龙和聚碳酸酯都是较早进入结构材料应用的品种，它们替代传统材料若干年站稳脚跟之后，恰逢聚甲醛开始成为大宗的材料，取代它们的过程就有了一个很好的基础。

(1) 替代聚酯 聚甲醛在某些 PBT 的典型应用场合的表现优于 PBT（基于更好的耐热及耐药性），而其电气性能已经足够，此时成本优势凸显。在高级轿车应用中，成本差别达到 20%。所以在汽车制造领域 PBT 与增强聚酰胺、聚碳酸酯、聚甲醛的竞争中，聚甲醛蚕食其市场的情况屡有发生。

(2) 替代聚碳酸酯 汽车工业中 PC 在内外装饰件方面使用历史比较悠久，但聚甲醛固有性能加上相关新技术带来的可能性及成本差别，使之在内外装饰件范畴内替代了一大批 PC 的结构方案。

(3) 替代聚酰胺 聚酰胺品种较多，应用起步早，工业性应用基础较好。但是在一系列特性方面聚甲醛都要略胜一筹的局面下，它确有潜力在许多场合下替代尼龙。在进气歧管方面以增强聚甲醛代替尼龙的做法由宝马福特这些领头汽车企业带头实现，发动机范畴的其他一些结构件都纷纷跟进。一旦成功，即显出 30% 的成本优势。

(4) 替代聚苯硫醚 PPS 虽体现出它对与其他通用工程塑料的总体优势，但实际的应用领域中，综合性能方面的差距，和聚甲醛特长方面的表现这两条，给聚甲醛很好的机会进入不少通常为 PPS 所占据的应用。

(5) 替代聚四氟乙烯 摩擦磨耗特性与耐疲劳、耐蠕变性，使得其在许多应用中取代聚四氟乙烯。

聚甲醛之所以有前景极好以及能扮演多面角色这两个好处，就是它有过千头万绪的不同用法，有了太多的商业上可以得到的现成的品级选择范围，出色的摩擦磨耗特性加上出色的刚性抗蠕变及抵御烃类的能力，市场上的地位可用强劲二字来描述。

6.3.2 展望

2008 年以来世界性的危机，欧美汽车家电这些领域的不景气必然影响到聚甲醛的市场。关系格局的变化使得竞争有点火药味。

2010 年建成的新能力，特别还有国外不甚了解的中国国内新增能力，所有这些使聚甲醛的国外制造商（至少是其中的某一些）面对一个艰难的时刻。泰科纳在中国新建独立的制造能力的举措，主要是为了开发高功能品级，产品主要是共聚树脂高刚性化和低 VOC 品级，包括杜邦均聚甲醛也以其相应品级提供给了欧美的汽车业界。宝理的应对之策中，还有包括纤维及薄膜在内的新领域的建设，期待扩大其对树脂的需求。所有这些，笔者以为还是有点不够，可能不足以维持它们在中国的一向的主宰地位和丰厚的回报。而对国内制造商来说能维持持平的生存就是前进，就意味着对原有国外制造商份额的蚕食。

聚甲醛是在创新和取代其它材料方面颇有潜质的工程塑料。聚合物在特定方向上的改性以及混配中不同添加物的使用这两条，正在不断开辟着新的的应用。通过材料的改进、成本的降低以及设计者的创新，在聚甲醛这个品种面前，针对不同的开发方向，不断创建出具有竞争性的最终产品的路子可以说是越走越宽。以汽车产业市场为例，在国外是遇见了绿色环保减重的机遇，在中国则是要加上刚刚步入汽车发展的高峰期，这些都给聚甲醛树脂的应用提供了很好的机遇。

参 考 文 献

[1] Frank Sedler，Poloxymethylene（Polyacetals，POM），Trend Report，Kunststoffe International，2008（10），p.93-96.

[2] 姜博文. 聚甲醛生产与市场分析，甲醇生产与技术，2010（1），p33.

[3] 高野菊雄编. ポリアセタール树脂ハンドブック. 日刊工业新闻社，1992.

[4] Ticona，Additional High-impact Grades，Polyacetal，Kuststoffe International，2010（1），p53.

附录一　旭化成均聚甲醛树脂牌号及性能

树脂性能		单位	试验方法	牌号							
				2010	3010	4010	4030	5010	7010	5050	7050
	填充及增强材料的量主要特征			超高黏度类型 一般品级	高黏度类型 一般品级	中高黏度 一般品级	中高黏度 挤出品级	中高黏度 一般品级	高流动 一般品级	中黏度快速成型品级	高流动快速成型品级
一般物性	熔融指数	g/10min	ASTM D1238	1.7	2.8	10.0	10.0	22.0	34.0	21.0	33.0
	相对密度		ASTM D792	1.42	1.42	1.42	1.42	1.42	1.42	1.42	1.42
	摩擦系数 对树脂										
	摩擦系数 对钢										
	锥轮法磨耗	mg/1000r	ASTM D1044	14	14	14	14	14	14	14	14
	吸水率 23℃ 24h 吸水率	%	ASTM D570	0.16	0.16	0.16	0.16	0.16	0.16	0.16	0.16
	吸水率 23℃ 24h 平均吸水率	%									
力学性能	屈服拉伸强度	kgf/cm²	ASTM D638	700	700	700	700	700	700	700	700
	断裂拉伸强度	kgf/cm²									
	断裂伸长率	%	ASTM D638	80	70	60	60	45	30	45	30
	拉伸弹性模量	kgf/cm²									
	弯曲强度性能	kgf/cm²	ASTM D790	1000	1000	1050	1050	1050	1100	1050	1050
	弯曲弹性模量	kgf/cm²	ASTM D790	28000	28000	30000	30000	31000	31000	30000	31000
	压缩强度	kgf/cm²	ASTM D695	1300	1300	1300	1300	1300	1300	1300	1300
	洛氏硬度		ASTM D785	M94,R120	M94,R120	M94,R120	M94,R120	M94,R120	M94,R120	M94,R120	M94,R120
	悬臂梁冲击带缺口(Izod)	kgf·cm/cm	ASTM D256	13.0	11.0	8.5	8.5	7.0	6.5	7.0	6.5
	悬臂梁冲击无缺口	kgf·cm/cm						340		340	
	疲劳强度 10⁶次	kgf/cm²									
热性质	比热容	kcal/kg℃		0.35	0.35	0.35	0.35	0.35	0.35	0.35	0.35
	热导率	kcal·m/m²·h·℃		0.2	0.2	0.2	0.2	0.2	0.2	0.2	0.2
	线膨胀系数	cm/cm/℃		8.1×10^{-5}	8.1×10^{-5}	8.1×10^{-5}	8.1×10^{-5}	8.1×10^{-5}	8.1×10^{-5}	8.1×10^{-5}	8.1×10^{-5}
	热变形温度 18.6kgf/cm²	℃	ASTM D696	130	133	136	136	136	136	136	136
	热变形温度 4.6kgf/cm²	℃	ASTM D648	170	170	170	170	170	170	170	170
	玻璃化转变温度	℃		-57	-57	-57	-57	-57	-57	-57	-57
	无冲击时UL温度指数	℃		90	90	90		90	90	85	85
	有冲击作用情况下UL温度指数	℃		85	85	85		85	85	85	85
	UL电器应用的温度指数										
	球压温度(引火温度)	℃		105	105	105		105	105	105	105
	点火温度(着火温度)	℃			155	155		155	155	155	155
电学性质	休积电阻	Ω·cm	ASTM D257	10¹⁵	10¹⁵	10¹⁵		10¹⁵	10¹⁵	10¹⁵	10¹⁵
	表面电阻	Ω	ASTM D257	10¹⁴	10¹⁴	10¹⁴		10¹⁴	10¹⁴	10¹⁴	10¹⁴
	绝缘破坏强度(短时间法)	kV/mm	ASTM D149	25	25	25		25	25	25	25
	介电常数(1MHz)		ASTM D150	3.7	3.7	3.7		3.7	3.7	3.7	3.7
	介电损耗角正切(1MHz)		ASTM D150					0.005			
	耐电弧性	s	ASTM D495	250	250	250	250	250	250	250	250
	耐电弧性	V									

树脂性能		单位	试验方法	牌号							
				7054	7054P	2013	3013	4013	5013	GA510	GA520
填充及增强材料的主要特征		%		快速成型高流动抗静电品级	快速成型超高流动抗静电品级	超高黏度耐候品级	高黏度耐候品级	中高黏度耐候品级	中黏度耐候品级	10,高刚性高尺寸稳定性品级	20,高刚性高尺寸稳定性品级
一般物理性质 熔融指数		g/10min	ASTMD1238	39.0	70.0	1.7	2.8	10.0	22.0		15.0
相对密度			ASTM D792	1.42	1.42	1.42	1.42	1.42	1.42	1.50	1.56
摩擦系数 对树脂											
对钢											
维尔法磨耗		mg/1000r	ASTMD1044	14	14	13	13	13	13	18	23
吸水率 23℃ 24h吸水率		%	ASTM D570	0.16	0.16	0.16	0.16	0.16	0.16	0.17	0.18
吸水率 23℃ 2h平均吸水率		%									
力学性能 屈服拉伸强度		kgf/cm²	ASTM D638	700	710	680	690	700	710	650	600
断裂拉伸强度		kgf/cm²	ASTM D638								
断裂伸长率		%		30	20	70	60	50	40	15	15
拉伸弹性模量		kgf/cm²									
弯曲强度		kgf/cm²	ASTM D790	1050	1050	1000	1050	1050	1100	1000	950
弯曲弹性模量		kgf/cm²	ASTM D790	31000	31000	28000	30000	31000	32000	36000	45000
压缩强度		kgf/cm²	ASTM D695	1300	1300	1300	1300	1300	1300	1300	1300
洛氏硬度			ASTM D785	M94,R120	M94,R120	M94,R120	M94,R120	M94,R120	M94,R120	M92,R120	M90,R118
悬臂梁冲击带缺口(IzoD)		kgf·cm/cm	ASTM D256	6.5	4.0	13.0	11.0	8.5	7.0	5.0	
悬臂梁冲击带反向缺口		kgf·cm/cm									
疲劳强度 10⁶ 次		kgf/cm²	ASTM D671	320							360
热性质 比热容		kcal/kg℃		0.35	0.35	0.35	0.35	0.35	0.35		
热导率		kcal·m/m²·h·℃		0.2	0.2	0.2	0.2	0.2	0.2		
线膨胀系数		cm/cm/℃	ASTM D696	8.1×10^{-5}	8.1×10^{-5}	8.1×10^{-5}	8.1×10^{-5}	8.1×10^{-5}	8.1×10^{-5}	8.1×10^{-5}	8.1×10^{-5}
热变形温度 18.6kgf/cm²		℃	ASTM D648	136	136	136	136	136	136	140	152
热变形温度 4.6kgf/cm²		℃		170	170	170	170	170	170	172	174
玻璃化转变温度		℃		−57	−57	−57	−57	−57	−57		
无冲击 UL温度指数下UL		℃		55							50
有冲击作用情况下 UL		℃		50							50
温度指数		℃									
UL电器应用的温度指数		℃		50							50
球压温度(引火温度)		℃									
点火温度		℃									
自燃温度(着火温度)		℃									
电学性质 体积电阻		Ω·cm	ASTM D257	10¹⁵	10¹⁵	10¹⁵	10¹⁵	10¹⁵	10¹⁵	10¹⁵	
表面电阻		Ω	ASTM D257	10¹⁴	10¹⁴	10¹⁴	10¹⁴	10¹⁴	10¹⁴	10¹⁴	
绝缘破坏强度(短时间法)		kV/mm	ASTM D149	25	25	25	25	25	25	25	
介电常数(1MHz)				3.7	3.7	3.7	3.7	3.7	3.7	3.7	
介电损耗角正切(1MHz)			ASTM D150								
耐电弧性		s	ASTM D495	250	250	250	250	250	250	250	
耐电弧寻迹		V									

续表

树脂性能	单位	试验方法	GN705	GT525	LT804	LT805	LT200	FS410	FA405	LA500
填充及增强材料的主要特征	%		25 超高刚性品级	25 高尺寸稳定性品级	高润滑电气接点专用品级	高润滑电气接点专用品级	高润滑品级	低摩擦磨耗品级	低摩擦磨耗品级	高润滑嵌段共聚树脂
一般物性										
熔融指数	g/10min	ASTM D1238	10.0		9.0	22.0	25.0	9.0	9.0	22.0
相对密度		ASTM D792	1.56	1.58	1.42	1.42	1.40	1.42	1.42	1.40
摩擦系数 对树脂										
对钢										
维轮法磨耗	mg/1000r	ASTM D1044	23	23	15	15	18	16	16	14
吸水率 23℃ 24h 吸水率	%	ASTM D570	0.18	0.18	0.30	0.30	0.30	0.16	0.16	0.30
吸水率 23℃ 24h 平均吸水率	%									
力学性能										
屈服拉伸强度	kgf/cm²	ASTM D638	1300	530	680	660	680	680	640	630
断裂拉伸强度	kgf/cm²									
断裂伸长率	%	ASTM D638	3	10	60	50	45	30	35	30
拉伸弹性模量	kgf/cm²									
弯曲强度	kgf/cm²	ASTM D790	1900	950	970	1000	900	1050	1000	860
弯曲弹性模量	kgf/cm²	ASTM D790	8400	40000	28000	29000	28000	30000	30000	24000
压缩强度	kgf/cm²		1300				1000			
洛氏硬度		ASTM D785	M90, R118	M92, R120	M92, R120	M92, R120	M80, R116	M94	M94	M80, R116
悬臂梁冲击带缺口(Izod)	kgf·cm/cm	ASTM D256	8.0	4.5	7.5	7.0	7.0	5.5	6.5	5.5
悬臂梁冲击带反向缺口	kgf·cm/cm									
疲劳强度 10^6 次	kgf/cm²									
热性质										
比热容	kcal/kg℃				0.35	0.35	0.35	0.35	0.35	0.35
热导率	kcal·m/m²·h·℃				0.2	0.2		0.2	0.2	0.2
线膨胀系数	cm/cm/℃	ASTM D696	$8.1×10^{-5}$	$8.1×10^{-5}$	$8.1×10^{-5}$	$8.1×10^{-5}$	8.1	$8.1×10^{-5}$	$8.1×10^{-5}$	$8.1×10^{-5}$
热变形温度 18.6kgf/cm²	℃	ASTM D648	170	150	130	130	120	136	136	110
热变形温度 4.6kgf/cm²	℃	ASTM D648	174	172	174	174	170	170	170	165
玻璃化转变温度	℃									
无冲击 UL温度指数	℃				-57	-57				
有冲击作用情况下 UL温度指数	℃									
UL电器应用的温度指数	℃									
球压温度	℃		50	50	50	50	50	50	50	50
点火温度(引火温度)	℃		50	50	50	50	50	50	50	50
自然温度(着火温度)	℃		50	50	50	50	50	50	50	50
电学性质										
体积电阻	Ω·cm				10^{15}	10^{15}		10^{15}	10^{15}	10^{14}
表面电阻	Ω				10^{14}	10^{14}		10^{14}	10^{14}	10^{13}
绝缘破坏强度(短时间法)	kV/mm				25	25		25	25	
介电常数(1MHz)	—				3.7	3.7		3.7	3.7	
介电损耗角正切(1MHz)	—									
耐电弧性	s				250	250		250	250	
耐电弧寻迹	V									

树脂性能		试验方法	单位	牌号							
				LA501	LA531	PT300	EF500	4012	5012	4015	5015
	填充及增强材料的主要特征			高润滑离散段共聚树脂	超高润滑离段共聚树脂	抗疲劳低蠕变品级	防静电品级	中高黏度柔软品级	中黏度柔软品级	中黏度电气触点专用品级	中黏度电气触点专用品级
一般物性	熔融指数	ASTMD1238	g/10min	22.0	22.0		12	9.0	24.0	10.0	22.0
	相对密度	ASTMD792		1.38	1.38	1.48	1.35	1.42	1.42	1.42	1.42
	摩擦系数 对树脂										
	对钢										
	维轮法磨耗	ASTMD1044	mg/1000r	14		15		15	15	18	18
	吸水率 23℃ 24h吸水率	ASTMD570	%	0.30	0.30	0.20	0.20	0.16	0.16	0.20	0.20
	吸水率 23℃ 24h平均吸水率		%								
力学性能	屈服拉伸强度	ASTMD638	kgf/cm²	600	580	640	470	650	650	720	720
	断裂伸长率	ASTMD638	%	30	30	20	30	40	35		
	断裂拉伸强度		kgf/cm²								
	拉伸弹性模量	ASTMD790	kgf/cm²								
	弯曲强度	ASTMD790	kgf/cm²	830	820	1100	850	1000	1000	1100	1100
	弯曲弹性模量	ASTMD695	kgf/cm²	22000	22000	40000	25000	28000	28000	32000	32000
	洛氏硬度	ASTMD785		M78,R115	M78,R115	M92,R120	M85	M85,R120	M85,R120	M94,R120	M94,R120
	悬臂梁冲击带缺口(Izod)	ASTMD256	kgf·cm/cm	5.5	5.5	5.0	4.0	9.0	8.0	8.0	7.0
	悬臂梁冲击带缺口反向缺口		kgf·cm/cm								
	疲劳强度 10^6 次		kgf·cm/cm	180							
热性质	比热容		kcal/kg℃	0.35						0.35	0.35
	热导率		kcal·m/m²·h·℃	0.2						0.23	0.23
	线膨胀系数	ASTMD696	cm/cm/℃	8.1×10^{-5}	8.1×10^{-5}	8.5×10^{-5}		8.1×10^{-5}	8.1×10^{-5}	8.1×10^{-5}	8.1×10^{-5}
	热变形温度 18.6kgf/cm²	ASTMD648	℃	105	105	139	100	130	130	124	124
	热变形温度 4.6kgf/cm²		℃	165	165	170	150	170	170	170	170
	玻璃化转变温度		℃								
	无冲击时UL温度指数		℃	50	50	50	50	50	50	50	50
	有冲击作用情况下UL温度指数		℃	50	50	50	50	50	50	50	50
	UL电器应用的温度指数		℃								
	球压温度		℃	50	50		50	50	50	50	50
	点火温度(引火温度)		℃							155	155
	自燃温度(着火温度)		℃								
电学性质	体积电阻	ASTMD257	Ω·cm	10^{14}				10^{15}	10^{15}	10^{15}	10^{15}
	表面电阻	ASTMD257	Ω	10^{13}				10^{14}	10^{14}	10^{14}	10^{14}
	绝缘破坏强度(短时间法)	ASTMD149	kV/mm					25	25	20	20
	介电常数(1MHz)	ASTMD150						3.7	3.7	3.7(1000Hz) 3.7(100万Hz)	3.7(1000Hz) 3.7(100万Hz)
	介电损耗角正切(1MHz)	ASTMD150								0.001(1000Hz) 0.005(100万Hz)	0.001(1000Hz) 0.005(100万Hz)
	耐电弧性	ASTMD495	s					250	250		
	耐电弧寻迹		V								

续表

性能类别	填充及增强材料的主要特征	试验方法	单位	3510 高黏度 一般品级	4510 中黏度 一般品级	7510 高流动 一般品级	3530 高黏度 挤出品级	4520 中黏度 抗模垢品级	5520 中黏度 抗模垢品级	7520 高流动 抗模垢品级	8520 超高流动 抗模垢品级
一般物性	熔融指数	ASTMD 1238	g/10min	2.8	9.0	30.0	2.8	9.0	15.0	30.0	45.0
	相对密度	ASTMD 792		1.41	1.41	1.41	1.41	1.41	1.41	1.41	1.41
	摩擦系数 对钢				0.35			0.35			
	摩擦系数 对树脂				0.35			0.35			
	维卡法磨耗	ASTMD 1044	mg/1000r	14	14	14	14	14	14	14	14
	吸水率 23℃ 24h 吸水率	ASTMD 570	%	0.222	0.22	0.22	0.22	0.22	0.22	0.22	0.22
	吸水率 23℃ 2h 平均吸水率		%								
力学性能	屈服拉伸强度	ASTMD 638	kgf/cm²	610	620	630	610	620	630	630	630
	断裂拉伸强度	ASTMD 638	kgf/cm²								
	断裂伸长率	ASTMD 638	%	75	60	50	75	60	55	50	50
	拉伸弹性模量	ASTMD 790	kgf/cm²								
	弯曲强度	ASTMD 790	kgf/cm²	910	920	930	910	920	930	930	930
	弯曲弹性模量	ASTMD 790	kgf/cm²	26500	26500	26800	26500	26500	26700	26800	26800
	压缩强度	ASTMD 695	kgf/cm²		1100			1100		1150	
	洛氏硬度	ASTMD 785		M78	M80.R115	M80.R115	M78	M80.R115	M80.R115	M80.R115	M80.R115
	悬臂梁冲击带缺口（Izod）	ASTMD 256	kgf·cm/cm	7.5	6.5	5.5	7.5	6.5	6.0	5.5	5.5
	悬臂梁冲击带反向缺口		kgf·cm/cm								
	疲劳强度 10⁶次		kgf/cm²								
热性质	比热容		kcal/kg℃	0.35	0.35	0.35		0.35	0.35	0.35	
	热导率		kcal·m/m²·h·℃	0.20	0.20	0.20		0.20	0.20	0.20	
	线膨胀系数	ASTMD 696	cm/cm/℃	8×10^{-5}	8×10^{-5}	8×10^{-5}	8×10^{-5}	8×10^{-5}	8×10^{-5}	8×10^{-5}	8×10^{-5}
	热变形温度 18.6kgf/cm²	ASTMD 648	℃	110	110	110	110	110	110	110	110
	热变形温度 4.6kgf/cm²		℃	158	158	158	158	158	158	158	158
	玻璃化转变温度		℃								
	无冲击 UL温度指数		℃	90	90	90	90	90	90	90	50
	有冲击作用情况下 UL		℃	90	90	90	90	80	80	80	50
	UL电器应用的温度指数		℃	115	115	115	115	105	105	105	50
	球压温度		℃	155	155	155	155	155	155	155	155
	点火温度（引火温度）		℃		350						
	自燃温度（着火温度）		℃		450						
电学性质	体积电阻	ASTMD 257	Ω·cm	10¹⁵	10¹⁵	(10¹⁵)	(10¹⁵)	(10¹⁵)	(10¹⁵)	(10¹⁵)	(10¹⁵)
	表面电阻	ASTMD 257	Ω	10¹⁶	10¹⁶	(10¹⁴)	(10¹⁴)	(10¹⁴)	(10¹⁶)	(10¹⁶)	(10¹⁴)
	绝缘破坏强度（短时间法）	ASTMD 149	kV/mm	24	24	24	24	24	24	24	24
	介电常数（1MHz）	ASTMD 150		3.7	3.7	(3.7)	(3.7)	(3.7)	(3.7)	(3.7)	(3.7)
	介电损耗角正切（1MHz）	ASTMD 150		0.005	0.005	(0.005)	(0.005)	(0.005)	(0.005)	(0.005)	(0.005)
	耐电弧性		s								
	耐电弧寻迹		V	240	240	240	240	240	240	240	240

树脂性能	单位	试验方法	牌号 7554	8554	3513	4513	7513	4563	4540	GN455
填充及增强材料的主要特性			高流动快速成型品级	超高流速快速成型品级	高黏度耐候品级	中黏度耐候品级	高流动耐候品级	中黏度耐候品级	耐热品级	高刚度高强品级
熔融指数	g/10min	ASTMD 1238	30.0	45.0	3.5	9.0	30.0	9.0	9.0	4.0
相对密度		ASTMD 792	1.41	1.41	1.41	1.41	1.41	1.41	1.41	1.59
摩擦系数　对树脂　对钢										(スラスト型10kgf/cm²　10cm/s)0.50
维卡法磨耗	mg/1000r	ASTMD 1044	14	14	14	14	14	14	14	14
吸水率 23℃ 24h 吸水率 %　吸水率 23℃ 24h 平均吸水率 %	%	ASTMD 570	0.22	0.22	0.22	0.22	0.22	0.22	0.22	0.22
屈服拉伸强度	kgf/cm²	ASTMD 638	630	630	610	620	630	620	620	1500
断裂拉伸强度	kgf/cm²	ASTMD 638								
断裂伸长率	%		50	40	75	60	50	60	50	5
拉伸弹性模量	kgf/cm²	ASTMD 790								
弯曲强度	kgf/cm²	ASTMD 790	930	930	910	920	930	920	900	2300
弯曲弹性模量	kgf/cm²		26800	26800	26500	26500	26800	26500	26300	77000
压缩强度	kgf/cm²	ASTMD 785								1200
洛氏硬度			M80,R115	M80,R115	M78	M80,R115	M80,R115	M80,R115	M80,R115	M79,R115
悬臂梁冲击带缺口（Izod）	kgf·cm/cm	ASTMD 256	5.5	5.5	7.5	6.5	5.5	6.5	5.5	7.0
悬臂梁冲击带缺口反向	kgf·cm/cm									
疲劳强度 10^6 次	kgf/cm²									450
比热容	kcal/kg℃									
热导率	kcal·m/m²·h·℃									
线膨胀系数	cm/cm/℃	ASTMD 696	8×10^{-5}	8×10^{-5}	8×10^{-5}	8×10^{-5}	8×10^{-5}	8×10^{-5}	8×10^{-5}	$4\sim8\times10^{-5}$
热变形温度 18.6kgf/cm²	℃	ASTMD 648	110	110	110	110	110	110	110	163
热变形温度 4.6kgf/cm²	℃		158	158	158	158	158	158	158	166
玻璃化转变温度	℃									
无冲击 UL 温度指数	℃		50	50					50	100
有冲击作用情况下 UL 温度指数	℃		50	50					50	95
UL 电器应用用的温度指数	℃		50	50					50	105
球压温度（引火温度）	℃									
点火温度（着火温度）	℃									
自燃温度（自燃火温度）	℃		155	155		155	155			155
体积电阻	Ω·cm				(10^{15})	10^{15}	10^{15}	(10^{15})		
表面电阻	Ω				(10^{16})	10^{16}	10^{16}	(10^{16})		
绝缘破坏强度（短时间法）	kV/mm				24	24	24	24		
介电常数（1MHz）					(3.7)	(3.7)	(3.7)	(3.7)		
介电损耗角正切（1MHz）					(0.005)	(0.005)	(0.005)	(0.005)		
耐电弧性	s									
耐漏电痕迹	V				240	240	240	240		

续表

树脂性能		性能	单位	试验方法	牌号								
					GW757	GN755	GT755	WB452	EF750	CF452	CF454	SN456	MT754
填充及增强材料的量主要特征					30 低翘曲高刚性品级	25 高刚性高强度品级	25 低翘曲高刚性品级	高刚性耐候品级	抗静电品级	10 高刚性高强度低磨耗品级	20 高刚性高强度低磨耗品级	耐冲击品级	20 高刚性低翘曲品级
一般物性	熔融指数		g/10min	ASTM D 1238	6.0	8.0		6.0	9.8	5.0	3.7		19.0
	相对密度			ASTM D 792	1.69	1.59	1.59	1.59	1.41	1.43	1.46	1.33	1.58
	摩擦系数 对树脂		スラスト型 10kgf/cm² 10cm/s									0.36	
	摩擦系数 对钢											0.33	
	锥轮法磨耗		mg/1000r	ASTM D 1044							34		29
	吸水率 23℃ 24h 吸水率		%	ASTM D 570	0.45	0.22			0.40		0.45		0.50
	吸水率 23℃ 24h 平均吸水率		%										
力学性能	屈服拉伸强度		kgf/cm²	ASTM D 638	760	1400	620	1020	520	1150	1500	330	610
	断裂拉伸强度		kgf/cm²										
	断裂伸长率		%	ASTM D 638	2	5	10	10	9	2	2	≥200	5
	拉伸弹性模量		kgf/cm²										
	弯曲强度		kgf/cm²	ASTM D 790	1300	2100	1100	1500	890	1700	2300		1100
	弯曲弹性模量		kgf/cm²	ASTM D 790	110000	80000	35000	45000	28400	75000	145000	11000	60000
	压缩强度		kgf/cm²	ASTM D 695		1250					104		
	洛氏硬度			ASTM D 785	M93	M79	M90	M79	M80	M90	M104		M98
	悬臂梁冲击带缺口(Izod)		kgf·cm/cm	ASTM D 256	4.0	7.0	3.5	6.0	3.5	3.5	4.5	22	3.5
	悬臂梁冲击带反向缺口		kgf·cm/cm										
	疲劳强度 10⁶ 次		kgf/cm²	ASTM D 671	420				170	650	650	280	280
热性质	比热容		kcal/kg ℃										
	热导率		kcal·m/m²·h·℃										
	线膨胀系数		cm/cm/℃	ASTM D 696	$(4\sim6)\times10^{-5}$	$4\sim8\times10^{-5}$	$4\sim8\times10^{-5}$		9.0×10^{-5}	$4\sim8\times10^{-5}$	$4\sim8\times10^{-5}$		6×10^{-5}
	热变形温度 18.6kgf/cm		℃	ASTM D 648	160	163	130	150	120	140	164	135	150
	热变形温度 4.6kgf/cm		℃		166	166	160	160	162	162	166		163
	玻璃化转变温度		℃			100							
	无冲击台所配下UL温度指数		℃			95			50			50	50
	有冲击作用配下UL电器应用的温度指数		℃			105			50			50	50
	球压温度(引火温度)		℃			155			50			50	155
	点火温度(着火温度)		℃										
	自燃温度(着火温度)		℃										
电学性质	体积电阻		Ω·cm										
	表面电阻		Ω										
	绝缘破坏强度(短时间法)		kV/mm										
	介电常数(1MHz)												
	介电损耗角正切(1MHz)												
	耐电弧性		s										
	耐电弧寻迹		V										

附录二　杜邦公司聚甲醛树脂牌号及性能

分类	树脂性能	单位	试验方法	100	500	900	500F	900F	507	570	100AF
				最高韧性（耐冲击性伸长率出色）	典型的注塑品种	低黏度高流动品级	快速成型品级	快速成型品级	加紫外光吸收剂的耐候品级	高刚性品级	最高韧性低磨耗品级
一般物性	填充及增强材料的量主要特征	%									
	熔融指数	g/10min	ASTM D 1238	1.0	5.0	9.0	5.0	9.0	5.0		1.54
	相对密度		ASTM D 792	1.42	1.42	1.42	1.42	1.42	1.42	1.56	
	摩擦系数 对树脂		推力垫片方式	0.3	0.3	0.3	0.2	0.2	0.3		0.08
	摩擦系数 对钢			0.2	0.2	0.2	0.15	0.15	0.2		
	维卡法磨耗	mg/1000r	ASTM D 570								
	吸水率 23℃ 24h 吸水率	%		0.25	0.25	0.25	0.32	0.32	0.25	0.25	0.20
	吸水率 23℃ 24h 平均吸水率	%		0.22	0.22	0.22	0.28	0.28	0.22	0.20	0.18
力学性能	屈服拉伸强度	kgf/cm²	ASTM D 638	700	700	700	680	680	700	600	530
	断裂拉伸强度	kgf/cm²	ASTM D 638								
	断裂伸长率	%	ASTM D 638	85	50	25	40	25	50	12	22
	拉伸弹性模量	kgf/cm²	ASTM D 790	32900	34300	37100	34300	37100	34300	63300	29500
	弯曲强度	kgf/cm²									
	弯曲弹性模量	kgf/cm²		29000	31500	32900	31000	32000	31500	51300	23900
	压缩强度 10%变形	kgf/cm²	ASTM D 695	1260	1260	1260	1100	1100	1260	1270	910
	洛氏硬度		ASTM D 785	M94,R120	M94,R120	M94,R120	M92,R120	M92,R120	M94,R120	M90,R118	M78,R118
	悬臂梁冲击带缺口 (Izod)	kgf·cm/cm	ASTM D 256	14.0	8.3	7.2	8.3	7.2	8.3	4.4	6.5
	悬臂梁冲击带反向缺口	kgf·cm/cm									
	疲劳强度 10⁶次	kgf/cm²	ASTM D 671	330	320	320	280	280	320	320	250
热性能	比热容	kcal/kg℃		0.35	0.35	0.35	0.35	0.35	0.35		
	热导率	W/m·k·℃									
	线膨胀系数	cm/cm/℃	ASTM D 696	10.4	10.4	10.4	10.4	10.4	10.4	3.6	10.4
	热变形温度 18.6kgf/cm²	℃	ASTM D 648	136	136	136	130	130	136	158	118
	热变形温度 4.6kgf/cm²	℃		172	172	172	170	170	172	174	168
	玻璃化转变温度	℃									
	无冲击下 UL 温度指数	℃		90	90	90	90	90	90	90	
	有冲击作用情况下 UL 温度指数	℃		85	85	85	85	85	85	85	
	UL 电器应用的温度指数	℃		105	105	105	105	105	105	105	
	球压温度	℃		323	323	323	323	323	323	323	183
	点火温度（引火温度）	℃	ASTM D 1929								
	自燃温度（着火温度）	℃									
电学性质介	体积电阻	Ω·cm	ASTM D 257	1×10¹⁵	1×10¹⁵	1×10¹⁵	1×10¹⁵	1×10¹⁵	1×10¹⁵	5×10¹⁴	3×10¹⁶
	表面电阻	Ω	ASTM D 149								
	绝缘破坏强度（短时间法）	kV/mm	ASTM D 149	19.7	19.7	19.7	19.7	19.7	19.7	19.3	15.8(3.2mm)
	介电常数（1MHz）		ASTM D 150	3.7	3.7	3.7	3.7	3.7	3.7	3.9	3.1
	介电损耗角正切(1MHz)		ASTM D 150	0.005	0.005	0.005	0.005	0.005	0.005	0.005	0.009
	耐电弧	s	ASTM D 495	220	220	220	200	220	220	168	
	耐电弧导迹	V		600以上	600以上	600以上	600以上	600以上	600以上	600以上	
				燃烧而不寻迹	燃烧而不寻迹	燃烧而不寻迹	燃烧而不寻迹	燃烧而不寻迹	燃烧而不寻迹	燃烧而不寻迹	

牌号

续表

树脂性能	单位	试验方法	牌号						
填无材料的量材料特征			500AF	500CL	100ST	500T	DE8101 / DE8100HP	DE3501 / DE3500HP	DE8901 / DE8900HP
			低磨耗低滑动摩擦专用品级	带均匀分散化学润滑剂的耐磨耗细晶材料	超韧弹性体改性聚甲醛	超韧低磨耗弹性体改性聚甲醛	高密度品级	中黏度品级	高流动品级
一般特性									
熔融指数	g/10min								
相对密度		ASTM D 792	1.54	1.42	1.34	1.39	1.42	1.42	1.42
摩擦系数 对树脂 对钢		推力垫片方式 ASTM D 1894	0.08	0.10	0.14	0.17	0.35	0.35	0.35
磨轮法磨耗 对钢	mg/1000r		0.20	0.27			0.32	0.32	0.32
吸水率 23℃ 24h 吸水率	%	ASTM D 570	0.18	0.23			0.28	0.28	0.28
吸水率 23℃ 24h 平均吸水率	%								
力学性能									
屈服拉伸强度	kgf/cm²	ASTM D 638	490	670	460	590	700	700	700
断裂拉伸强度	kgf/cm²	ASTM D 638					700	700	700
断裂伸长率	%	ASTM D 638	15	40	200	60	85	50	25
拉伸弹性模量	kgf/cm²	ASTM D 638	29500	31600			32900	34300	37100
弯曲强度	kgf/cm²	ASTM D 790	720	910			1000	990	980
弯曲弹性模量	kgf/cm²	ASTM D 790	24600	28100	14100	24600	29000	31500	32900
压缩强度	kgf/cm²	ASTM D 695 23℃ 10%变形	910	1090			360 (1%变形)	360 (1%变形)	350 (1%变形)
洛氏硬度				M90,R120	M58,R105	M79,R117	M94,R120	M94,R120	M94,R120
悬臂梁冲击带缺口 (Izod)	kgf·cm/cm	ASTM D 256	3.8	7.6	92.5	11.4	14.0	8.3	7.2
悬臂梁冲击带反向缺口	kgf·cm/cm						冲不断		165
疲劳强度 10⁵ 次	kgf/cm²	ASTM D 671	245	280			330	320	320
热性质									
比热容	kcal/kg℃								
热导率	kcal·m/m²·h·℃								
线膨胀系数	cm/cm/℃	ASTM D 696	10.4				12.2×10⁻⁵	12.2×10⁻⁵	12.2×10⁻⁵
热变形温度 18.6kgf/cm²	℃	ASTM D 648	118		90	100	136	136	136
热变形温度 4.6kgf/cm²	℃		168		145	169	172	172	172
玻璃化转变温度	℃								
无冲击 UL 温度指数	℃								
有冲击作用情况下 UL 温度指数	℃								
UL 电器应用的温度指数	℃								
球压温度	℃								
点火温度（引火温度）	℃						375	375	375
自燃温度（着火温度）	℃	ASTM D 1929					323	323	323
电学性质									
体积电阻	Ω·cm	ASTM D 257	3×10¹⁶	5×10¹⁴			1×10¹⁵	1×10¹⁵	1×10¹⁵
表面电阻	Ω								
绝缘破坏强度（短时间法）	kV/mm	ASTM D 149 (3.2m)	15.8	15.8			19.7	19.7	19.7
介电常数（1MHz）		ASTM D 156	3.1	3.5			3.7	3.7	3.7
介电损耗角正切（1MHz）		ASTM D 150	0.009	0.006			0.005	0.005	0.005
耐电弧性	s		183	183	120	120	220	220	220
耐电弧寻迹	V	ASTM D 495							

附录三 宝理公司共聚甲醛树脂牌号及性能

	树脂性能 填充材料的量材料特征	单位	试验方法	M25 高黏度品级	M90 一般品级	M140 高流动品级	M270 高流动快速成型品级	M450 超高流动快速成型品级	M90-08 M90-38 抗静电品级	M90-45 耐候品级	VC-10 录像器材专用品级
一般物性	熔融指数	g/10min	ASTM D 1238	2.5	9.0	14.0	27.0	45.0	9.0	9.0	28
	相对密度		ASTM D 792	1.41	1.41	1.41	1.41	1.41	1.40	1.41	1.40
	摩擦系数 对树脂		ASTM D 1894	0.38	0.38				0.17	0.25	
	摩擦系数 对钢		ASTM D 1894	0.26	0.26				0.25		
	维轮法磨耗	mg/1000r	ASTM D 1044	14	14	14	14	14	15.6	15.6	
	吸水率23℃ 24h吸水率	%	ASTM D 570	0.22	0.22	0.22	0.22	0.22	0.22	0.22	0.22
	吸水率23℃ 24h平均吸水率	%	ASTM D 570						0.80	0.80	0.80
力学的性质	拉伸屈服强度	kgf/cm²	ASTM D 638	620	620	620	620	620	610	600	610
	拉伸断裂强度	kgf/cm²	ASTM D 638								
	断裂伸长率	%	ASTM D 638	75	60	55	40	35	80	85	60
	拉伸模量	kgf/cm²	ASTM D 638	28000	28800		28800			28800	
	弯曲强度(5%变形)	kgf/cm²	ASTM D 790	980	980	980	910	980	900	780	900
	弯曲模量	kgf/cm²	ASTM D 790	26400	26000	26400	26400	26400	25000	24000	24500
	压缩强度(1%变形)	kgf/cm²	ASTM D 695	320	320		320		980	980	
	洛氏硬度		ASTM D 785	M80	M80	M80	M80	M80	M80		M80.5
	带缺口Izod悬臂梁冲击强度	kgf·cm/cm	ASTM D 256	7.6	6.5	6.0	5.4	5	6.5	6.0	5.0
	反向缺口悬臂梁冲击强度	kgf·cm/cm	ASTM D 256	91	78	75	63	45			
	疲劳强度10^7次 反复拉伸下的抗张疲劳	kgf/cm²	—	310	250	245	280			250	
热的性质	比热容	kcal/kg℃	—	0.35	0.35	0.35	0.35	0.35	0.35	0.35	0.35
	热膨胀系数	kcal·m/m²·h·℃	—	0.20	0.20	0.20	0.20	0.20	0.20	0.20	0.20
	线膨胀系数	cm/cm/℃	—	13×10^{-5}	13×10^{-5}	9×10^{-5}	9×10^{-5}	13×10^{-5}	9×10^{-5}	$9\sim13\times10^{-5}$	$9\sim13\times10^{-5}$
	热变形温度18.6kgf/cm²	℃	ASTM D 648	110	110	110	110	110	110	110	110
	热变形温度4.6kgf/cm²	℃	ASTM D 648	158	158	158	158	158	158		
	玻璃化转变温度	℃									
	无冲击作UL温度指数	℃		90~100	90~100	100	90~100	100	50	50	
	有冲击作下UL	℃		95	90~95	95	90~95	95	50	50	
	UL电器应用的温度指数	℃		105~110	105~110	100	105~110	110	50	50	
	球压温度(引火温度)	℃		155	155	155	155	155	155		150
	点火温度(着火温度)	℃		350	350	350	350	350			
	自燃温度(着火温度)	℃		450	450	450	450	450			
电学性质	体积电阻	Ω·cm	ASTM D 257	1×10^{14}	1×10^{14}	1×10^{14}	1×10^{14}	1×10^{14}	10×10^{14}	1×10^{14}	1×10^{16}
	表面电阻	Ω	ASTM D 257	1.3×10^{16}	1.3×10^{16}	1.3×10^{16}	1.3×10^{16}	1.3×10^{16}	13×10^{16}	13×10^{16}	
	绝缘破坏强度(短时间同法)	kV/mm	ASTM D 149	20000	20000	20000	20000	20000	19.4		
	介电常数(1MHz)		ASTM D 150	3.7	3.7	3.7	3.7	3.7	3.7	3.7	
	介电损耗角正切(1MHz)		ASTM D 150	0.001	0.001	0.001	0.001	0.001	0.001~0.007	0.001~0.007	
	耐电弧性	s	ASTM D 495	240	240	240	240	240	240	240	
	耐电弧寻迹	V	IEC法		600+	600+	600+	600+	600+	600+	

续表

树脂性能		单位	试验方法	牌号							
				GH-25 高强度高刚性品级	GB-25 低翘曲增强品级	GM-20 增强低翘曲品级	LU-02 消光耐候品级	CR-20 高强度高刚性耐摩擦增强品级	CH-20 增强导电耐水中磨耗品级	ES-5 导电高增韧品级	EB-10 导电品级
一般物性	填充材料的量材料特征										
	熔融指数	g/10min	ASTM D 1238	2.5	4.0	20	20	3.0	3.5	10	1.5
	相对密度		ASTM D 792	1.59	1.59	1.54	1.41	1.44	1.47	1.41	1.43
	摩擦系数 对钢		ASTM D 1894	0.17	0.15			0.15	0.15		0.15
	对树脂		ASTM D 1894								
	锥轮法磨耗	mg/1000r	ASTM D 1044	36	32.4			61		25	41
	吸水率 23℃ 2h吸水率	%	ASTM D 570								
	吸水率 23℃ 24h平均吸水率	%	ASTM D 570	0.29	0.29	0.29				0.22	0.22
力学的性质	拉伸屈服强度	kgf/cm²	ASTM D 638	1300	630	600	550	1200	1700	475	600
	拉伸断裂强度	kgf/cm²	ASTM D 638								
	断裂伸长率	%	ASTM D 638	3	9	10	25	2.5	3	9	5
	弯曲强度(5%变形)	kgf/cm²	ASTM D 790	1970	1020	1100	830	1700	2500	810	1000
	弯曲模量	kgf/cm²	ASTM D 790	77000	36000	36000	25000	57000	140000	25000	34000
	压缩强度(1%变形)	kgf/cm²	ASTM D 695								
	洛氏硬度		ASTM D 785		M83		M80	M77	M77		
	带缺口Izod悬臂梁冲击强度	kgf·cm/cm	ASTM D 256	8.0	3.8	4.0	5.3	6.0	7.0	3.8	3.0
	反复缺口悬臂梁冲击强度	kgf·cm/cm	ASTM D 256	55	42	34	72	36	45	42	14
	疲劳强度10^7次 反复拉伸下的抗张疲劳	kgf/cm²		430	—			370			
热性质	比热容	kcal/kg℃		0.35	0.35	0.35	0.35	0.35	0.35	0.35	
	热导率	kcal·m/m²·h·℃		0.20	0.20	0.20	0.20	0.20	0.20	0.20	
	线膨胀系数	cm/cm/℃		$4\sim7\times10^{-5}$			9×10^{-5}(−30~+30℃) 13×10^{-5}(+20~+70℃)				
	热变形温度 18.6kgf/cm²	℃	ASTM D 648	163	148	150	110	162	164	106	125
	4.6kgf/cm²	℃	ASTM D 648								
	玻璃化转变温度	℃									
	无冲击或有冲击作用情况下UL温度指数	℃				50				50	
	UL电器应用的温度指数	℃				50				50	
	球压温度	℃				50				50	
	点火温度(引火温度)	℃									
	自燃温度(着火温度)	℃			155	155		155		150	150
电学性质	体积电阻(3mm厚度)	Ω·cm	ASTM D 257	2.3×10^{14}	8×10^{14}	2×10^{14}	1×10^{14}	16×10^{7}	5×10^{2}	1×10^{2}	50
	表面电阻(3mm厚度)	Ω	ASTM D 257	3.8×10^{16}			1.3×10^{16}	4×10^{7}		5×10^{2}	200
	绝缘破坏强度(短时间法)	kV/mm	ASTM D 149	23	18	20	24	23		0.9	0.8
	介电常数(2mm厚度)(10^2Hz)		ASTM D 150								
	介电损耗角正切(10^2Hz)		ASTM D 150								
	耐电弧性	s	ASTM D 495								
	耐电弧寻迹	V	IEC法								

树脂性能		单位	试验方法	KT-20	TD-15R	TC-15L	TR-20	OL-10	KW-02	AW-01	YF-10	U10-01
牌号（特征）				高刚性耐磨耗品级	高增韧高熔合线强度	高韧性,高熔合线强度,消音,耐磨耗品级	高刚性低翘曲品级	低摩擦性品级	低摩擦性品级	低摩擦性品级	低摩擦性品级	一般挤出成型品级
一般物性	填充材料的含量材料特征	%	—									
	熔融指数	g/10min	ASTM D 1238	4.8	0.2	0.5	21	10	19	8.7	7.5	1.0
	相对密度		ASTM D 792	1.59	1.35	1.33	1.53	1.41	1.34	1.37	1.46	1.41
	摩擦系数 对树脂		ASTM D 1894	0.33				0.30	0.16	0.27	0.28	
	对钢		ASTM D 1894	0.13			0.14	0.14	0.16	0.1	0.17	
	维卡法溶耗	mg/1000r	ASTM D 1044	63			43	22	23			18
	吸水率 23℃ 24h 吸水率	%	ASTM D 570									
	吸水率 23℃ 24h 平均吸水率	%	ASTM D 570	0.22	0.22	0.22	0.22	0.22	0.22	0.22	0.22	0.22
力学的性质	拉伸屈服强度	kgf/cm²	ASTM D 638	850	410	390	580	500	450	540	550	620
	拉伸断裂强度	kgf/cm²	ASTM D 638	5	288	>300	5	90	30	70	45	45
	断裂伸长率	%	ASTM D 638									
	弯曲强度(5%变形)	kgf/cm²	ASTM D 790	1500	564	550	1040	800	680	770	860	980
	弯曲模量	kgf/cm²	ASTM D 790	68000	15500	16000	43000	24000	20000	32000	25000	24300
	压缩强度(1%变形)	kgf/cm²	ASTM D 695									650
	洛氏硬度		ASTM D 785				M67	M70			M73	78
	带缺口 Izod 悬臂梁冲击强度	kgf·cm/cm	ASTM D 256	4.1	16.6	14.0	3.7	6.0	3.0	5.5	5.0	
	反向缺口悬臂梁冲击强度	kgf·cm/cm	ASTM D 256	41	NB	NB	32	75	33	90	55	
	疲劳强度 10⁷ 次 反复拉伸下的抗张疲劳	kgf/cm²	—	400								290
热性质	比热容	kcal/kg·℃	—	0.35	0.35	0.35	0.35	0.35	0.32	0.35	0.35	0.35
	热导率	kcal·m/m²·h·℃	—	0.20	0.20	0.20	0.20	0.20	0.20	0.20	0.20	0.20
	线膨胀系数	cm/cm/℃	—									
	热变形温度 18.6kgf/cm²	℃	ASTM D 648	160	94		149	110	99	100	107	110
	热变形温度 4.6kgf/cm²	℃	ASTM D 648									
	玻璃化转变温度	℃	—									
	无冲击作用情况下 UL 温度指数	℃	—		50	50			50	50		
	有冲击作用情况下 UL 温度指数	℃	—		50	50			50	50		
	UL 电器应用的温度指数	℃	—	155			155				155	155
	球压温度	℃	—		50	50			50	50		
	点燃温度(引火温度)	℃	—									
	自燃温度(着火温度)	℃	—									
电学性质	体积电阻(3mm厚度)	Ω·cm	ASTM D 257	2×10¹³						3×10¹⁴	9.3×10¹³	1×10¹⁴
	表面电阻(3mm厚度)	Ω	ASTM D 257									1.4×10¹⁶
	绝缘破坏强度(短时间法)	kV/mm	ASTM D 149	26				17.6		22	15.9	24
	介电常数(2mm厚度)10²Hz		ASTM D 150									
	介电损耗角正切(10²Hz)		ASTM D 150									
	耐电弧性	s	ASTM D 495									
	耐电弧漏迹	V	IEC 法									

附录四 三菱瓦斯公司共聚甲醛树脂牌号及性能

树脂性能		单位	试验方法	F10 高黏度 −01;无滴滑	F20 中黏度 −02;标准	F25 中黏度	F30 低黏度 −03;抗模垢品级	F40 低黏度	FK10 −01;交联品级	F20-52 耐候品级 一般	F20-51 耐候品级 黑色
一般物性	熔融指数	g/10min	ASTM D 1238	2.5	9.0	16.0	27	52	0.9	9.0	9.0
	相对密度		ASTM D 792	1.41	1.41	1.41	1.41	1.41	1.41	1.41	1.41
	摩擦系数 对钢 同树脂		ASTM D 1894	0.39	0.39	0.39	0.39	0.39	0.39	0.39	0.39
	摩擦系数 对钢 S45C		ASTM D 1894	0.30	0.30	0.30	0.30	0.30	0.30	0.30	0.30
	维卡法熔性	mg/1000r	ASTM D 1044	14	14	14	14	14	14	14	14
	吸水率 23℃ 24h吸水率	%	ASTM D 570	0.22	0.22	0.22	0.22	0.22	0.22	0.22	0.22
	吸水率 23℃ 24h平均吸水率	%	ASTM D 570	0.80	0.80	0.80	0.80	0.80	0.80	0.80	0.80
力学性能	屈服拉伸强度	kgf/cm²	ASTM D 638	615	625	630	635	635	615	620	610
	断裂拉伸强度	kgf/cm²	ASTM D 638								
	断裂伸长率	%	ASTM D 638	65	60	55	50	45	45	50	50
	拉伸弹性模量	kgf/cm²	ASTM D 638	28500	29000	29000	29000	29000	28500	29000	29000
	弯曲强度 1%变形	kgf/cm²	ASTM D 790	900	915	920	930	900	900	900	900
	弯曲弹性模量	kgf/cm²	ASTM D 790	26200	26500	26700	26700	26700	26200	26500	26500
	压缩强度	kgf/cm²	ASTM D 695	320	320	320	320	320			
	洛氏硬度	Mスケール	ASTM D 785	78	80	80	80	80	78	80	80
	悬臂梁冲击带缺口 (Izod)	kgf·cm/cm	ASTM D 256	7.5	6.5	6.0	5.5	5.0	7.5	6.5	5.5
	悬臂梁冲击带反向缺口	kgf·cm/cm	ASTM D 256	9.0	8.0	7.0	6.0	6.0	90	80	80
	疲劳强度 (10⁵次)	kgf/cm²	ASTM D 671	300	295	290	290	60			
热性质	比热容	kcal/kg℃									
	热导率	kcal·m/m²·h·℃	C177								
	线膨胀系数	cm/cm/℃	ASTM D 696	13×10⁻⁵	13×10⁻⁵	13×10⁻⁵	13×10⁻⁵	13×10⁻⁵	13×10⁻⁵	13×10⁻⁵	13×10⁻⁵
	热变形温度 18.6kgf/cm²	℃	ASTM D 648	158	158	158	158	158	158	158	158
	热变形温度 4.6kgf/cm²	℃	ASTM D 648	110	110	110	110	110	110	110	110
	玻璃化转变温度	℃									
	无冲击 UL温度指数	℃		100	100	100	100	100	100	100	100
	有冲击作用情况下 UL温度指数 0.79mm	℃		95	95	95	95	95	95	95	95
	UL电器应用的温度指数	℃									
	球压温度 (引火温度)	℃	方法:电取法 B	110	110	110	110	110	110	110	110
	点火温度 (着火温度)	℃		155	155	155	155	155	155	155	155
	自燃温度 (着火温度)	℃									
电学性质	体积电阻	Ω·cm	ASTM D 257	1×10¹⁴	1×10¹⁴	1×10¹⁴	1×10¹⁴	1×10¹⁴	1×10¹⁴	1×10¹⁴	1×10¹⁴
	表面电阻	Ω	ASTM D 257	1×10¹⁶	1×10¹⁶	1×10¹⁶	1×10¹⁶	1×10¹⁶	1×10¹⁶	1×10¹⁶	1×10¹⁶
	绝缘破坏强度 (短时间法)	kV/mm	ASTM D 149	19	19	19	19	19	19	19	19
	介电常数 (1MHz)		ASTM D 150	3.7	3.7	3.7	3.7	3.7	3.7	3.7	3.7
	介电损耗角正切 (1MHz)		ASTM D 150	0.007	0.007	0.007	0.007	0.007	0.007	0.007	0.007
	耐电弧性	s	ASTM D 495	150+	150+	150+	150+	150+	150+	150+	150+
	耐电弧寻迹	V	IEC122	500+	500+	500+	500+	500+	500+	500+	500+

续表

树脂性能	主要特征	单位	试验方法	F20-61	FV-30	FG1025A	FG2025	MF3020	FB2025	FC2020D	FC2020H
	填充及增强材料含量	%				25	25	20	25	20	20
	主要特征			抗静电品级	抗静电品级	玻纤增强品级	玻璃材料填充材料 中等长度玻纤增强品级	玻璃材料填充材料 填充增纤增强品级	玻璃微珠填充品级	碳纤维填充材料 导电品级	碳纤维填充材料 高刚性品级
一般物性	熔融指数	g/10min	ASTM D 1238	9.0	31	1.4	3.0		5.0	3.5	6.0
	相对密度		ASTM D 792	1.41	1.41	1.59	1.59	1.55	1.59	1.46	1.46
	摩擦系数 对树脂 同树脂		ASTM D 1894	0.39	0.39		0.49	0.52	0.54	0.27	0.27
	摩擦系数 对钢 S45C		ASTM D 1894	0.30	0.30						
	维卡法磨耗	mg/1000r	ASTM D 1044	14	14		26		21	34	25
	吸水率 23℃ 2h吸水率	%	ASTM D 570	0.22	0.22	0.22	0.20		0.20	0.36	0.36
	吸水率 23℃ 24h 平均吸水率	%	ASTM D 570								
力学性能	屈服拉伸强度	kgf/cm²	ASTM D 638	620	630	1400	1400	620	630	1400	1800
	断裂拉伸强度	kgf/cm²	ASTM D 638								
	拉伸伸长率	%	ASTM D 638	60	50	3	3	14	10	3	3
	弯曲强度 1%变形	kgf/cm²	ASTM D 790	850	920	2100	2100	1000	1010	1800	2700
	弯曲弹性模量	kgf/cm²	ASTM D 790	29000	29000	93000	93000	37000	36500	140000	160000
	压缩强度	kgf/cm²	ASTM D 695	25600	29000						
	洛氏硬度	Mスケール	ASTM D 785	80	80	95	95	83	83	96	98
	悬臂梁冲击强口(Izod) 带缺口	kgf·cm/cm	ASTM D 256	6.5	5.5	8.5	8.5	5.0	6.5	4.5	6.0
	悬臂梁冲击强口 反向缺口	kgf·cm/cm	ASTM D 256								
	疲劳强度 10⁶ 次	kgf/cm²	ASTM D 671				490		310	595	640
热性质	比热容	kcal/kg℃		0.39	0.39	0.34	0.34				
	热导率	kcal·m/m²·h·℃	C177	0.29	0.29	0.34	0.35	0.35	0.34	0.56	0.56
	线膨胀系数	cm/cm/℃	ASTM D 696	13×10^{-5}	13×10^{-5}	$(2\sim3)\times10^{-5}$	$(2\sim3)\times10^{-5}$	9×10^{-5}	9×10^{-5}	1.5×10^{-5}	1.5×10^{-5}
	热变形温度 18.6kgf/cm²	℃	ASTM D 648	158	158	164	164	163	162	164	164
	热变形温度 4.6kgf/cm²	℃	ASTM D 648	110	110	163	163	135	135	163	163
	玻璃化转变温度	℃									
	无冲击作用情况下 UL 温度指数	℃		100	100	105	105	50	50	50	50
	有冲击作用情况下 UL 温度指数 0.79mm	℃		95	95	95	95	50	50	50	50
	UL.电器应用的温度指数	℃		110	110	105	105	50	50	50	50
	球压温度(引火温度) 点火温度(着火温度) 自燃温度(着火温度)	℃		155	155	160	160		155	160	160
电学性质	体积电阻	Ω·cm	ASTM D 257	1×10^{14}	1×10^{12}	1×10^{14}	1×10^{14}	1×10^{14}	1×10^{14}	2×10^{2}	2×10^{3}
	表面电阻	Ω	ASTM D 257	2×10^{14}	1×10^{13}	1×10^{14}	1×10^{14}	1×10^{14}	1×10^{14}	2×10^{2}	2×10^{3}
	绝缘破坏强度(短时间法)	kV/mm	ASTM D 149		19	23	23		20		
	介电常数(1MHz)		ASTM D 150	3.7	3.7						
	介电损耗角正切(1MHz)		ASTM D 150	0.007	0.007						
	耐电弧性	s	ASTM D 495	150+	150+	99	99				
	耐电弧寻迹 方法:电歇法 B	V	IEC122	500+	500+	500+	500+				

续表

树脂性能	单位	试验方法	牌号							
			晶须填充品级		导电品级	无机物填充品级		润滑系列品级		
			FT2010	FT2020	ET20	TC3015	TC3030	LO-20	FX-01	FX-11
填充及增强材料含量主要特征	%		10	20		15	30			
一般物性										
熔融指数	g/10min	ASTM D 1238	7.5	5.5	11.0	10.5	9.5	10	10	10
相对密度		ASTM D 792	1.49	1.59	1.41	1.52	1.63	1.41	1.41	1.41
摩擦系数 对树脂 同树脂		ASTM D 1894								
摩擦系数 对钢 S45C		ASTM D 1894	0.40	0.36	0.29	0.30	0.30	0.27	0.07	0.07
锥轮法磨耗	mg/1000 サイクル	ASTM D 1044	17	37						
吸水率 23℃ 24h吸水率	%	ASTM D 570	0.23	0.23		0.21	0.20	0.21	0.21	0.21
吸水率 23℃ 24h平均吸水率	%	ASTM D 570						0.22	0.22	0.22
力学性能										
屈服拉伸强度	kgf/cm²	ASTM D 638	750	950	460	615	600	580	550	550
断裂拉伸强度	kgf/cm²	ASTM D 638								
断裂伸长率	%	ASTM D 638	7	3	7	2.5	1.0	50	70	70
拉伸弹性模量 1%变形	kgf/cm²	ASTM D 638								
弯曲强度	kgf/cm²	ASTM D 790	1200	1650	700	1050	1130	820	820	820
弯曲弹性模量	kgf/cm²	ASTM D 790	49000	83000	25000	48000	85000	25000	25000	25000
压缩强度	kgf/cm²	ASTM D 695								
洛氏硬度	M スケール	ASTM D 785	92	96	75	84	84	80	80	78
悬臂梁冲击带缺口 (Izod)	kgf·cm/cm	ASTM D 256	4.5	4.5	5.5	3.1	3.4	6.0	6.5	6.5
悬臂梁冲击带反向缺口	kgf·cm/cm	ASTM D 256								
疲劳强度 10^6 次	kgf/cm²	ASTM D 671	320	460		305	345			
热性质										
比热容	kcal/kg℃	C177	0.34	0.39	0.34		0.60	0.39	0.39	0.39
热导率	kcal·m/m²·h·℃							0.28	0.28	0.28
线膨胀系数	cm/cm℃	ASTM D 696	7×10^{-5}	3.5×10^{-5}	13×10^{-5}	7×10^{-5}	5×10^{-5}	13×10^{-5}	13×10^{-5}	13×10^{-5}
热变形温度 18.6kgf/cm²	℃	ASTM D 648	160	163	102	142	151	110	110	107
热变形温度 4.6kgf/cm²	℃	ASTM D 648	145	159						
玻璃化转变温度	℃									
无冲击时 UL温度指数	℃		50	50	50	50	50	50	50	50
有冲击时 UL温度指数	℃		50	50	50	50	50	50	50	50
温度指数 应用的 0.79mm		方法:电阻法 B	50	50	50	50	50	50	50	50
UL电器应用的温度指数	℃									
球压温度	℃		155	155		155	155	155	155	155
点火温度 (引火温度)	℃									
自燃温度 (着火温度)	℃									
电学性质										
体积电阻	Ω·cm	ASTM D 257	1×10^{14}	1×10^{14}	1×10^{2}	1×10^{14}	1×10^{14}	1×10^{14}	1×10^{14}	1×10^{14}
表面电阻	Ω	ASTM D 257	1×10^{16}	1×10^{16}	1×10^{2}	1×10^{16}	1×10^{16}	1×10^{16}	1×10^{16}	1×10^{16}
绝缘破坏强度 (短时间法)	kV/mm	ASTM D 149					29			
介电常数 (1MHz)		ASTM D 150								
介电损耗角正切 (1MHz)		ASTM D 150								
耐电弧性	s	ASTM D 495								
耐电痕迹	V	IEC122								

续表

树脂性能	单位	试验方法	FL2010	FL2020	FW-21	FW-24	FA2010	FA2020	FS2022	FM2020	F2025	FU2025
填充及增强材料含量主要特征	%		10 含氟材料填充品级	20 含氟材料填充品级	含油自然色品级	含油自然色品级	含油黑色品级	含油黑色品级	含硅油品级	二硫化钼润滑品级	柔韧耐冲击品级	柔韧耐冲击品级
熔融指数	g/10min	ASTM D 1238	7.5	6.0	9.5	9.5	9.0	9.0	10	9.0	6.0	4.5
相对密度		ASTM D 792	1.46	1.51	1.42	1.41	1.39	1.37	1.41	1.44	1.35	1.29
摩擦系数 对树脂 同树脂		ASTM D 1894	0.23		0.15	0.09	0.17		0.14	0.34		
摩擦系数 对钢 S45C		ASTM D 1894	0.18		0.22	0.21	0.21		0.27	0.38		
锥轮法磨耗	mg/1000 サイクル	ASTM D 1044	9	15								
吸水率 23℃ 24h 吸水率	%	ASTM D 570	0.19	0.18								
吸水率 23℃ 24h 平均吸水率	%	ASTM D 570			0.22	0.22	0.22	0.22	0.22	0.22		
屈服拉伸强度	kgf/cm²	ASTM D 638	530	450	570	520	500	420	550	650	350	220
断裂拉伸强度	kgf/cm²	ASTM D 638										
断裂伸长率	%	ASTM D 638	40	30	40	50	70	75	90	30	>300	>300
弯曲强度 1%变形	kgf/cm²	ASTM D 790	780	680	830	750	800	700	850	960	450	230
弯曲弹性模量	kgf/cm²	ASTM D 790	24500	23000	26000	25000	25000	22000	26000	27000	14100	6600
压缩强度	kgf/cm²	ASTM D 695										
洛氏硬度	Mスケール	ASTM D 785	75	70	80	80	80	73	80	80	75	62
悬臂梁冲击带缺口 (Izod)	kgf·cm/cm²	ASTM D 256	3.0	3.0	5.0	5.0	6.5	6.0	5.5	6.0	18	>100
悬臂梁冲击带反向缺口	kgf·cm/cm²	ASTM D 256										
疲劳强度 10⁶ 次	kgf/cm²	ASTM D 671		210								
比热容	kcal/kg℃											
热导率	kcal·m/m²·h·℃	C177										
线膨胀系数	cm/cm/℃	ASTM D 696	13×10⁻⁵	13×10⁻⁵	13×10⁻⁵	13×10⁻⁵	13×10⁻⁵	13×10⁻⁵	13×10⁻⁵	13×10⁻⁵	13×10⁻⁵	13×10⁻⁵
热变形温度 18.6kgf/cm²	℃	ASTM D 648	158	156	158	156	155	153	158	158	147	106
热变形温度 4.6kgf/cm²	℃	ASTM D 648	110	110	110	110	110	110	110	110	94	73
玻璃化转变温度	℃											
无冲击作用 UL 温度指数	℃		50	50	50	50	50	50	50	50	50	50
有冲击作用 UL 温度指数 0.79mm	℃		50	50	50	50	50	50	50	50	50	50
UL.电器应用的温度指数	℃									155		
球压温度	℃		50	50	50	50	50	50	50	50	50	50
点火温度(引火温度)	℃		155	155	155	155	155	155	155	155		
自然温度(着火温度)	℃	方法:电取法 B										
体积电阻	Ω·cm	ASTM D 257	>1×10¹⁴	>1×10¹⁴	1×10¹⁴	1×10¹⁴	1×10¹⁴	1×10¹⁴	1×10¹⁴	1×10¹⁴	1×10¹⁴	1×10¹⁴
表面电阻	Ω	ASTM D 257	10¹⁶	10¹⁶	1×10¹⁶	1×10¹⁶	1×10¹⁶	2×10¹¹	1×10¹³	1×10¹³	1×10¹⁶	1×10¹⁶
绝缘破坏强度(短时间法)	kV/mm	ASTM D 149	16	16								
介电常数(1MHz)		ASTM D 150	3.1	3.1								
介电损耗角正切(1MHz)		ASTM D 150	0.009	0.009								
耐电弧性	s	ASTM D 495										
耐电弧寻迹	V	IEC122										